デジタル信号処理の基礎

―例題とPythonによる図で説く―

岡留 剛 著

共立出版

はじめに

　本書は，信号処理をはじめて学ぶ大学2年から3年の学生を対象としたデジタル信号処理の基礎についての入門的教科書である．目標を，デジタルフィルタの原理の理解と，その簡単な設計法と実現法の把握においた．デジタル信号処理に関しては，巻末の参考文献にあげたものはもちろん，それ以外にも多くのすぐれた教科書が出版されている．それらと比較すると本書の特色は以下の点にある．

- タイトルが示すように，豊富な図や例でことがらを説くことを心がけた．
- 演習問題の解答例も含めて，数式の変形はできるだけ途中をとばさずにていねいに記述した．
- とりわけ導出された数式の意味合いを強調した．
- 少数の例外をのぞいて，ほかの文献を参照せずに本書だけ読めばことたりるという意味で自己完結的であることをめざした．証明に関しても，数学的には厳密ではないものには，主張の妥当性が納得できると思われる記述をあたえた．ただし紙面の関係上，はぶかざるを得なかった項目がある．それらは GitHub (https://github.com/tokadome/textbookDSP) 上で公開する．
- デジタル信号処理の初歩の解説が主眼ではあるが，自己完結的であることをめざしたため，その理解に必要となる連続時間の信号やシステムに対しても必要最小限の記述をあたえた．とくに，離散時間信号と連続時間信号の議論の対応関係や差異をはっきりさせた．
- 図の多くは，Python でのプログラムによる出力である．それらのプログラムと，すべての図のpdf を GitHub (https://github.com/tokadome/textbookDSP) 上で公開する．

上記のように，式の変形をていねいに記述し，自己完結的であるので自習書としても本書を使っていただけると思う．しかし，記述がムダに長くかえって「木をみて森をみず」ということになってしまうことをおそれる．できれば，はじめに読むときは，証明のたぐいはすべて読みとばし，定義や主張・結果の意味を把握することにつとめ，2度めに精読するという読み方をおすすめする．

　本書の執筆に際しては，巻末に掲載した本を参考にさせていただいた．また，関西学院大学 理工学部 情報科学科/人間システム工学科 学科秘書の堀口恵子さんにはたいへんお世話になった．あわせてお礼を申しあげる．

2018年7月　岡留　剛

目　次

第1章	**数学的準備**	**1**
1.1	複素数	1
1.2	複素平面	7
1.3	指数関数と三角関数	8
1.4	オイラーの公式	10
1.5	複素数の極座標表現	12
1.6	単位円上の等間隔の点：$e^{\frac{2\pi m}{N}i}$	14
第2章	**信号とシステム**	**15**
2.1	信号	15
2.1.1	信号の分類	15
2.1.2	基本的な信号	16
2.1.3	周期信号	20
2.1.4	信号の操作	21
2.1.5	サンプリング：連続時間信号から離散時間信号をつくる	23
2.2	システム	24
2.2.1	離散時間システムと連続時間システム	24
2.2.2	インパルス応答	25
2.2.3	システムの重要なクラス：線形と時不変	26
2.2.4	そのほかの特徴的なシステム	27
第3章	**離散時間線形時不変システム －時間領域表現－**	**31**
3.1	単位インパルス信号による信号の分解表現	31
3.2	線形時不変システムのインパルス応答による表現	33
3.3	LTI システムの再帰方程式表現	40
3.4	差分方程式の回路実現	42
3.4.1	基本演算素子	43
3.4.2	回路実現	43

iv　目　次

付録 3.A　再帰方程式における線形時不変性の証明 ・・・・・・・・・・・・・・ 47

第4章　フーリエ級数　　49

4.1　三角関数のたしあわせ ・・・・・・・・・・・・・・・・・・・ 49

4.2　フーリエ級数（連続時間） ・・・・・・・・・・・・・ 52

4.3　複素フーリエ級数（連続時間） ・・・・・・・・・・・ 57

4.4　離散時間フーリエ級数 ・・・・・・・・・・・・・・・・ 60

4.5　区間限定の非周期関数 ・・・・・・・・・・・・・・・・ 65

4.6　連続時間と離散時間のフーリエ級数の関係 ・・・・・・ 66

第5章　フーリエ変換　　67

5.1　フーリエ変換（連続時間） ・・・・・・・・・・・・・ 67

5.2　離散時間フーリエ変換 ・・・・・・・・・・・・・・・・ 74

5.3　フーリエ変換の性質 ・・・・・・・・・・・・・・・・・ 79

5.4　離散フーリエ変換：DFT ・・・・・・・・・・・・・・・ 83

5.5　高速フーリエ変換：FFT ・・・・・・・・・・・・・・・ 87

付録 5.A　離散時間フーリエ変換の導出 ・・・・・・・・・・・・・ 96

第6章　離散時間線形時不変システム －周波数領域表現－　　99

6.1　z 変換 ・・・・・・・・・・・・・・・・・・・・・・・・ 99

　　6.1.1　z 変換とその収束領域 ・・・・・・・・・・・・・・ 99

　　6.1.2　z 変換の収束領域の特徴 ・・・・・・・・・・・・・ 107

　　6.1.3　逆 z 変換 ・・・・・・・・・・・・・・・・・・・・ 110

　　6.1.4　z 変換の性質 ・・・・・・・・・・・・・・・・・・ 112

6.2　伝達関数と z 領域でのシステム表現 ・・・・・・・・・ 114

6.3　周波数伝達関数と周波数領域でのシステム表現 ・・・・ 119

付録 6.A　べき級数展開による逆 z 変換の計算 ・・・・・・・・・ 126

付録 6.B　z 変換の性質 ・・・・・・・・・・・・・・・・・・・・ 127

第7章　連続時間線形時不変システム　　129

7.1　連続時間信号の短冊関数近似 ・・・・・・・・・・・・・ 129

7.2　ディラックのデルタ関数 ・・・・・・・・・・・・・・・ 131

7.3　連続時間 LTI システムのたたみこみによる表現 ・・・・ 133

7.4　ラプラス変換 ・・・・・・・・・・・・・・・・・・・・ 135

7.5　伝達関数と s 領域でのシステム記述 ・・・・・・・・・ 140

7.6　周波数領域でのシステム記述 ・・・・・・・・・・・・・ 141

7.7　フーリエ変換の拡張 ・・・・・・・・・・・・・・・・・ 142

付録 7.A　ラプラス変換対の代表例 ・・・・・・・・・・・・・・・ 145

付録 7.B　離散時間周期信号のフーリエ変換 ・・・・・・・・・・・ 146

目 次　v

第8章　サンプリング定理 **147**

8.1　帯域制限信号　・・・・・・・・・・・・・・・・・・・・・・・・　147

8.2　サンプリング定理　・・・・・・・・・・・・・・・・・・・・・・　148

8.3　帯域制限補間　・・・・・・・・・・・・・・・・・・・・・・・・　152

8.4　AD 変換と DA 変換　・・・・・・・・・・・・・・・・・・・・・・　154

付録 8.A　サンプル&ホールドとゼロ次ホールダ　・・・・・・・・・・　156

付録 8.B　ラプラス変換と z 変換の関係　・・・・・・・・・・・・・・　158

第9章　フィルタ初歩 **159**

9.1　信号の切り出し：時間領域におけるフィルタ　・・・・・・・・・・　159

9.1.1　窓関数　・・・・・・・・・・・・・・・・・・・・・・・・　159

9.1.2　代表的な窓関数　・・・・・・・・・・・・・・・・・・・・　162

9.2　デジタルフィルタ　・・・・・・・・・・・・・・・・・・・・・・　164

9.2.1　周波数に関する制約　・・・・・・・・・・・・・・・・・・　165

9.2.2　デジタルフィルタの分類　・・・・・・・・・・・・・・・・　166

9.2.3　実現可能なフィルタ　・・・・・・・・・・・・・・・・・・　169

9.2.4　直線位相フィルタ　・・・・・・・・・・・・・・・・・・・　171

9.3　デジタルフィルタの設計　・・・・・・・・・・・・・・・・・・・　178

9.3.1　窓関数法による FIR フィルタの設計　・・・・・・・・・・・　178

9.3.2　インパルス応答不変変換による IIR フィルタの設計　・・・・　180

9.4　デジタルフィルタの回路実現　・・・・・・・・・・・・・・・・・　182

付録 9.A　代表的なアナログフィルタ　・・・・・・・・・・・・・・・　185

演習解答例 **189**

参考文献 **209**

索　引 **211**

第1章

数学的準備

信号処理では，画像や音声・センサデータといった時間的に変化する物理量を信号といい，それをおもに数学的にあつかう．信号処理の技術は，たとえば，図1.1(a)に示したような雑音がのった信号から雑音を除去して同図(b)のような信号をとりだすことに使われる．また，信号処理は，情報変換や情報を圧縮することにも使われる．これらの例では，信号をほかの信号にかえる操作を行なっているとみなすことができる．信号を所望の信号に変換するシステムをフィルタという．代表的なフィルタを理解することと，その設計法を習得することが本書の目標である．その目標に向かって，基礎となるシステム一般論の初歩や，信号の性質を特徴づけるための数学，フーリエ変換やz変換など，を学ぶ．現実の信号の多くは，時間とともにかわる実数として表わされる．しかし，数を表現する範囲を複素数にまで広げて考えることにより，あつかいが単純になり，みとおしよく計算が簡単になる．そこで本章では，複素数の復習からはじめて，複素数を項とする無限級数を簡単に述べる．また，複素数を平面上で表現する複素平面を導入し，さらに，三角関数と指数関数とを結びつける重要なオイラーの関係式を紹介する．

1.1 複素数

$x^2 = -1$ を満たす数は何か．それは，実数の集合 $\boldsymbol{R}$ の中には存在しない．新たな「数」を導入

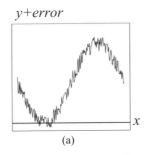
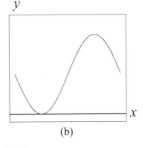

図 **1.1** 雑音除去

2　第1章　数学的準備

し，それを i で表わす[1]．その数は $i^2 = -1$ を満たす．この数を**虚数**あるいは**純虚数**という．さらに，$a + bi$（a, b は実数）という「数」を**複素数**という．複素数 $\alpha = a + bi$, a, b は実数，に対し，a を α の**実部**，b を α の**虚部**といい，それぞれ $\mathrm{Re}(\alpha)$, $\mathrm{Im}(\alpha)$ とかく．あるいは混乱がなければ $\mathrm{Re}\,\alpha$, $\mathrm{Im}\,\alpha$ とかく．以下では，複素数 α を $\alpha = a + bi$ とかいたとき，a, b は実数であることをことわらないことも多い．

　例．　　$3 + 4i$, $11 + 6i$, $2.5 + 3.5i$, $\mathrm{Re}(3 + 4i) = 3$, $\mathrm{Im}(3 + 4i) = 4$.

複素数のあつまり（集合）を $\boldsymbol{C}$ とかく．以下では，ちなみに，実数全体の集合を $\boldsymbol{R}$，整数全体の集合を $\boldsymbol{Z}$，自然数全体の集合を $\boldsymbol{N}$ とかく．

2つの複素数 α と β が等しいことを以下のように定義する．すなわち，$\alpha = a + bi$, $\beta = c + di \in \boldsymbol{C}$ のとき，

(a)　$\alpha = \beta \Leftrightarrow a = c$ かつ $b = d$.

また複素数の四則演算を以下で定義する．すなわち，

(b)　$\alpha + \beta = (a + c) + (b + d)i$.　　　(c)　$\alpha - \beta = (a - c) + (b - d)i$.

(d)　$\alpha \times \beta = (ac - bd) + (ad + bc)i$.　　　(e)　$\beta \neq 0$ ならば $\dfrac{\alpha}{\beta} = \dfrac{ac + bd}{c^2 + d^2} + \dfrac{bc - ad}{c^2 + d^2}i$.

ただし，$\alpha \times \beta$ を $\alpha \cdot \beta$ あるいは $\alpha\beta$ ともかく．

複素数を考えるとき，0 は $0 + 0i$ のことである．したがって $a + bi = 0$ なら $a = 0$, $b = 0$ である．定義から2つの複素数の**和**と**差**は，実部どうし，虚部どうしでおのおの実行すればよい．**積**に関しては，分配法則を実行して i^2 が出てきたら -1 とする．**商**については，$\alpha = a + bi$, $\beta = c + di \,(\neq 0) \in \boldsymbol{C}$ のとき分子と分母に分母 β の $c - di$ をかけると

$$\frac{\alpha}{\beta} = \frac{a + bi}{c + di} = \frac{(a + bi)(c - di)}{(c + di)(c - di)} = \frac{ac + bd}{c^2 + d^2} + \frac{bc - ad}{c^2 + d^2}i$$

となる．

> **例題 1.1.**
>
> 　つぎの方程式を満たす実数 x, y を求めよ．
>
> 　(1)　$2x + (y - 3)i = 0$.　　　(2)　$(3x - y) + (2x + 1)i = 7 + 5i$.
>
> ［解答例］
>
> 　0 の定義と，左辺と右辺の複素数が等しい，ということの定義により，
>
> 　(1)　$2x = 0$, $y - 3 = 0$. よって $x = 0$, $y = 3$.
>
> 　(2)　$3x - y = 7$, $2x + 1 = 5$. よって $x = 2$, $y = -1$.

---

[1] 数学では純虚数を i と表記するが，工学では，i は電流を表わし，純虚数を j と表記することが多い．本章では，純虚数を i と表記し，第4章以降では j と表記する．

例題 1.2.

$\alpha = 2 + 3i,\ \beta = 1 - 5i$ とする．つぎの計算を行なえ．

(1) $\alpha + \beta$.　　(2) $\alpha - \beta$.　　(3) $\alpha\beta$.　　(4) α/β.

［解答例］

(1) $\alpha + \beta = (2 + 3i) + (1 - 5i) = (2 + 1) + (3i - 5i) = 3 - 2i$.

(2) $\alpha - \beta = (2 + 3i) - (1 - 5i) = (2 - 1) + (3i + 5i) = 1 + 8i$.

(3) $\alpha\beta = (2 + 3i) \cdot (1 - 5i) = 2 + 3i - 10i - 15i^2 = 2 + 3i - 10i + 15 = 17 - 7i$.

(4) $\alpha/\beta = (2 + 3i)/(1 - 5i) = (2 + 3i)(1 + 5i)/(1 - 5i)(1 + 5i)$

$$= (2 + 3i + 10i + 15i^2)/(1 - 25i^2) = (-13 + 13i)/26 = -\frac{1}{2} + \frac{1}{2}i.$$

複素数の四則演算では実数の演算とおなじ計算則が成り立つ．すなわち，$\alpha,\ \beta,\ \gamma \in \boldsymbol{C}$ としたとき，

(a) 結合則：$(\alpha + \beta) + \gamma = \alpha + (\beta + \gamma),\ (\alpha\beta)\gamma = \alpha(\beta\gamma)$.

(b) 可換則：$\alpha + \beta = \beta + \alpha,\ \alpha\beta = \beta\alpha$.

(c) 分配則：$\alpha(\beta + \gamma) = \alpha\beta + \alpha\gamma$.

(d) 単位元：$\alpha + 0 = \alpha,\ \alpha 1 = \alpha$.

(e) 逆元：$\alpha + (-\alpha) = 0,\ \alpha\dfrac{1}{\alpha} = 1\ (\alpha \neq 0)$.

が成り立つ．なお，乗法の可換則 (b) より $2i = i2$ や $\pi i = i\pi$ など，任意の実数 a に対し $ai = ia$ が成り立つ．以下では ai も ia もどちらの表記も使用する．

つぎに複素数の絶対値と距離・共役複素数を定義しよう．$\alpha = a + bi,\ \beta = c + di \in \boldsymbol{C}$ とする．このとき，$\sqrt{a^2 + b^2}$ を $\alpha = a + bi$ の**絶対値**といい $|\alpha|$ とかく．

例．　$|3 + 4i| = 5,\ |3| = 3,\ |0| = 0$.

絶対値を用いて，2つの複素数 α と β の**距離**は $|\alpha - \beta|$ として定義される．実部と虚部で表わすと

$$|\alpha - \beta| = \left|(a - c) + (b - d)i\right| = \sqrt{(a - c)^2 + (b - d)^2}$$

である．すなわち，2つの複素数の距離は，実部どうしの距離 $|a - c|$ の2乗と，虚部どうしの距離 $|b - d|$ の2乗との和の正の平方根であり，その直観的な意味合いは次節で明らかになる．とくに，0 と α の距離は $|\alpha| = \sqrt{a^2 + b^2}$ である．

例．　$\alpha = 2 + i$ と $\beta = 1 - i$ の距離は $|\alpha - \beta| = \sqrt{(2 - 1)^2 + (1 + 1)^2} = \sqrt{5}$ である．

また，$\bar{\alpha} = a - bi$ を α の**共役複素数**という．定義により任意の実数 a の共役複素数は a である．逆に，$a = \bar{a}$ であれば a は実数である．

例．　$\overline{3 + 4i} = 3 - 4i,\ \bar{3} = 3,\ \overline{2i} = -2i,\ \bar{0} = 0$.

以下の定理としてまとめた関係はよく用いられる．証明はいずれも定義にもどれば簡単である．

4　第1章　数学的準備

定理 1.1

$\alpha = a + bi$, a, b は実数, とする. このとき以下が成り立つ.

(a) $\alpha\overline{\alpha} = \overline{\alpha}\alpha = |\alpha|^2 = a^2 + b^2$.

(b) $\mathrm{Re}(\alpha) = a = \dfrac{\alpha + \overline{\alpha}}{2}$.　（$\alpha$ の実数部）　　(c) $\mathrm{Im}(\alpha) = b = \dfrac{\alpha - \overline{\alpha}}{2i}$.　（$\alpha$ の虚数部）

つぎの定理も基本事項として重要である.

定理 1.2

α と β を複素数とする. このとき以下が成り立つ.

(a) $\overline{(\alpha + \beta)} = \overline{\alpha} + \overline{\beta}$.　　(b) $\overline{\alpha\beta} = \overline{\alpha} \cdot \overline{\beta}$.

(c) $\overline{\overline{\alpha}} = \alpha$.　　(d) $|\alpha\beta| = |\alpha| \cdot |\beta|$.

このうち, (a), (b), (c) は共役複素数の定義から明らかであり, (d) については, (a) より $|z|^2 = z\overline{z}$ であるから $|zw|^2 = (zw)(\overline{zw}) = zw\overline{z}\overline{w} = z\overline{z}w\overline{w} = |z|^2|w|^2$.

z を複素数とし, a_i, $i = 0$, 1, $\cdots$, n, を実数とすると, $\overline{a_i} = a_i$ と定理 1.2 より

$$\overline{a_0 + a_1 z + a_2 z^2 + \cdots + a_n z^n} = a_0 + a_1 \overline{z} + a_2 \overline{z}^2 + \cdots + a_n \overline{z}^n$$

が成り立つ.

例題 1.3.

つぎの複素数の共役複素数と絶対値を求めよ.

(1) $6 + 4i$.　　(2) $2 - 7i$.　　(3) $\sqrt{2}i$.　　(4) -5.

［解答例］

(1) 共役複素数　$6 - 4i$,　絶対値　$\sqrt{52}$.

(2) 共役複素数　$2 + 7i$,　絶対値　$\sqrt{53}$.

(3) 共役複素数　$-\sqrt{2}i$,　絶対値　$\sqrt{2}$.

(4) 共役複素数　-5,　絶対値　5.

　第3章以降では, 複素数を項とする級数がたびたびあらわれ, 本質的な役割りを演じる. そのためここで, 複素数を項とする級数について簡単にまとめておこう.

　まず, 複素数の列 $\{z_n\} = z_1$, z_2, $\cdots$ の収束について説明しよう. 複素数列 $\{z_n\}$ が複素数 w に**収束**するということは,

$$\lim_{n \to \infty} |z_n - w| = 0$$

として定義される. すなわち, n が大きくなるにしたがって, z_n と w の距離（絶対値）がいくらでも 0 に近づくことをいう. これは, $z_n - w$ の実部と虚部がそれぞれに $n \to \infty$ の極限で 0 に収束することを意味する.

つぎに，複素数を項とする無限級数を考えよう．無限級数

$$\sum_{n=1}^{\infty} z_n = z_1 + z_2 + \cdots + z_n + \cdots$$

のその初項から第 n 項までの部分和

$$w_n = z_1 + z_2 + \cdots + z_n$$

がつくる複素数列 $\{w_n\} = w_1, w_2, \cdots$ が収束するとき，無限級数 $\displaystyle\sum_{n=1}^{\infty} z_n$ は**収束**するといい，$w = \displaystyle\lim_{n\to\infty} w_n$ をこの無限級数の和とよんで

$$w = \sum_{n=1}^{\infty} z_n = z_1 + z_2 + \cdots$$

とかく．このように，無限級数の和は，部分和である複素数列の収束先として定義されるので，さきに述べたことから，部分和 w_n の実部と虚部の収束先が，それぞれ w の実部と虚部の収束先である．たとえば，複素数列 $z_1, z_2, \cdots$ を

$$z_1 = 1 + i, \ z_2 = -\frac{1}{2} - \frac{1}{2}i, \ z_3 = \frac{1}{2^2} + \frac{1}{2^2}i,$$
$$z_4 = -\frac{1}{2^3} - \frac{1}{2^3}i, \ \cdots, \ z_n = \frac{(-1)^{n-1}}{2^{n-1}} + \frac{(-1)^{n-1}}{2^{n-1}}i, \ \cdots$$

とすると，この複素数列の実部と虚部は，どちらも初項が 1 で公比が $-\dfrac{1}{2}$ の等比数列 $1, \ -\dfrac{1}{2}, \ \dfrac{1}{2^2},$ $-\dfrac{1}{2^3}, \ \cdots, \ \dfrac{(-1)^{n-1}}{2^{n-1}}$ である．初項が a で公比が r の等比数列の第 n 項までの和は $\dfrac{a(1-r^n)}{1-r}$ であるから，z_1 から z_n の和の実部と虚部はどちらも $\dfrac{2 - \dfrac{(-1)^n}{2^{n-1}}}{3}$ となる．すなわち，

$$w_n = z_1 + z_2 + \cdots + z_n$$
$$= \left(1 - \frac{1}{2} + \frac{1}{2^2} + \cdots + \frac{(-1)^{n-1}}{2^{n-1}}\right) + \left(1 - \frac{1}{2} + \frac{1}{2^2} + \cdots + \frac{(-1)^{n-1}}{2^{n-1}}\right) \cdot i$$
$$= \left(\frac{2 - \dfrac{(-1)^n}{2^{n-1}}}{3}\right) + \left(\frac{2 - \dfrac{(-1)^n}{2^{n-1}}}{3}\right) \cdot i$$

である．このとき，$w = \displaystyle\lim_{n\to\infty} w_n = \dfrac{2}{3} + \dfrac{2}{3}i$ となり，部分和 w_n の実部と虚部ともに $\dfrac{2}{3}$ に収束する．

さて，級数 $\displaystyle\sum_{n=1}^{\infty} z_n$ に対し，各項の絶対値をとった級数 $\displaystyle\sum_{n=1}^{\infty} |z_n|$ を考える．級数 $\displaystyle\sum_{n=1}^{\infty} |z_n|$ が収束するとき $\displaystyle\sum_{n=1}^{\infty} z_n$ も収束する．このとき $\displaystyle\sum_{n=1}^{\infty} z_n$ は**絶対収束**するという．級数 $\displaystyle\sum_{n=1}^{\infty} z_n$ が絶対収束するとき，

$$\left| \sum_{n=1}^{\infty} z_n \right| \le \sum_{n=1}^{\infty} |z_n| \tag{1.1}$$

となる．上の例だと，$|z_n| = \sqrt{\left(\dfrac{1}{2^{n-1}}\right)^2 + \left(\dfrac{1}{2^{n-1}}\right)^2} = \dfrac{\sqrt{2}}{2^{n-1}}$ だから

$$\sum_{n=1}^{\infty} |z_n| = \lim_{n \to \infty} \frac{\sqrt{2}\left(1 - \dfrac{1}{2^{n-1}}\right)}{1 - \dfrac{1}{2}} = 2\sqrt{2}$$

となり，$\displaystyle\sum_{n=1}^{\infty} z_n$ は絶対収束する．なお，$\left|\displaystyle\sum_{n=1}^{\infty} z_n\right| = \left|\dfrac{2}{3} + \dfrac{2}{3}i\right| = \dfrac{2}{3}\sqrt{2}$ であり，$\left|\displaystyle\sum_{n=1}^{\infty} z_n\right| \leq \displaystyle\sum_{n=1}^{\infty} |z_n|$ が確かめられる．

　また，u を $|u| < 1$ なる複素数としたとき，上式（1.1）から

$$\left|\sum_{i=0}^{\infty} u^i\right| \leq \sum_{i=0}^{\infty} |u^i| \tag{1.2}$$

となる．定理 1.2（d）より

$$|u^i| = |\overbrace{u \cdot u \cdot \cdots \cdot u}^{i\,個}| = |\overbrace{|u| \cdot |u| \cdot \cdots \cdot |u|}^{i\,個}| = |u|^i$$

であり，また，$|u| < 1$ より $\displaystyle\lim_{n \to \infty} |u|^n = 0$ であるから，式（1.2）の右辺は

$$\sum_{i=0}^{\infty} |u^i| = \sum_{i=0}^{\infty} |u|^i = \lim_{n \to \infty} \frac{1 - |u|^n}{1 - |u|} = \frac{1}{1 - |u|} < \infty$$

となる．よって，$|u| < 1$ のとき $\displaystyle\sum_{i=0}^{\infty} u^i$ は絶対収束する．

　級数のなかでも**べき級数**

$$\sum_{n=0}^{\infty} a_n z^n, \qquad a_n は定数,$$

はとくに重要である．z のすべての値で収束するべき級数もあれば，$z = 0$ のほかでは発散するべき級数もある．あたえられたべき級数が収束する $|z|$ の上限を r とすれば，このべき級数は，原点を中心とする半径 r の円の内部の任意の点で収束し，円の外にある点では発散する．この円をべき級数の**収束円**といい，r を**収束半径**という．たとえば，$1 + z + z^2 + \cdots$ は，半径 1 の円の内部（$|z| < 1$）で収束し収束半径は 1 である．また，$1 - z^2 + z^4 - \cdots$ も半径 1 の円の内部で収束する．これらとは対照的に，$1 + z + \dfrac{1}{2!}z^2 + \dfrac{1}{3!}z^3 + \cdots$ はすべての z に対して収束するべき級数（収束半径 $r = \infty$）であり，$1 + z + 2!z^2 + 3!z^3 + \cdots$ は $z = 0$ だけで収束し，それ以外の z では発散する（収束半径 $r = 0$）．

　なお，$\displaystyle\sum_{k=-\infty}^{\infty} a_k$ という k が正負の両方向に無限の項をもつ級数が出てくる．これは，部分和

$$b_{m,n} = \sum_{k=m}^{n} a_k = a_m + a_{m+1} + \cdots + a_{n-1} + a_n$$

の $m \to -\infty$，$n \to \infty$ の極限である．

1.2 複素平面

1.0, 2.0, 3.14, π, e, $\cdots$ などの**実数**の集合 $\boldsymbol{R}$ は単に「数」のあつまりである. 一方, **直線**は「図形」である. 本来は数とは無縁なものであるが, 実数を直線上の点として表現したものを数直線といい, それは, 直線上の各点に実数 1 つを対応させたものである (図 1.2). 実数 a の絶対値 $|a|$ は原点 0 からの距離である.

2 次元平面上の 1 点は, 実数の組 (a, b) と対応づけられる (図 1.3). 2 次元平面全体は, 実数の直積 $\boldsymbol{R}^2 = \boldsymbol{R} \times \boldsymbol{R}$ と表現される. 直積 $\boldsymbol{R} \times \boldsymbol{R}$ は, $\boldsymbol{R}$ の要素 (実数) を 2 つとって, 2 組にし, その組をすべてあつめた集合である. すなわち, $\boldsymbol{R}^2 = \boldsymbol{R} \times \boldsymbol{R} = \{(a, b) \mid a, b \in \boldsymbol{R}\}$ である.

1 つの複素数 $a + bi$, a, b は実数, は 2 つの変数の組 (a, b) により完全にきまる. また組 (a, b) は 2 次元平面上の 1 点と対応づけられるので, 結局, 複素数は 2 次元平面上の 1 点と対応づけられる. 各点が, 1 つの複素数 $a + bi$ を表現しているとみなした平面のことを**複素平面**という (図 1.4). 複素数の絶対値 $|a + bi| = \sqrt{a^2 + b^2}$ は原点 $(0, 0)$ から (a, b) までの距離のことである. また, 2 つの複素数 $\alpha = a + bi$, $\beta = c + di$, a, b, c, d は実数, の距離 $|\alpha - \beta|$ は複素平面上の 2 点 (a, b) と (c, d) の直線距離である.

複素平面に, ∞ で表わされる**無限遠点**をつけくわえると便利なことがある. 無限遠点をつけくわえた複素平面を**拡張された複素平面**という. 直感的には, 無限遠点は, z を複素数としたとき, $|z| \to \infty$ となるように z を動かしたときの極限である. ただし重要なことは, 無限遠点 ∞ はただ 1 つの点であり, 複素平面のどちらの方向に z を動かしても, その 1 つの無限遠点 ∞ に近づくとみなすことである.

図 **1.2** 数直線

図 **1.3** 2 次元平面と実数の組

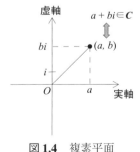

図 **1.4** 複素平面

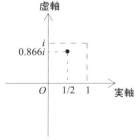

図 **1.5** 例題 1.4 の解答例

例題 1.4.

$\alpha = \dfrac{1}{2} + i\dfrac{\sqrt{3}}{2}$ を複素平面上にしるせ．

［解答例］

図 1.5 参照．

演習 1.1.

$\alpha = \dfrac{1}{2} + i\dfrac{\sqrt{3}}{2}$ とする．このとき，

(1) α の絶対値を求めよ． (2) α の共役複素数 $\overline{\alpha}$ を求めよ．

(3) α とその共役複素数との積 $\alpha\overline{\alpha}$ を求めよ． (4) $\dfrac{\alpha}{\overline{\alpha}}$ を求めよ．

1.3 指数関数と三角関数

つぎに自然対数の底 e を定義しよう．

$\left(1+\dfrac{1}{1}\right)^1 = 2$, $\left(1+\dfrac{1}{2}\right)^2 = 2.25$, $\left(1+\dfrac{1}{3}\right)^3 = 2.370370370$, $\cdots$ のように $\left(1+\dfrac{1}{n}\right)^n$ の $n \to \infty$ のときの極限が e である．すなわち，

$$\left(1+\dfrac{1}{1}\right)^1, \left(1+\dfrac{1}{2}\right)^2, \left(1+\dfrac{1}{3}\right)^3, \cdots \to 2.71828183\cdots = e$$

である．極限記号を使ってかくと，$e = \lim_{n \to \infty}\left(1+\dfrac{1}{n}\right)^n$ となる．

続いて指数法則についてまとめる．$a, b \in \mathbf{R}$, すなわち a, b は実数とする．このとき，

(a) $e^0 = 1$, (b) $e^{-a} = \dfrac{1}{e^a}$, (c) $e^a e^b = e^{a+b}$, (d) $\dfrac{e^a}{e^b} = e^{a-b}$

が成り立つ．

また，A と a を 0 でない実定数（実数の定数）とし，2 つの実数上の変数 x と y があるとする．このとき，$y = Ae^{ax}$ を x の**指数関数**という（図 1.6）．

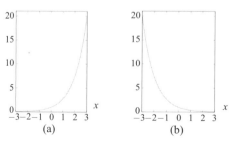

図 **1.6** 指数関数

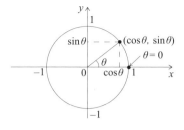
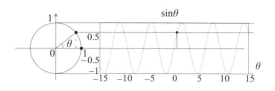

図 **1.7** 単位円上の点の座標   　　　　図 **1.8** 単位円と三角関数

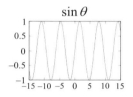 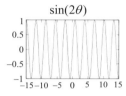 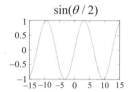

図 **1.9** 三角関数の振動のこまかさのちがい

例題 1.5.

(1) $e^2 e^2$ を簡単にせよ. 　　(2) e^3/e^4 を簡単にせよ.

［解答例］

(1) $e^2 e^2 = e^{2+2} = e^4$. 　　(2) $e^3/e^4 = e^{3-4} = e^{-1}$.

演習 1.2.

(1) $e^3 e^2$ を簡単にせよ. 　　(2) e^3/e^2 を簡単にせよ.

さて，原点を中心とし半径 1 の円，すなわち単位円上の任意の点について，原点からその点までの線分と，x 軸とのなす角を θ とする．このとき，その点の x 座標が $\cos\theta$，y 座標が $\sin\theta$ である（図 1.7）．$A\cos(\omega\theta+b)$ や $A\sin(\omega\theta+b)$，A，ω，b は実定数，などを θ の関数としてみた場合それらを**三角関数**という（図 1.8）．定数 ω の大きさによって三角関数の「振動のこまかさ」がかわってくる．たとえば $\sin$ であれば，$\omega=1$ のときにくらべ，$\omega=2$ の $\sin(2\theta)$ は倍のこまかさの振動で，逆に $\omega=1/2$ の $\sin\left(\dfrac{1}{2}\theta\right)$ は半分のこまかさの振動である（図 1.9）．さきほど導入した複素平面で考えると，単位円上の点 $(\cos\theta, \sin\theta)$ は，複素数 $\cos\theta + i\sin\theta$ に対応していることがわかる（図 1.10）．

例題 1.6.

(1) $\cos(\pi/4)$，$\sin(\pi/4)$ を求めよ．
(2) 平面上の点 $\left(\dfrac{1}{\sqrt{2}}, \dfrac{1}{\sqrt{2}}\right)$ を，その平面を複素平面とみなして複素数で表わせ．さらに，その複素数を $\cos$ と $\sin$ を用いて表現せよ．

［解答例］

(1) $1/\sqrt{2}$，$1/\sqrt{2}$. 　　(2) 複素数 $\dfrac{1}{\sqrt{2}} + \dfrac{1}{\sqrt{2}}i$，これは，$\cos\dfrac{\pi}{4} + i\sin\dfrac{\pi}{4}$ とかける．

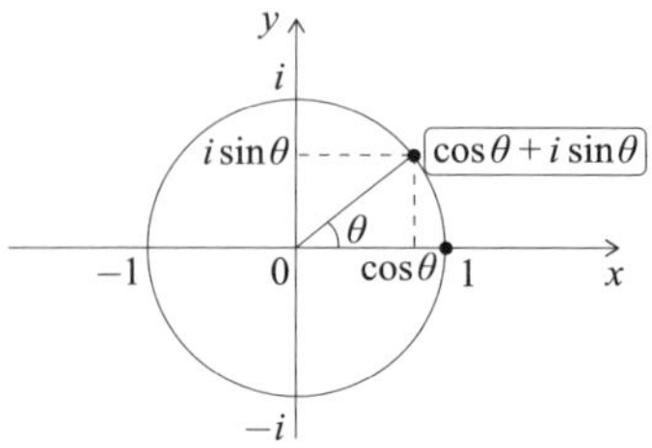

10   第 1 章　数学的準備

図 1.10　複素平面上の単位円と $\cos\theta + i\sin\theta$

演習 1.3.

（1）$\cos(\pi/3)$, $\sin(\pi/3)$ を求めよ．

（2）平面上の点 $\left(\dfrac{1}{2}, \dfrac{\sqrt{3}}{2}\right)$ を，その平面を複素平面とみなして複素数で表わせ．

1.4　オイラーの公式

さて，有名なオイラーの公式を導こう．

まず x を実変数として，$\sin x$ と $\cos x$，それと e^x のマクローリン級数展開をかきくだそう．関数 $f(x)$ のマクローリン級数展開は，

$$f(x) = \sum_{n=0}^{\infty} \frac{f^{(n)}(0)}{n!} x^n, \quad f^{(n)} \text{は} f \text{の} n \text{階微分},$$

であるから，

$$\cos x = \sum_{n=0}^{\infty} \frac{(-1)^n}{(2n)!} x^{2n} = 1 - \frac{x^2}{2!} + \frac{x^4}{4!} - \frac{x^6}{6!} + \cdots,$$

$$\sin x = \sum_{n=0}^{\infty} \frac{(-1)^n}{(2n+1)!} x^{2n+1} = x - \frac{x^3}{3!} + \frac{x^5}{5!} - \frac{x^7}{7!} + \cdots,$$

$$e^x = \sum_{n=0}^{\infty} \frac{x^n}{n!} = 1 + \frac{x}{1!} + \frac{x^2}{2!} + \frac{x^3}{3!} + \frac{x^4}{4!} + \cdots$$

となる．$\cos x + i\sin x$ を，上のマクローリン級数展開を使って x のべき級数として表現すると，$i^2 = -1$，$i^3 = -i$，$i^4 = 1$，$i^5 = i$，$i^6 = -1$，$\cdots$ を考慮して，

$$\cos x + i\sin x = \left(1 - \frac{x^2}{2!} + \frac{x^4}{4!} - \frac{x^6}{6!} + \cdots\right) + i\left(x - \frac{x^3}{3!} + \frac{x^5}{5!} - \frac{x^7}{7!} + \cdots\right)$$

$$= \left(1 + \frac{(ix)^2}{2!} + \frac{(ix)^4}{4!} + \frac{(ix)^6}{6!} + \cdots\right) + \left(ix + \frac{(ix)^3}{3!} + \frac{(ix)^5}{5!} + \frac{(ix)^7}{7!} + \cdots\right)$$

$$= 1 + ix + \frac{(ix)^2}{2!} + \frac{(ix)^3}{3!} + \frac{(ix)^4}{4!} + \cdots + \frac{(ix)^n}{n!} + \cdots$$

$$= \sum_{n=0}^{\infty} \frac{(ix)^n}{n!} = e^{ix}$$

となる．

すなわち，

$$e^{ix} = \cos x + i\sin x$$

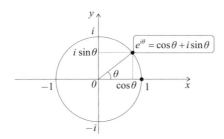

図1.11 オイラーの公式と複素平面上の単位円

が導かれる．これが有名な**オイラーの公式**（または**オイラーの関係式**）で，複素数の導入により指数関数と三角関数を結びつける式である（図1.11）．ただし，もっともらしくみえる上の導きでは，指数の肩に虚数がある e^{ix} が何を表現しているのか（どの複素数を表現するのか）があらかじめ定義されていないので，最後の等式は形のうえだけのものである．そこで，オイラーの公式の右辺 $\cos x + i\sin x$ が e^{ix} の定義をあたえると考える．このように e^{ix} を $\cos x + i\sin x$ で定義すると，$y = e^{ix}$ を実数上の変数 x の関数と考えたとき，この関数は複素数の値をとる．

この定義のもとで，指数の計算則がやはり成り立つ．すなわち，$e^{ix}e^{iy} = e^{i(x+y)}$ となる．

［証明］
$$e^{ix}e^{iy} = (\cos x + i\sin x)(\cos y + i\sin y)$$
$$= (\cos x\cos y - \sin x\sin y) + i(\sin x\cos y + \cos x\sin y)$$
$$= \cos(x+y) + i\sin(x+y) = e^{i(x+y)}.$$

3番目の等式では三角関数の加法定理

$$\begin{cases} \cos(x+y) = \cos x\cos y - \sin x\sin y, \\ \sin(x+y) = \sin x\cos y + \cos x\sin y \end{cases}$$

を用いた．

また，$(e^{ix})^n = e^{inx}$ である．

［証明］ 上で示した $e^{ix}e^{iy} = e^{i(x+y)}$ において $x = y$ とすると，$(e^{ix})^2 = e^{2ix}$ となり，n が正の整数であれば，e^{ix} をつぎつぎかければ所望の式となる．なお，n が正の整数のときだけでなく一般の実数の場合も，肩が実数のときと同様にこの等式が成り立つことが示される．以上を定理としてまとめておこう．

定理1.3

(a) $e^{ix}e^{iy} = e^{i(x+y)}$. (b) $(e^{ix})^n = e^{inx}$.

逆にオイラーの公式から出発して，定理1.3の指数法則を認めれば，三角関数の加法定理や倍角の公式などが簡単に導かれる．

本節の最後に $e^{i\theta}$ が出てくる無限級数をあつかってみよう．r を $|r| < 1$ である複素数としたとき，$\sum_{k=0}^{\infty} \left(re^{i\theta}\right)^k$ なる無限級数を考える．オイラーの公式により，これは

$$\sum_{k=0}^{\infty} r^k (\cos\theta + i\sin\theta)^k$$

に等しい．$|e^{i\theta}|=1$ であり，定理 1.2（d）より $|re^{i\theta}|=|r|\cdot|e^{i\theta}|=|r|<1$ なので，この級数は，第 1.1 節の終わりに述べた無限級数の $u=re^{i\theta}$ である特別な場合である．それゆえこの級数は絶対収束することがわかるが，ここでは念のため式（1.1）を用いて計算してみよう．すなわち，（1.1）と定理 1.2（d）より

$$\left|\sum_{n=0}^{\infty} r^k (e^{i\theta})^k\right| \le \sum_{k=0}^{\infty} \left|r^k e^{ik\theta}\right| = \sum_{k=0}^{\infty} |r|^k \left|e^{i\theta}\right|^k = \sum_{k=0}^{\infty} |r|^k = \frac{1}{1-|r|} < \infty$$

となって $\sum_{k=0}^{\infty}\left(re^{i\theta}\right)^k$ は絶対収束する．

演習 1.4.

(1) オイラーの公式を使って $\sin^2 x + \cos^2 x = 1$ を導け．
(2) $\overline{e^{i\theta}} = e^{-i\theta}$ をオイラーの公式を使って証明せよ．
(3) $\cos\theta = \frac{1}{2}(e^{i\theta}+e^{-i\theta}),\ \sin\theta = \frac{1}{2i}(e^{i\theta}-e^{-i\theta})$ を導け．

1.5　複素数の極座標表現

$\alpha = a + bi \in \mathbf{C}$ とする．原点と α を結ぶ直線と実軸のなす角を θ とすると，$\alpha = a+ib = \sqrt{a^2+b^2}(\cos\theta+i\sin\theta)=|\alpha|e^{i\theta}$ となる（図 1.12）．すなわち，任意の複素数はその絶対値（大きさ）と，実軸のなす角によって指数を使って表現される．角 θ を α の**偏角**といい，$\tan\theta = \dfrac{b}{a}$ であるから，$y=\tan x$ の逆関数，すなわち $x=\tan^{-1} y\ (=\arctan y)$ を用いて $\theta = \tan^{-1}\left(\dfrac{b}{a}\right) = \arctan\left(\dfrac{b}{a}\right)$ というように偏角がきまる．ただし，たとえば，$1-i$ と $-1+i$ の偏角を考えたとき，$\tan^{-1}\left(\dfrac{-1}{1}\right) = \tan^{-1}\left(\dfrac{1}{-1}\right)=\tan^{-1}(-1)$ としてしまうと，両方とも「おなじ偏角をもつ」ことになる．しかし，0 から 2π の範囲で考えれば前者の偏角は $\dfrac{7}{4}\pi$ で，後者のそれは $\dfrac{3}{4}\pi$ である．前者については $\theta = \tan^{-1}\left(\dfrac{-1}{1}\right) = \dfrac{7}{4}\pi$ とし，後者については $\theta = \tan^{-1}\left(\dfrac{1}{-1}\right) = \dfrac{3}{4}\pi$ とすべきことに注意してほしい．以上のように，複素数をその絶対値と偏角で表わすことを複素数の**極座標表現**あるいは**極形式表現**という．

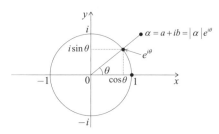

図 1.12　一般の複素数とその複素平面上での表現

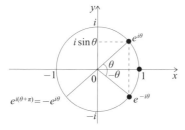

図 1.13 $e^{i\theta}$ と $e^{-i\theta}$：共役の関係と，$e^{i(\theta+\pi)}$ と $e^{i\theta}$：原点対称

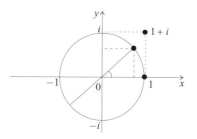

図 1.14 例題 1.7 の図

偏角が θ である単位円上の点についてみると，$\overline{e^{i\theta}} = e^{-i\theta}$ であることは簡単にわかる．すなわち $e^{-i\theta}$ は，$e^{i\theta}$ の共役複素であり，$e^{i\theta}$ と $e^{-i\theta}$ は実軸対称である（図1.13）．また，単位円上の点 $e^{i(\theta+\pi)}$ は $e^{i\theta}$ と原点対称の関係にあり，$e^{i(\theta+\pi)} = -e^{i\theta}$ となる（図1.13）．

複素数を極座標で表わすと，複素数どうしのかけ算の意味がよくわかる．すなわち，$\alpha = r_1 e^{\theta_1}$，$\beta = r_2 e^{\theta_2}$，とすると，$\alpha \cdot \beta = r_1 \cdot r_2 \cdot e^{\theta_1 + \theta_2}$ となり，$\alpha \cdot \beta$ は，α を r_2 倍（原点から α を α 方向に r_2 倍）して，原点まわりに θ_2 だけ回転させた複素数である．とりわけ単位円上の2つの複素数の積は，原点まわりの回転で $\alpha = e^{i\theta_1}$，$\beta = e^{i\theta_2}$ としたとき $\alpha \cdot \beta = e^{i(\theta_1 + \theta_2)}$ となり，α を原点まわりに θ_2 だけ回転させた複素数である．

例題 1.7.

(1) 複素数 $1+i$ をその絶対値と偏角を用いて表現せよ（図1.14）．

(2) 複素数 $e^{\frac{\pi}{4}i}$ の共役複素を e を用いて表現し，さらにそれを $a+bi$（a, b は実数）の形で表現せよ．

［解答例］

(1) 絶対値は $\sqrt{2}$，偏角は $\pi/4$ だから $\sqrt{2}\cos\dfrac{\pi}{4} + i\sqrt{2}\sin\dfrac{\pi}{4} = \sqrt{2}e^{\frac{\pi}{4}i}$．

(2) $e^{-\frac{\pi}{4}i} = \dfrac{1}{\sqrt{2}} - \dfrac{1}{\sqrt{2}}i$.

例題 1.8.

(1) 0 以上 π 未満の範囲で，$\tan^{-1} 1 = \arctan 1$ を求めよ．

(2) 0 以上 π 未満の範囲で，$\tan^{-1} \sqrt{3} = \arctan \sqrt{3}$ を求めよ．

［解答例］

(1) $\pi/4$.　　(2) $\pi/3$.

演習 1.5.

つぎの複素数を直交座標表現（$z = x + iy$）と極座標表現（$z = re^{i\theta}$）せよ．

(1) $\dfrac{1-3i}{1+2i}$.　　(2) $\dfrac{e^{-i\pi/2}}{1-i}$.　　(3) $i\dfrac{(1+i)^2}{1+i\sqrt{3}}$.　　(4) $2e^{i6\pi} + e^{i3\pi}$.

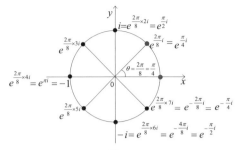

図 1.15 $e^{\frac{2\pi}{8}mi}$, m は整数

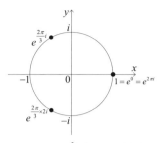

図 1.16 $e^{\frac{2\pi}{3}mi}$, m は整数

1.6 単位円上の等間隔の点：$e^{\frac{2\pi m}{N}i}$

以降では N は 0 でない正の整数とする．第 4 章以降でよく出てくる $e^{\frac{2\pi m}{N}i}$, m は整数，についてみておこう．まず $e^0 = 1$, $e^{2\pi i} = 1$ である．一般に，k を整数とすると $e^{2\pi k i} = 1$ であり，$e^{(2\pi k+\theta)i} = e^{2\pi k i} \cdot e^{i\theta} = e^{i\theta}$ である．また $e^{\pi i} = -1$ であり，$e^{\frac{\pi}{2}i} = i$ であることを注意しておこう．

ここでは簡単のため $N = 8$ の場合をみる．オイラーの公式により

$$e^{\frac{2\pi m}{8}i} = \cos\left(\frac{2\pi}{8}m\right) + i\sin\left(\frac{2\pi}{8}m\right)$$

であり，$m = 0, 1, \cdots$ に対して $e^{\frac{2\pi m}{8}i}$ はすべて単位円上に $\frac{2\pi}{8} = \frac{\pi}{4}$ の間隔で等間隔に並んでいる（図 1.15）．$m = 8$ では $e^{\frac{2\pi \times 8}{8}i} = e^{2\pi i} = 1$ となり，$m = 0$ の $e^0 = 1$ とおなじ点となる．m は 8 以上で $m = 0$ から $m = 7$ までとおなじ点を順にくりかえす．m が負の場合，たとえば，$m = -1$ では $e^{\frac{2\pi}{8}\times(-1)i} = e^{-\frac{2\pi}{8}i} = e^{\frac{2\pi}{8}\times 7 i}$, $m = -2$ では $e^{\frac{2\pi}{8}\times(-2)i} = e^{\frac{2\pi}{8}\times 6 i}$ となり，以下同様に $e^{\frac{2\pi}{8}(-7)i} = e^{\frac{2\pi}{8}i}$ となり，結局これも右まわりにおなじ点をくりかえす．

一般に，m を整数としたとき，$e^{2\pi m i} = 1$ であり，$e^{\frac{2\pi}{N}i}$ は，単位円を N 等分した点のうち，1 から出発して左まわりに最初の点で，$e^{\frac{2\pi}{N}mi}$ は，単位円を N 等分した点のうち，1 から出発して左まわりに m 番目の点である．また，$e^{\frac{2\pi}{N}(N-m)i} = e^{2\pi i - \frac{2\pi}{N}mi} = e^{2\pi i} \cdot e^{-\frac{2\pi}{N}mi} = e^{-\frac{2\pi}{N}mi}$ となり，$e^{\frac{2\pi}{N}(N-m)i}$ は $e^{\frac{2\pi}{N}mi}$ の共役複素である．

また，$N = 8$ のように N が偶数のときは，$e^0 = 1$, $e^{\frac{2\pi}{N}i}$, $e^{\frac{2\pi}{N}\times 2i}$, $e^{\frac{2\pi}{N}\times 3i}$, $\cdots$, $e^{\frac{2\pi}{N}(N-1)i}$ のそれぞれの点は，たがいに原点対称の関係となる組にわけられる．たとえば，$N = 8$ であれば，$e^0 = 1$ と $e^{\frac{2\pi}{8}\times 4i} = -1$, $e^{\frac{2\pi}{8}i}$ と $e^{\frac{2\pi}{8}\times 5i}$ などが原点対称である．2 つの複素数 α と β が原点対称であれば $\alpha = -\beta$ であるから，e^0 から $e^{\frac{2\pi}{N}(N-1)i}$ をすべてたすと

$$e^0 + e^{\frac{2\pi}{N}i} + e^{\frac{2\pi}{N}\times 2i} + \cdots + e^{\frac{2\pi}{N}(N-1)i} = \sum_{k=0}^{N-1} e^{\frac{2\pi}{N}ki} = 0$$

となる．N が奇数のときは，e^0, $e^{\frac{2\pi}{N}i}$, $\cdots$, $e^{\frac{2\pi}{N}(N-1)i}$ に原点対称となる点の組はない．これは，図 1.16 に示した $N = 3$ の場合をみれば明らかであろう．しかし，N が奇数の場合も

$$\sum_{k=0}^{N-1} e^{\frac{2\pi}{N}ki} = 0$$

が成り立つ．この証明は第 4 章で示す．

■ 第2章

信号とシステム

2.1 信号

　日常生活で「信号」といえば，交差点にある「青（緑?）・黄・赤」の信号機や，それが交通においてはたす役割りなどが思いうかぶであろう．しかし，信号処理というときの「信号」はこの思いとはちがった意味合いでかたられる．（広い意味では信号機の「信号」も信号処理の「信号」に含まれるかもしれない．）信号処理における信号は，たとえば，あるところにおける，ときとともにかわりゆく風の強さといったような時間とともに変化する量を意味する．ただし，写真や絵など，時間的に変化しないが，平面や空間の位置でことなる量（写真であれば写真を構成する2次元平面の各点の画素の値）をもつものも信号としてあつかわれる．本書では，おもに時間的に変化する量を信号とする．

　数学的にいえば，よく出てくる信号は，時間の実数値関数 $f(t)$ ないしは複素数値関数として表現される．この関数 $f(t)$ は，時刻 t におけるなんらかの物理系の状態に関する情報を表現している．たとえば，音声であれば，マイクがおかれた場所における時刻 t での空気（物理系）の密度（状態）を表現する．

2.1.1 信号の分類

　信号は，時間 t を連続量としてあつかう**連続時間信号**（continuous-time signal）と，時間 t を離散量としてあつかう**離散時間信号**（discrete-time signal）とに大きくわけられる．時間は，連続的につながっているという感覚をわれわれはもっているが，計算機で信号をあつかうときには飛びとびの量としてあつかうほうが都合がよい．さらに，信号は，信号のとる値が連続量か離散量かでわけられる．音や光の強さを信号として考える場合，やはりそれらは連続的にかわるという感覚をもっているが，計算機であつかうときには離散量としてあつかうと簡便となる．連続時間の場合は，信号がとる値が連続量なら**アナログ信号**（analog signal; 図 2.1(a)）といい，離散量なら**多値信号**（multi-level signal; 図 2.1(b)）という．また，離散時間であれば，信号がとる値が連続量なら**サンプル値信号**（sample-value signal; 図 2.1(c)）といい，離散量ならば**デジタル信号**（digital signal; 図 2.1(d)）という．

　以下では，連続時間信号は $x(t)$ と表記する．また，離散時間信号は $x[n]$ と表記する．すなわち，

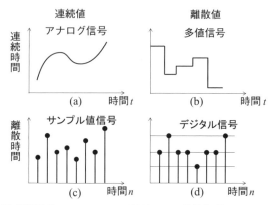

図 2.1 連続時間信号と離散時間信号．(a) アナログ信号，(b) 多値信号，(c) サンプル値信号，(d) デジタル信号

連続時間信号 $x(t)$ と区別するため，離散時間信号は $x[n]$ のように大かっこを用いて表わす．なお，離散時間信号のことを**系列**（series）ともいう．

注意．
(1) 整数の集合 $\{\cdots, -3, -2, -1, 0, 1, 2, 3, \cdots\}$ を $\mathbf{Z}$ とかくと，信号 $x[n]$ といった場合は，$\mathbf{Z}$ から実数の集合 $\mathbf{R}$（あるいは複素数の集合 $\mathbf{C}$）への写像 $x: \mathbf{Z} \to \mathbf{R}$，を意味し，それは各時点 $k = \cdots, -1, 0, 1, \cdots$ における信号の値 $x[k]$ の集合 $\{\cdots, x[-1], x[0], x[1], \cdots\}$ のことである．その集合の要素，たとえば $x[1]$ や $x[3]$ は，それぞれの時点 $k=1$ と $k=3$ における信号の値であり，それはただの数である．ただし，単に $x[n]$ とかいた場合，それが，写像としての x ではなく，時点 n における x の値（1つの数）をさすこともあるので注意が必要である．以下では，信号を意味するときは $x[n]$ とかき，特定の時刻 k における信号 $x[n]$ の値は $x[k]$ とかくように努める．
(2) 離散時間を考える場合，時刻 k は特定の時間単位，たとえば秒，で表現されているのではない．たとえば 0 秒から 1 秒を 10 等分した各点をそれぞれ 0, 1, 2, $\cdots$, 10 とすることもできれば，100 等分してそれぞれを 0, 1, 2, $\cdots$, 100 としてもよい．離散時間の時刻には単位はないのである．実際の運用においては，離散時間の 1 時刻に対する実際の時間単位がわかっていれば問題ない．

2.1.2 基本的な信号

本節では，信号処理で用いられる基本的な信号とよく出てくる信号について述べよう．離散時間信号からみていく．

離散時間単位インパルス信号

時刻 $k=0$ でのみ大きさ 1 をもつ信号 $\delta[n]$ を**離散時間単位インパルス信号**（unit impulse signal）とよび，次式で定義する（図 2.2）．

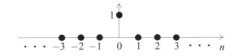
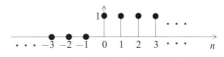

図 2.2 離散時間単位インパルス信号　　**図 2.3** 離散時間単位ステップ信号

$$\delta[n] = \begin{cases} 0, & n \neq 0, \\ 1, & n = 0. \end{cases}$$

すなわち，離散時間単位インパルス信号は，時刻 0 のときだけ値 1 をとり，そのほかのすべての時刻で 0 をとる信号である．以降では単位インパルス信号，あるいはより簡単にインパルス信号ということもある．

単位インパルス信号は以下の性質をもつ．

性質 1．単位インパルス信号は単位面積をもつ．すなわち，$\sum_{k=-\infty}^{\infty} \delta[k] = 1$．

性質 2．任意の信号 $x[n]$ に対して次式が成り立つ．すなわち，$x[n]\delta[n] = x[0]\delta[n]$．（この式の左辺は，信号 $x[n]$ と信号 $\delta[n]$ のかけ算で表わされる信号であり，右辺は数 $x[0]$ と信号 $\delta[n]$ のかけ算で表わされる信号である．信号のスカラー倍や信号どうしの乗算については第 2.1.4 節を参照．）

離散時間単位ステップ信号

正の時刻において単位大きさ 1 をもつ信号 $u_S[n]$ を**離散時間単位ステップ信号**（unit step signal）とよび，次式で定義する（図 2.3）．

$$u_S[n] = \begin{cases} 0, & n < 0, \\ 1, & n \geq 0. \end{cases}$$

この信号は，時刻 0 より前ではすべて値 0 をとり，時刻 0 以降ではすべて値 1 をとる．以降では単位ステップ信号，あるいはより簡単にステップ信号ともいう．

のこぎり波と方形波

ある有限の時間区間において時間の 1 次関数となり，それをそのほかの区間に周期的に拡張した信号を**のこぎり波**（sawtooth wave）という（図 2.4(a)）．同様に，ある有限の時間区間で 0 をとり，それに続く区間で 0 ではない一定値（たとえば 1）をとり，そのほかの区間に対してそれを周期的に拡張した信号を**方形波**（square wave）あるいは**矩形波**という（図 2.4(b)）．

正弦波信号

続いて，離散時間**正弦波信号**（sinusoidal signal）を導入しよう．これは，$x[n] = A\cos(\omega n + \phi)$ で定義される離散時間信号である（図 2.5）．ω を**角周波数**（angular frequency）といい，ϕ を**位相**（phase），A を**振幅**（magnitude）という．図 2.6 は角周波数のことなる 3 つの離散時間正弦波信号の例を示す．ふつう，ω と ϕ の単位はラジアン（以下では単位表記として [rad] と記載）である．な

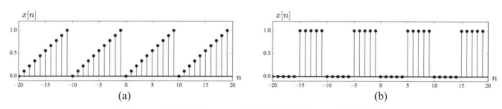

図 2.4 離散時間 (a) のこぎり波信号と (b) 方形波信号

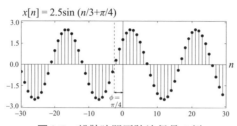

図 2.5 離散時間正弦波信号の例

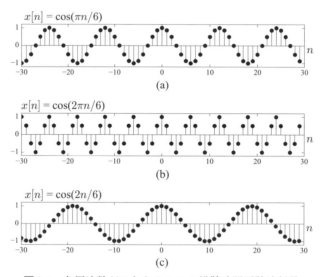

図 2.6 角周波数がことなる 3 つの離散時間正弦波信号

お，数学では，コサイン（cos）関数を余弦関数といい，サイン（sin）関数を正弦関数というが，信号処理の分野では，これら両者とも正弦波信号あるいは簡単に正弦波という．

単位ステップ信号やのこぎり波・方形波・正弦波信号などは連続時間の信号でも同様なものが定義できる．（ただしインパルス信号は，のちほど出てくる「ディラックのデルタ関数」で定義される．）たとえば，連続時間**正弦波信号**（sinusoidal signal）は，$x(t) = A\cos(\Omega t + \Phi)$ である（図 2.7）．離散時間のときとおなじように，Ω を**角周波数**といい，Φ を**位相**，A を**振幅**という．

離散時間と連続時間ともに正弦波信号は信号処理では重要な役割りをはたす．そのため連続時間正弦波の角周波数や振幅の意味について述べよう．まず，**周波数**（frequency）を導入する（図

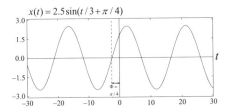

図 2.7 連続時間正弦波信号の例．角周波数と位相・振幅も，離散時間と同様に定義される

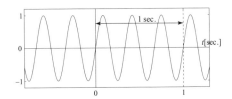

図 2.8 周波数の意味．この図では，1秒間にちょうど3回の振動なので3Hzである

2.8)．これは，波の単位時間あたりの「振動回数」，つまり，時間の単位を秒とすると，1秒あたり何回振動するかを表わす．そのときの周波数の単位はヘルツで，[Hz] と表記する．角周波数は，1回の振動を1回転分の 2π [rad]（360°）とみなしたもので，1単位時間あたりの振動回数を角度で表現したものである．それゆえ，角周波数 Ω と周波数 F の間には以下の関係式が成り立つ．

$$\Omega = 2\pi F. \quad \text{すなわち} \quad F = \frac{\Omega}{2\pi}.$$

また，三角関数 $\sin(\Omega t + \Phi)$ あるいは $\cos(\Omega t + \Phi)$ は，とる値の範囲が -1 から 1 であり，正弦波信号における振幅 A は，信号のとる範囲を $-A$ から A へと伸縮させる意味合いをもつ．

離散時間正弦波については，**周波数** f は，角周波数 ω により

$$\omega = 2\pi f, \quad \text{すなわち} \quad f = \frac{\omega}{2\pi}$$

として定義される．しかし，離散時間信号では，時間が無次元なので，たとえば周波数は，厳密には，1単位時間あたりの振動数という意味にはならないが，$n = k$ から $n = k+1$ を「1単位時間」と考えれば連続時間のときと同様に考えてもよいであろう．

注意．

連続時間信号の場合には，$\Omega_0 \neq 0$ であれば，$\sin(\Omega_0 t)$ はかならず周期 $\frac{2\pi}{\Omega_0}$ の周期信号となる．しかし，離散時間正弦波は角周波数 ω_0 によっては周期信号とならないときがある．どうしてそのようなことが起こるのか説明しよう．いま，$\frac{2\pi}{\omega_0}$ が無理数，すなわち $\frac{2\pi}{\omega_0}$ は整数の比として表わせる分数ではないとしよう．このとき，$x[n] = \sin(\omega_0 n)$ は n が整数なので周期的となりえない．もし周期的であるとすると，たとえば $n = 0$ における $\sin 0 = 0$ が周期的にあらわれるはずであるが，$\sin(\omega_0 n) = 0$ となるには $\omega_0 p = q\pi$ となる整数 p, q がなければならない．しかし，$\frac{2\pi}{\omega_0}$ が無理数，したがって $\frac{\pi}{\omega_0}$ も無理数なのでこれはありえない．すなわち，$\frac{2\pi}{\omega_0}$ が無理数のときは $\sin(\omega_0 n)$ は周期信号ではない．独立変数 x が任意の実数をとる関数 $\sin(\omega_0 x)$ は $\frac{2\pi}{\omega_0}$ ごとにおなじ値をとる．しかし，$m \neq 0$ が整数のときには $\omega_0 m$ はけっして 2π の整数倍にはならず，そのため，$\sin \omega_0, \sin(2\omega_0), \sin(3\omega_0), \cdots$ のいずれもおたがいにことなる値をとるのである．それに対し，$\frac{2\pi}{\omega_0}$ が有理数，すなわち $\frac{2\pi}{\omega_0} = \frac{p}{q}$, $p, q \neq 0$ なる整数，とすると $\omega_0 = \frac{2\pi q}{p}$ となり，$x[n] = \sin\left(\frac{2\pi q}{p} n\right)$ は周期 p の信号となる．

図 2.9 周期 T の連続時間周期信号

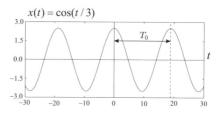
図 2.10 角周波数 Ω_0 の連続時間正弦波信号の周期. 基本周期は $T_0 = \dfrac{2\pi}{\Omega_0}$ となる

> **例題 2.1.**
> つぎの離散時間信号の角周波数 ω と周波数 f を求めよ.
> (1) $x_1[n] = \cos((\pi/6)n)$.　(2) $x_2[n] = \cos((1/3)n)$.
>
> ［解答例］
> (1) $\omega = \pi/6$ より $f = \omega/(2\pi) = 1/12$.　(2) $\omega = 1/3$ より $f = \omega/(2\pi) = 1/(6\pi)$.

2.1.3 周期信号

つぎに周期信号について述べよう. まず連続時間信号を考える. すべての t に対して, $x(t) = x(t+T)$ が成り立つような正数 T が存在するとき, 連続時間信号 $x(t)$ は, **周期**（period）T をもつ**周期信号**（periodic signal）であるという（図 2.9）. 前節で述べたのこぎり波や方形波・正弦波信号は周期信号の代表的なものである.

周期 T の周期信号であれば, $T' = 2T$ や $T' = 3T$ など, $x(t) = x(t+T')$ を満たす T' は無数に存在するが, その中でもっとも小さい正数 T_0 を**基本周期**（fundamental period）とよぶ.

ここで角周波数 $\Omega_0 > 0$ の連続時間正弦波信号 $x(t) = \cos \Omega_0 t$ を考えよう. この信号は, 基本周期 $T_0 = \dfrac{2\pi}{\Omega_0}$ をもつ周期信号であり, その周波数は $f_0 = \dfrac{\Omega_0}{2\pi} = \dfrac{1}{T_0}$ である（図 2.10）. 正弦波にかぎらずより一般に, 基本周期 T_0 の周期信号に対し, $\Omega_0 = \dfrac{2\pi}{T_0}$ は**基本角周波数**（fundamental angular frequency）とよばれ, $f_0 = \dfrac{1}{T_0}$ は**基本周波数**（fundamental frequency）とよばれる.

> **例題 2.2.**
> つぎの連続時間信号の基本周期を求めよ.
> (1) $x_1(t) = \cos(2t)$.　(2) $x_2(t) = \cos(2\pi t)$.
>
> ［解答例］
> (1) $2\pi/2 = \pi$.　(2) $2\pi/(2\pi) = 1$.

続いて離散時間信号について考える. すべての k, k は整数, に対して, $x[k] = x[k+N]$ が成り立つような正整数 N が存在するとき, 離散時間信号 $x[n]$ は周期 N をもつ周期信号である（図 2.11）. 正整数 N がこの式を満たせば, $x[n]$ は周期 N, $2N$, $3N$, $\cdots$ をもつ周期信号にもなるが, この式を満たす最小の正整数 N_0 を信号 $x[n]$ の**基本周期**とよぶ. また, $\omega_0 = \dfrac{2\pi}{N_0}$ を**基本角周波数**という.

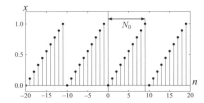

図 2.11　基本周期 N_0 の離散時間周期信号の例

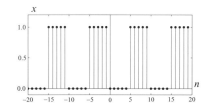

図 2.12　例題 2.3 の離散時間周期信号

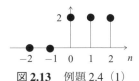

図 2.13　例題 2.4（1）

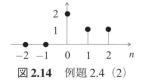

図 2.14　例題 2.4（2）

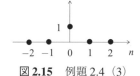

図 2.15　例題 2.4（3）

例題 2.3.

図 2.12 に示す離散時間信号（方形波）の基本角周波数を求めよ．

［解答例］

図より基本周期 N_0 は 10 なので，$\omega_0 = \dfrac{2\pi}{N_0} = \dfrac{\pi}{5}$．

2.1.4　信号の操作

まず離散時間信号どうしの基本的な演算を定義しよう．おなじ演算が連続時間信号に対しても定義できる．

(a) **スカラー倍**：$y[n] = cx[n]$．すべての時刻 k での値 $x[k]$ を c 倍した信号である．

(b) **加算**：$z[n] = x[n] + y[n]$．2 つの信号をくわえてできる信号である．すべての時刻 k での信号値 $x[k]$ と $y[k]$ をくわえた値 $x[k] + y[k]$ が時刻 k での値となる信号である．

(c) **乗算**：$z[n] = x[n]y[n]$．2 つの信号をかけてできる信号である．その信号の各時刻 k での値 $z[k]$ は，k での $x[n]$ と $y[n]$ の値である $x[k]$ と $y[k]$ をかけたものとなる．

(d) **時間シフト**：$y[n] = x[n-1]$．信号 $x[n]$ を時間軸方向に 1 時刻だけずらした信号である．

例題 2.4.

$\delta[n]$ を単位インパルス信号とし，$u_S[n]$ を単位ステップ信号とする．

(1) $y[n] = 2 \cdot u_S[n]$ を図示せよ．　(2) $z[n] = \delta[n] + u_S[n]$ を図示せよ．

(3) $m[n] = \delta[n] \cdot u_S[n]$ を図示せよ．

［解答例］

(1) 図 2.13 参照．　(2) 図 2.14 参照．　(3) 図 2.15 参照．

つぎに，ほかの信号にかえる信号の操作をいくつかあげよう．まず，信号 $x[n]$ に対して $x'[n] = x[-n]$ という信号をつくることを信号の**反転**（inversion）という（図 2.16）．

22　第2章　信号とシステム

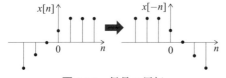
図 2.16　信号の反転

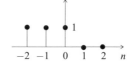
図 2.17　例題 2.5 の解答例

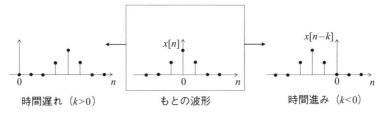
図 2.18　離散時間信号の時間シフト

例題 2.5.
単位ステップ信号 $u_S[n]$ を反転させた信号を図示せよ．
[解答例]
図 2.17 参照．

つぎに，k をある整数として，信号 $x[n]$ に対して信号 $x'[n] = x[n-k]$ をつくる．これはもとの信号 $x[n]$ を k だけ時間軸の正の方向にうつした信号である（図 2.18）．注意してほしいことは，k が正なら時間軸方向の正の方向に，k が負なら負の方向に $x[n]$ はうつる．こうして新たにできる信号 $x[n-k]$ を $x[n]$ の**時間シフト**（time shift）という．これは，k 時刻分の時間シフトである．

例題 2.6.
単位ステップ信号 $u_S[n]$ を 2 だけ時間シフトさせた信号 $u_S[n-2]$ を図示せよ．
[解答例]
図 2.19 参照．

演習 2.1.
図 2.20 に示した信号 $x[n]$ に対してつぎの信号をかけ．

（1）$x[n-2]$．　（2）$x[-n]$．　（3）$x[2n]$．　（4）$x[n]\delta[n-1]$．

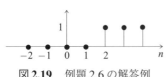
図 2.19　例題 2.6 の解答例

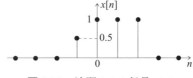
図 2.20　演習 2.1 の信号 $x[n]$

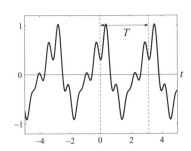

図 2.21 基本周期が T の連続時間周期信号の例

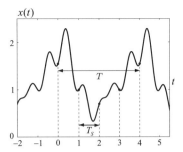

図 2.22 周期 T を N 等分したサンプリング周期 $T_s = \dfrac{T}{N}$ の間隔で $x(t)$ の値を抽出する

演習 2.2.

つぎの信号をかけ．$x[n] = u_S[n] - u_S[n-2]$.

本節の最後に，連続時間信号の基本演算を定義しておく．ただし，C は定数で，$x(t)$, $y(t)$, $z(t)$ は連続時間信号を表わす．どれも意味するところは離散時間信号のときとおなじである．

(a) スカラー倍：$y(t) = Cx(t)$. (b) 加算：$z(t) = x(t) + y(t)$.
(c) 乗算：$z(t) = x(t) \cdot y(t)$. (d) 時間シフト：$y(t) = x(t-1)$.

2.1.5 サンプリング：連続時間信号から離散時間信号をつくる

一定の時間間隔で，連続時間信号 $x(t)$ の値を抽出することを考える．すなわち，一定の時間間隔を T_s として時刻 kT_s, $k = \cdots, -2, -1, 0, 1, 2, \cdots$, における $x(t)$ の値 $x(kT_s)$, $k = -2, -1, 0, 1, 2, \cdots$, をとりだす．連続時間信号に対し，$T_s$ の時間間隔で信号の値をとりだすことを**サンプリング周期 T_s での信号のサンプリング**（sampling）という．また，$F_s = \dfrac{1}{T_s}$ を**サンプリング周波数**（sampling frequency）という．

いま $x(t)$ を，基本角周波数が Ω_0，すなわち基本周期 $T = 2\pi/\Omega_0$ の周期的連続時間信号としよう（図 2.21）．この信号に対し，T を N 等分したサンプリング周期 T_s でサンプリングして離散時間信号 $x[n]$ をつくろう（図 2.22）．すなわち，

$$x[k] = x(kT_s) = x\left(k\frac{T}{N}\right), \quad k = \cdots, -2, -1, 0, 1, 2, \cdots,$$

とする．信号 $x(t)$ は周期 T の周期信号なので，任意の $k = \cdots, -2, -1, 0, 1, 2, \cdots$ に対し

$$x[k+N] = x\left((k+N)\cdot\frac{T}{N}\right) = x\left(k\frac{T}{N} + T\right) = x\left(k\frac{T}{N}\right) = x[k]$$

が成り立つ．これは，離散時間信号 $x[n]$ が周期 N の周期信号であることを表わしている．この $x[n]$ の角周波数は $\omega = \dfrac{2\pi}{N}$ であり，これと $T = \dfrac{2\pi}{\Omega_0}$ と $T_s = \dfrac{T}{N}$ より

$$\omega = T_s \Omega_0 = \frac{\Omega_0}{F_s} \tag{2.1}$$

24　第2章　信号とシステム

なる関係が導かれる．ただし ω の単位は角度 [rad] である．また $x[n]$ の周波数は

$$f = \frac{\omega}{2\pi} = \frac{F_0}{F_s} \tag{2.2}$$

である．ここで F_0 は $x(t)$ の基本周波数 $F_0 = \frac{\Omega_0}{2\pi} = \frac{1}{T}$ である．式 (2.2) からわかるように f は単位をもたず無次元である．

なお，連続時間信号 $x(t)$ からサンプリングすることを考えたとき，とりだす時刻 kT_s と，そのときの信号値 $x(kT_s)$，$k = \cdots,\ -2,\ -1,\ 0,\ 1,\ 2,\ \cdots$，の組 $(kT_s,\ x(kT_s))$ の集合

$$\left\{ (kT_s,\ x(kT_s))\,\middle|\,k = \cdots,\ -2,\ -1,\ 0,\ 1,\ 2,\ \cdots \right\}$$

のことを**サンプル列**といい，$\left\{ x(kT_s) \right\}_{k=\cdots,\ -1,\ 0,\ 1,\ \cdots}$　あるいは $x(nT_s)$ とかく．このサンプル列を，時刻 kT_s，$k = \cdots,\ -2,\ -1,\ 0,\ 1,\ 2,\ \cdots$，で値をとる「離散時間信号」と考えることもある．その場合，時間 nT_s は $x(t)$ の時間とおなじ次元をもち，$x(t)$ と，それからつくったサンプル列が周期的であれば，そのサンプル列の角周波数と周波数は $x(t)$ のそれとおなじ Ω_0 と F_0 である．それに対し，本書の定義による離散時間信号 $x[n]$ では，その時間 n は次元をもたず，また，それが周期信号であれば角周波数と周波数はそれぞれ式 (2.1) と (2.2) となる．サンプル列 $x(nT_s)$ を「離散時間信号」と考える立場では，$x[n]$ は「離散時間信号」$x(nT_s)$ の**正規化表現**とよばれる．また，$x[n]$ が周期信号となる場合には，(2.1) の ω を**正規化角周波数**（normalized angular frequency）といい，(2.2) の f を**正規化周波数**（normalized fraquency）という．計算機で信号処理を行なう場合，連続時間信号をサンプリングによりデジタル信号としてあつかうため，この式 (2.1) と (2.2) の関係が重要となる．

以下では，連続時間信号 $x(t)$ からサンプリング周期 T_s でサンプルしてつくった離散時間信号を $x[n] = x(nT_s)$ とかく．

2.2　システム

2.2.1　離散時間システムと連続時間システム

離散時間信号を，別の離散時間信号にかえるなんらかのしくみがあるとしよう．もうすこし数学的にきちんと記述すると，このしくみは，離散時間信号のあつまり X と，離散時間信号の別のあつまり Y（X とおなじでもよい）があったとき，X 中に含まれる任意の信号 $x[n]$ を Y の信号 $y[n]$ に変換する写像とみなすことができる（図 2.23(a)）．この写像を**離散時間システム**という．このとき $x[n]$ をシステムへの**入力信号**（input signal）といい，$y[n]$ を，入力信号 $x[n]$ に対するシステムの**出力信号**（output signal）あるいは**応答**（response）という．入力信号のことを簡単に**入力**といい，出力信号のことを**出力**ともいう．以下では図 2.23(b) のように，システムは四角で表わし，そのシステムへの入力が $x[n]$ のとき，出力が $y[n]$ であることを表わす．

同様に，連続時間信号のあつまりから連続時間信号の別のあつまりへの写像を**連続時間システム**という．すなわち，連続時間システム，X の入力信号 $x(t)$ を Y の出力信号 $y(t)$ に変換する写像である（図 2.24(a)）．離散時間のときと同様に，入力が $x(t)$ のときの出力が $y(t)$ であるシステムを四角で表わす（図 2.24(b)）．

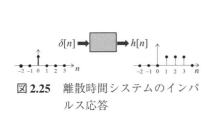
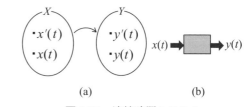

図 2.23　離散時間システム　　　　図 2.24　連続時間システム

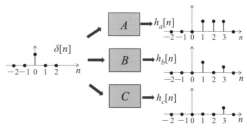

図 2.25　離散時間システムのインパルス応答　　図 2.26　インパルス応答はシステムごとにことなる

注意.

たとえば，実数から実数への関数 $f(x) = x^2$ は，$x = 2$ を入力すると 4 を出力し，$x = 3$ を入力すると 9 を出力するというように数を別の数に対応させる．それに対し，システムは，入力 $x(t)$ も出力 $y(t)$ も信号であり，たとえば正弦波信号 $\sin t$ を信号 $\sin^2 t$ に，といったように信号を別の信号に変換する．

以下ではしばらくの間，離散時間システムを対象に記述を進める．

2.2.2　インパルス応答

ある離散時間システムに離散時間インパルス信号 $\delta[n]$ を入力したときのシステムの出力 $h[n]$ をシステムのインパルス応答（impulse response）という（図 2.25）．システムのインパルス応答は信号処理のみならず制御の分野などでもきわめて重要な役割りをはたす．

注意.

一般に，システムごとにそのインパルス応答 $h[n]$ はことなり，インパルス応答のちがいがシステムのちがいを特徴づける（図 2.26）．

離散時間の信号処理の目的は，入力信号 $x[n]$ に対して，所望の信号 $y[n]$ を出力するシステムを設計することや，入力信号 $x[n]$ に対して，信号 $y[n]$ を出力するあたえられたシステムを解析することなどである．

以下では，まず，システムの性質として重要な線形性と時不変性をみていく．現実のシステムがこれらの性質を厳密に満たすことはない．しかし，これらの性質を仮定すると，システムの解析や設計が簡単となる．また，現実のシステムも，なんらかの近似を行なえば線形性や時不変性が成り

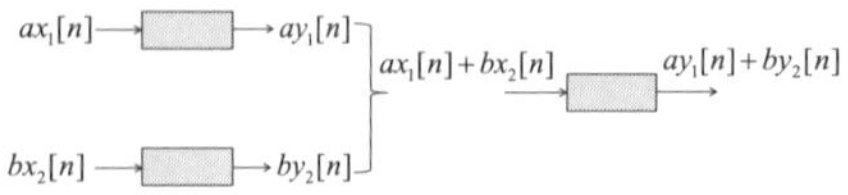

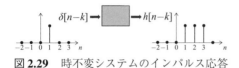

図 2.27　線形システム．a と b は任意の定数である

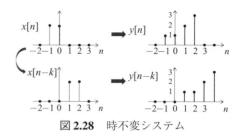

図 2.28　時不変システム

図 2.29　時不変システムのインパルス応答

図 2.30　因果システムの例

立つ場合が多い．

2.2.3　システムの重要なクラス：線形と時不変

あるシステムを考えよう．入力 $x_1[n]$ に対するこのシステムの出力を $y_1[n]$，入力 $x_2[n]$ に対する出力を $y_2[n]$ とする．このとき，**かさねあわせの理**（principle of superposition）とはつぎの 2 つの条件が成り立つことをいう．

(a) 入力 $\{x_1[n]+x_2[n]\}$ に対する出力は $\{y_1[n]+y_2[n]\}$ である．
(b) a を定数とするとき，入力 $ax_1[n]$ に対する出力は $ay_1[n]$ である．

線形システム

任意の入力信号に対して，つねにかさねあわせの理が成り立つシステムを**線形**（linear）であるという（図 2.27）．また線形であるシステムを**線形システム**（linear system）という．線形システムとは，入力信号が a 倍されれば，出力信号ももとの出力信号の a 倍となり，また，2 つの入力信号の和の信号を入力すれば，それぞれのもとの出力信号の和が出力信号となるシステムである．連続時間システムに対する線形性も同様の定義となる．

時不変システム

入力信号を時間的にシフトしたとき，出力信号もおなじぶんの時間シフトとなるとき，システムは**時不変**（time invariant）であるという．すなわち時不変システムでは，任意の k に対して，入力 $x[n]$ に対する出力が $y[n]$ のとき，入力 $x[n-k]$ に対し出力が $y[n-k]$ になる（図 2.28）．連続時間システムの時不変性も同様に定義される．

システムが時不変であれば，単位インパルス $\delta[n]$ を入力したときのシステムの応答（出力），すなわち，そのシステムのインパルス応答を $h[n]$ としたとき，$\delta[n-k]$ を入力したときのシステムの応答（出力）は $h[n-k]$ となる（図 2.29）．

以下では線形で時不変なシステム，すなわち**線形時不変システム**を LTI（Linear Time Invariant）

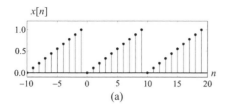
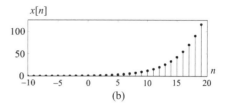

図 2.31 (a) 有界信号．(b) 非有界信号

システムとかく．

2.2.4 そのほかの特徴的なシステム

線形性と時不変性以外に，離散時間システムを特徴づける性質をいくつか述べる．同様の特徴づけは連続時間システムにも適用されるが，ただし，連続時間システムの「インパルス応答」は第7章であたえられる．

因果システムと非因果システム

離散時間 LTI システムのインパルス応答が $h[n] = 0$, $n < 0$, を満たすとき，そのシステムは**因果システム**（causal system）とよばれる（図 2.30）．因果性が成立しないシステムを**非因果システム**（noncausal system）という．定義により因果システムは，入力がある前にはその入力に対する応答はしない．もちろん，現実のシステムはすべて因果的，すなわち因果性が成り立つ．しかし，非因果システムが第3章以降でしばしばあらわれる．たとえば，所望のシステムの設計を行なうときには，非因果システムも含めて考えると設計が簡単になることが多い．そのため，システムと信号処理の理論では非因果システムも重要な役割りをはたす．

BIBO 安定なシステムと不安定なシステム

信号 $x[n]$ が**有界**（bounded）であるとは，すべての k に対して $|x[k]| < \infty$ が成り立つ場合をいう（図 2.31）．すなわち，ある定まった正の定数（信号ごとにことなる）があって，どの時刻においてもその定数より値が大きくなることはない信号である．

任意の有界な入力をシステムにくわえたときに，有界な出力が得られるとき，そのシステムは，英語の頭文字をとって **BIBO 安定**（Bounded Input, Bounded Output stable）とよばれる（図 2.32）．BIBO 安定は**入出力安定**，あるいは単に**安定**とよばれることもあり，現実のシステムを構成するうえできわめて重要な役割りをはたす．そのためシステムの安定性を判定するさまざまな手法が構築されてきた．ここでは，インパルス応答を用いた離散時間 LTI システムの安定性を判断する手法を定理としてあたえよう．そのほかの手法については第6章と第9章で述べる．なお安定でないシステムを**不安定**であるという．

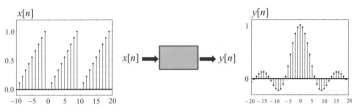

図 2.32　BIBO 安定

定理 2.1
離散時間 LTI システムが安定であるための必要十分条件は，そのインパルス応答 $h[n]$ が次式を満たすことである．
$$\sum_{k=-\infty}^{\infty} |h[k]| < \infty.$$

証明は第 3 章であたえる．

例題 2.7.
インパルス応答が $h[n] = u_S[n]$ である離散時間 LTI システムの安定性を調べよ．ここで $u_S[n]$ は単位ステップ信号である．

［解答例］

不安定である．なぜなら $\sum_{k=-\infty}^{\infty} h[k] = \sum_{k=0}^{\infty} u_S[k] = \infty$ となるから．

例題 2.8.
図 2.33 に示したインパルス応答をもつ離散時間 LTI システムの安定性を調べよ．

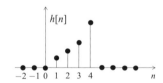

図 2.33　例題 2.8 のシステムのインパルス応答

［解答例］

インパルス応答の絶対値の総和をとると有限な値になるので，このインパルス応答をもつシステムは安定である．

有限インパルス応答システムと無限インパルス応答システム

インパルス応答が有限個の時刻だけ 0 とことなる値をとる場合，このシステムは**有限インパルス応答システム**（Finite Impulse Response system；FIR システム）とよばれる（図 2.34）．インパルス応答が有限個ならば対応するシステムはかならず安定になるので，有限インパルス応答システムは

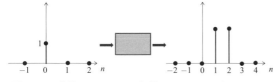
図 2.34 有限インパルス応答システムのインパルス応答例

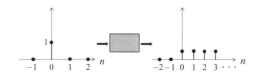
図 2.35 無限インパルス応答システムのインパルス応答例

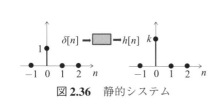
図 2.36 静的システム

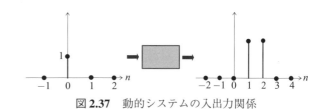
図 2.37 動的システムの入出力関係

安定である．

インパルス応答が，無限個の時刻で0とことなる値をとるシステムを**無限インパルス応答システム**（Infinite Impulse Response system；IIR システム）という（図 2.35）．

動的システムと静的システム

インパルス応答 $h[n] = K\delta[n]$，すなわち $h[n] = \begin{cases} K, & n = 0, \\ 0, & n \neq 0 \end{cases}$ をもつ離散時間 LTI システムを**静的システム**（static system）とよぶ．すなわち，インパルス信号を入力したとき，時刻0だけが0でない信号を出力するシステムである（図 2.36）．

それに対して，$k = 0$ 以外でも $h[k]$ が値をもつシステムを**動的システム**（dynamical system）という．インパルス応答 $h[n] = K\delta[n]$ をもつシステムの出入力関係は $y[n] = Kx[n]$ となる（図 2.37）．この関係式からわかるように，静的システムとは，その時刻の入力信号の影響だけを受けるシステムである．

それに対し，動的システムとは，現時刻以外の過去（あるいは未来）の入力の影響を受けるシステムである．動的システムは**記憶システム**（memory system），あるいは静的システムは**無記憶システム**（memoryless system）とよばれることもある．

とくに，静的システムで，$K = 1$ の場合を**恒等システム**（identity system）という（図 2.38）．

可逆システムと逆システム

インパルス応答が $h[n]$ である LTI システム H に，インパルス応答が $g[n]$ である LTI システム G

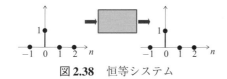
図 2.38 恒等システム

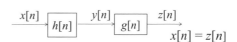
図 2.39 逆システム．$h[n]$ と $g[n]$ はそれぞれのシステムのインパルス応答

を直列接続した場合を考える．このとき，システム G の出力 $z[n]$ がシステム H の入力 $x[n]$ に等しくなるとき，システム H は**可逆**（invertible）であるといわれ，G は H の**逆システム**（inverse system）であるという（図 2.39）．

第3章

離散時間線形時不変システム
—時間領域表現—

　線形でかつ時不変なシステムを**線形時不変（LTI）システム**という．線形時不変システムとは理想化されたシステムであり，現実のシステムでは厳密に線形性や時不変性が成り立つことはほとんどない．しかし，多くのシステムが近似としては線形でかつ時不変とみなせる．線形時不変システムは解析がしやすく，所望の性質をもつシステムの設計も容易に行なえる．本章では，離散時間の線形時不変システムの特徴を詳しくみていく．

　一般に，システムの表現は，**時間領域**（time-domain）表現と，**周波数領域**（frequency-domain）表現にわけることができる．線形時不変システムの時間領域表現では，システムの入出力関係を時間関数を用いて記述し，それには，1）インパルス応答表現，2）再帰方程式（差分方程式）表現，3）状態空間表現がある．周波数領域表現は，システムの入出力関係が周波数を用いて記述され，その代表として周波数伝達表現がある．

　本章では，離散時間 LTI システムの時間領域表現のうち，インパルス応答による特徴づけと再帰方程式による表現，さらに基本演算素子による回路実現について述べる．なお，連続時間の LTI システムについては第7章で解説する．

3.1　単位インパルス信号による信号の分解表現

　まず単位インパルス信号（図 3.1(a)）を a 倍（定数倍）すると図 3.1(b) の信号となる．また，単位インパルス信号を時間軸方向に k だけシフトすると図 3.1(c) となる．それゆえ，a 倍して時間軸方向に k だけシフトすると図 3.1(d) の信号となる．簡単のため，信号 $x[n]$ の時刻 k における値 $x[k]$ を x_k とかくと，$k = -2$ で $x_k = 2$ のときの信号 $x_k\delta[n-k] = 2 \cdot \delta[n+2]$ を示したのが図 3.2 である．

　つぎに，単位インパルス信号を用いた任意の信号の分解表現をあたえよう．たとえば，図 3.3(a) に示された信号

$$x[n] = \begin{cases} 1, & n = 0, \\ 2, & n = 1, \\ 3, & n = 2, \\ 0, & それ以外 \end{cases}$$

を考えよう．時刻 0 での信号の値は $x = 1$ である．これは $1 \cdot \delta[n] = x_0\delta[n]$ という信号（図 3.3(b)）の

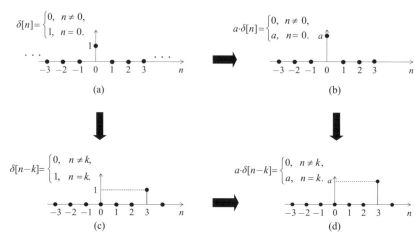

図 3.1 (a) 単位インパルス信号．(b) 単位インパルス信号の定数倍と (c) 単位インパルス信号の時間軸シフト．(d) 単位インパルス信号を定数倍しそれに時間軸シフトをほどこした信号

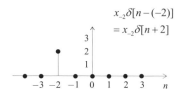

図 3.2 単位インパルス信号の定数倍と時間軸シフトの例．信号 $x_k \delta[n-k]$ は，インパルス信号 $\delta[n]$ を x_k 倍して時間方向に k だけ平行移動したもの．この図は，$x_{-2} = 2$, $k = -2$ の場合を示す

$n = 0$ での値ともみなせる．また，時刻 1 における $x[n]$ の値，すなわち $x_1 = 2$ は，$2 \cdot \delta[n-1] = x_1 \delta[n-1]$ という信号（図 3.3(c)）の $n = 1$ における値ともみなせる．同様に，信号 $x[n]$ の時刻 $n = 2$ における値，すなわち，$x_2 = 3$ は，$3 \cdot \delta[n-2] = x_2 \cdot \delta[n-2]$ という信号（図 3.3(d)）における値とみなせる．一般に $x_k \cdot \delta[n-k]$, k はある整数，という信号は時刻 $n = k$ 以外の時刻では値は 0 である．それゆえ，$x_0 \delta[n]$ と $x_1 \delta[n-1]$ と $x_2 \delta[n-2]$ をたしあわせた信号はもとの $x[n]$ とおなじ信号となる．

この例からわかるように，一般に任意の時間信号 $x[n]$ は，単位インパルス信号を用いて次式のように表現できる．

$$\begin{aligned} x[n] = \cdots &+ x_{-2}\delta[n+2] + x_{-1}\delta[n+1] + x_0\delta[n] \\ &+ x_1\delta[n-1] + x_2\delta[n-2] + x_3\delta[n-3] + \cdots \\ &= \sum_{k=-\infty}^{\infty} x_k \delta[n-k]. \end{aligned} \quad (3.1)$$

この式（3.1）を単位インパルス信号を用いた**信号の分解表現**という．

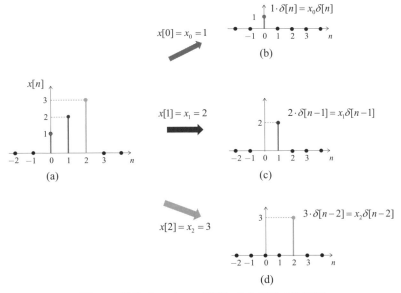

図3.3 単位インパルス信号による信号の分解例

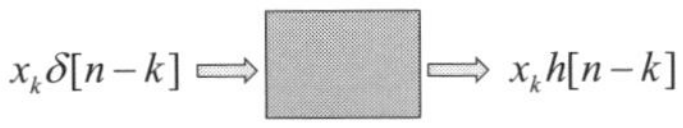

図3.4 線形時不変システムの入出力関係

3.2 線形時不変システムのインパルス応答による表現

本節では，離散時間信号のたたみこみという演算を導入してLTIシステムを特徴づける．前節でみたように，信号 $x[n]$ は

$$x[n] = \cdots + x_{-2}\delta[n+2] + x_{-1}\delta[n+1] + x_0\delta[n] + x_1\delta[n-1] + x_2\delta[n-2] + x_3\delta[n-3] + \cdots$$

とインパルス信号を用いて分解される．この右辺の各項 $x_k\delta[n-k]$ をシステムに入力すると，その出力は $x_k h[n-k]$ である（図3.4）．

考えているシステムは線形かつ時不変なので，信号 $x[n]$ に対する出力は，入力 $x_k\delta[n-k]$ に対する出力 $x_k h[n-k]$ をすべての $k = \cdots, -1, 0, 1, 2, \cdots$ についてたしたものになる．それゆえ，

$$y[n] = \sum_{k=-\infty}^{\infty} x_k h[n-k] = \sum_{k=-\infty}^{\infty} x[k]h[n-k]$$

が成り立つ．この式の最右辺において，$k' = n-k$ とおくと，k が $-\infty$ から $+\infty$ までかわるとき，k' も $-\infty$ から $+\infty$ までかわることに注意し，さらに k' を k とおきなおすと，入力 $x[n]$ に対する離散時間LTIシステムの出力は，

$$y[n] = \sum_{k=-\infty}^{\infty} x[k]h[n-k] = \sum_{k=-\infty}^{\infty} h[k]x[n-k] \tag{3.2}$$

34　第3章　離散時間線形時不変システム －時間領域表現－

となることがわかる．これが，離散時間 LTI システムの入出力関係を記述する式である．すなわち，線形時不変システムにおいては，そのインパルス応答 $h[n]$ がわかっていれば任意の入力に対する出力をこの式により計算することができる．

注意.

　式（3.2）には役割りのことなる2つの変数 n と k があり，なかなか理解しづらいので補足しよう．式（3.2）は，任意の入力信号 $x[n]$ に対する出力信号 $y[n]$ を定める式であるが，

(1) 式（3.2）最右辺の和の中の項 $h[k]x[n-k]$ において，$h[k]$ はただの数であるのに対し，$x[n-k]$ は，信号 $x[n]$ を k だけ時間シフトした信号である．よって，すべての $k = \cdots,\ -1,\ 0,\ 1,\ \cdots$ について $h[k]x[n-k]$ は信号であり，式（3.2）は，出力信号 $y[n]$ がそれらの無限個の信号の和で表わされることを示している．

(2) 信号が表現されるということの意味をさらにつきつめよう．そもそも信号 $y[n]$ は，$n = \cdots,\ -2,\ -1,\ 0,\ 1,\ 2,\ \cdots$ のすべての時刻において $y[n]$ の値が定まってはじめて意味をもつ．それゆえ，式（3.2）により信号 $y[n]$ が表わされるということは，すべての時刻 $n = \cdots,\ -2,\ -1,\ 0,\ 1,\ 2,\ \cdots$ における出力信号の値 $y[n]$ がこの式によりきまることを意味する．それに対して，式（3.2）の右辺の変数 k は和をとるための変数である．それゆえ，式（3.2）は

$$\vdots$$

$$y[-2] = \cdots + x[-1]h[-2-(-1)] + x[0]h[-2-0] + x[1]h[-2-1] + \cdots,$$

$$y[-1] = \cdots + x[-1]h[-1-(-1)] + x[0]h[-1-0] + x[1]h[-1-1] + \cdots,$$

$$y[0] = \cdots + x[-1]h[0-(-1)] + x[0]h[0-0] + x[1]h[0-1] + \cdots,$$

$$y[1] = \cdots + x[-1]h[1-(-1)] + x[0]h[1-0] + x[1]h[1-1] + \cdots,$$

$$\vdots$$

の無限個の式をまとめた表現になっている．

　式（3.2）の右辺の演算を，$x[n]$ と $h[n]$ とのたたみこみ和（convolution sum），あるいは単にたたみこみ（convolution）といい，$y[n] = h[n] * x[n]$ と表記する．以上を定理としてまとめよう．

定理 3.1

　インパルス応答が $h[n]$ の離散時間線形時不変システムに信号 $x[n]$ を入力したときの出力信号 $y[n]$ は

$$y[n] = h[n] * x[n] = \sum_{k=-\infty}^{\infty} x[k]h[n-k] = \sum_{k=-\infty}^{\infty} h[k]x[n-k] \tag{3.3}$$

となる．

3.2 線形時不変システムのインパルス応答による表現　35

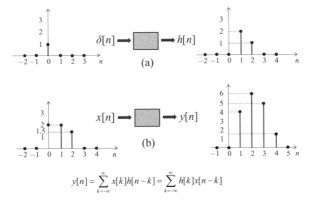

$$y[n] = \sum_{k=-\infty}^{\infty} x[k]h[n-k] = \sum_{k=-\infty}^{\infty} h[k]x[n-k]$$

図 3.5　たたみこみで表現される線形時不変システムの例

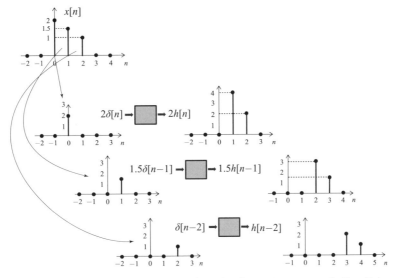

図 3.6　線形時不変システムの入出力関係であるたたみこみの各項の意味

　この定理は，任意の離散時間 LTI システムが，そのインパルス応答 $h[n]$ によって一意的に特徴づけられることを主張している．ここで，線形時不変システムの出入力関係を表わすたたみこみの意味について考えよう．図 3.5(a) は，ある LTI システムのインパルス応答を示している．このシステムに図 3.5(b) に示された信号 $x[n]$ が入力されると，インパルス応答 $h[n]$ と $x[n]$ とのたたみこみである信号 $y[n]$ が出力となる．

　この入力信号 $x[n]$ は，図 3.6 の左側に示されるように，単位インパルス信号によって分解表現される．信号 $x[n]$ の単位インパルス信号による分解表現のおのおのを入力信号としたときの出力は，$h[n]$ と $x[n]$ のたたみこみ (3.3) の和の各項であり，それは図 3.6 の右側に並んだ信号である．考えているシステムは線形かつ時不変なので，分解された信号を別々にシステムに入力し，それらの出力をたしあわせたものが $y[n]$ となる（図 3.7）．これが，式 (3.2) あるいは (3.3) の意味するところである．

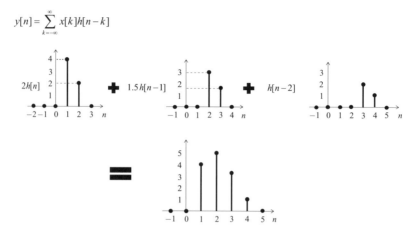

図 3.7 分解された信号を入力したときのそれぞれの出力の和としてのたたみこみ

演習 3.1.
インパルス応答 $h[n]$ が以下であたえられる離散時間線形時不変システムを考える．

$$h[n] = \begin{cases} 0, & n \leq 0, \\ 3, & n = 1, \\ 1, & n = 2, \\ 2, & n = 3, \\ 0, & n > 3. \end{cases}$$

(1) 横軸を時間として $h[n]$ を図示せよ．
(2) このシステムに離散時間信号

$$x[n] = \begin{cases} 0, & n < 0, \\ 1, & n = 0, 1, 2, \\ 0, & n > 2 \end{cases}$$

を入力する．この $x[n]$ を，横軸を時間として図示せよ．また，$x[n]$ を単位インパルス信号 $\delta[n]$ を用いて分解表現せよ．

(3) 上記（2）の $x[n]$ に対するこのシステムの出力 $y[n]$ を求め，横軸を時間として $y[n]$ を図示せよ．

なお，たたみこみには以下の性質がある．定理としてまとめておこう．

定理 3.2

(a) 交換則　$x[n] * h[n] = h[n] * x[n]$.
(b) 結合則　$x[n] * (h_1[n] * h_2[n]) = (x[n] * h_1[n]) * h_2[n]$.
(c) 分配則　$x[n] * (h_1[n] + h_2[n]) = x[n] * h_1[n] + x[n] * h_2[n]$.

いずれの証明も，たたみこみの定義から出発すれば簡単である．

あたえられた入力に対する出力を求めるために，場合わけとたたみこみと等比級数の計算を必要とする例をあげよう．

例題 3.1.

インパルス応答が $h[n] = \alpha^{n-1} u_S[n-1]$，$0 < \alpha < 1$，である離散時間 LTI システムに，単位ステップ信号 $u_S[n]$ を入力した場合について以下の問いに答えよ．

(1) このシステムのインパルス応答 $h[n]$ を図示せよ．

(2) システムの出力 $y[n]$ を計算し，その概形を図示せよ．

(3) $\alpha = 0.6$ とした場合の $y[n]$ の定常値を求めよ．ただし，定常値とは n を無限大としたときの $y[n]$ の極限のことである．

［解答例］

(1) システムのインパルス応答 $h[n]$ を図 3.8 に示した．

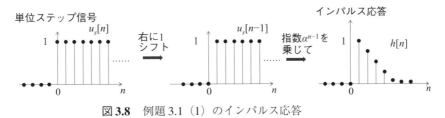

図 3.8　例題 3.1 (1) のインパルス応答

(2) 入力 $x[n]$ に対して出力 $y[n]$ は，インパルス応答 $h[n]$ を用いて表わすと，LTI システムだから $y[n] = h[n] * x[n] = \sum_{k=-\infty}^{\infty} h[k] u_S[n-k]$．入力は $u_S[n]$ であり，これをインパルス応答 $h[n]$ とともに上式に代入すると $y[n] = \sum_{k=-\infty}^{\infty} \alpha^{k-1} u_S[k-1] u_S[n-k]$ となる．この右辺の計算のため，まず，定数である k により場合わけする．

i) $k \leq 0$ では $k - 1 < 0$ より $u_S[k-1] = 0$．

ii) $k > 0$ では $u_S[k-1] = 1$．よって $y[n] = \sum_{k=1}^{\infty} \alpha^{k-1} u_S[n-k]$．さらに，右辺の和を計算するために時刻 n に関して場合わけする．

　(a) $n \leq 0$ では，$n - k < 0$ より $u_S[n-k] = 0$．ゆえに $y[n] = 0$．

　(b) $n > 0$ では，$n < k$ で $u_S[n-k] = 0$．ゆえに
$$y[n] = \sum_{k=1}^{\infty} \alpha^{k-1} u_S[n-k] = \sum_{k=1}^{n} \alpha^{k-1} = \frac{1-\alpha^n}{1-\alpha}.$$

(a) と (b) の結果をまとめるため，単位ステップ信号を使って表現すると，すべての n に対して $y[n] = \left(\dfrac{1-\alpha^n}{1-\alpha}\right) u_S[n-1]$ となる．これを図示したものが図 3.9 である．

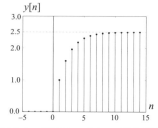

図 3.9　例題 3.1（2）の出力信号

（3）$y[n]$ の定常値 $\lim_{n\to\infty} y[n]$ は，等比級数の無限和の公式から

$$\lim_{n\to\infty} y[n] = \frac{1}{1-\alpha} = \frac{1}{1-0.6} = 2.5$$

となる．

さて，第 2.2.4 節で導入した因果システムは，離散時間 LTI システムのインパルス応答が $h[n] = 0$，$n < 0$，を満たすシステムである．因果システムの場合，そのたたみこみによる入出力関係の記述における和の項が，正あるいは負の時間軸のどちらか一方だけが無限個存在する（図 3.10）．すなわち，

$$y[n] = \overset{\text{ここに注目}}{\sum_{k=-\infty}^{n}} x[k]h[n-k] = \sum_{k=0}^{\infty} h[k]x[n-k]\;\underset{\text{ここに注目}}{}$$

とかくことができる．なお，負の時刻において 0 の値をもつ信号を**因果信号**（causal signal）あるいは**因果系列**（causal sequence）とよぶ（図 3.11）．

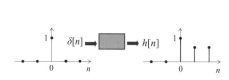

図 3.10　因果システムの例（図 2.30 の再掲）

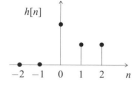

図 3.11　因果信号の例

また，やはり第 2.2.4 節で導入した BIBO 安定は，任意の有界な入力をシステムにくわえたときに，有界な出力が得られるシステムである．離散時間 LTI システムが BIBO 安定であるための必要十分条件は，そのインパルス応答 $h[n]$ が次式を満たすことである（第 2 章定理 2.1）．

$$\sum_{k=-\infty}^{\infty} |h[k]| < \infty.$$

いま，ここで第 2 章定理 2.1 の証明をあたえよう．まず十分性を示す．この式が成り立っていると仮定しよう．そのとき，任意の時刻 k において $|x[k]| < C$，C は $x[n]$ によって定まる定数，であるような信号 $x[n]$ に対して，

$$|y[n]| = \left|\sum_{k=-\infty}^{\infty} h[k]x[n-k]\right| \leq \sum_{k=-\infty}^{\infty} |h[k]||x[n-k]| \leq C\sum_{k=-\infty}^{\infty} |h[k]| < \infty.$$

これは，有界な入力信号に対する出力信号も有界となることを示す．

つぎに必要性を示そう．このシステムがBIBO安定と仮定する．インパルス応答は，単位インパルス信号を入力したときの出力信号であることを思い出そう．単位インパルス信号はもちろん有界であり，それとシステムがBIBO安定であるという仮定から，このシステムのインパルス応答 $h[n]$ は有界であることがわかる．よって，すべての k に対して $h[k]$ は確定した値をとる．このことをふまえると，インパルス応答 $h[n]$ を用いてつぎの信号 $x[n]$ を定義することができる．すなわち，任意の時刻 k において

$$x[-k] = \begin{cases} 1, & h[k] \geq 0, \\ -1, & h[k] < 0. \end{cases}$$

この信号 $x[n]$ は 1 か -1 しかとらないので有界である．この $x[n]$ を入力信号とすると，それに対する出力信号は，システムがBIBO安定という仮定より任意の時刻 k で有限な値をとる．それゆえ時刻 0 での値 $y[0]$ も有限である．実際に $y[0]$ を式（3.2）より求めると

$$\infty > \left| y[0] \right| = \left| \sum_{k=-\infty}^{\infty} h[k]x[-k] \right| = \sum_{k=-\infty}^{\infty} \left| h[k] \right|$$

となり，$\displaystyle\sum_{k=\infty}^{\infty} \left| h[n] \right| < \infty$ が示され証明が完結する．

演習 3.2.

インパルス応答が $h[n]$ である LTI システム H に，インパルス応答が $g[n]$ である LTI システム G を直列接続した場合に，$h[n] * g[n] = \delta[n]$ が成立するとき，システム H は可逆であることを証明せよ．

演習 3.3.

インパルス応答が $h[n] = u_S[n]$ である離散時間 LTI システム H の逆システム G を求めよ．

演習 3.4.

例題 3.1 のインパルス応答 $h[n] = \alpha^{n-1}u_S[n-1]$，$0 < \alpha < 1$，をもつ離散時間 LTI システムに，$x[n] = u_S[n] - u_S[n-10]$ を入力した場合について以下の問いに答えよ．

（1）入力信号 $x[n]$ を図示せよ．また $\alpha = 0.5$ のときの $h[n]$ を図示せよ．

（2）システムの出力 $y[n]$ を計算し，$\alpha = 0.5$ のときのその概形を図示せよ．

演習 3.5.

$y[n] = u_S[n] * u_S[n-3]$ を図示せよ．

演習 3.6.

つぎのインパルス応答をもつ離散時間 LTI システムの性質を調べよ．

（1）$h[n] = 2^n u_S[-n]$． （2）$h[n] = \sin(\pi n)$． （3）$h[n] = u_S[n] - u_S[n-1]$．

演習 3.7.

インパルス応答 $h[n] = 0.5^n u_S[n]$ をもつ離散時間 LTI システムのステップ応答を求め，それを図示せよ．ただし，**ステップ応答**とは，単位ステップ信号 $u_S[n]$ を入力したときのシステムの出力である．

演習 3.8.

インパルス応答が $h[n] = \alpha^n u_S[n]$ である離散時間 LTI システムに，$x[n] = \beta^n u_S[n]$ を入力したときの出力信号 $y[n]$ を求めよ．また，$\alpha = 0.6$，$\beta = 0.5$ とした場合の出力信号を図示せよ．

3.3 LTI システムの再帰方程式表現

入力信号の現在時刻の値と 1 時刻前の値の平均を現在の出力値とするシステムを考えよう．このシステムは，現在の出力値が，入力信号の現在時刻の値と，その前後数時刻の値の平均できまる**移動平均**（moving average）といわれる出力信号をもつもののうちもっとも単純なものである．このシステムの出力信号 $y[n]$ は，入力信号を $x[n]$ とすると

$$y[n] = \frac{x[n] + x[n-1]}{2} = 0.5x[n] + 0.5x[n-1]$$

と表現される．この式は差分方程式とよばれる式の 1 つである．この式は，信号 $x[n]$ と，それを 1 時刻だけシフトした信号 $x[n-1]$ の重みつき和として信号 $y[n]$ を表わしているとみることができる．あるいは，任意の時刻 k における信号 $y[n]$ の値 $y[k]$ が，時刻 k と $k-1$ における信号 $x[n]$ の値 $x[k]$ と $x[k-1]$ の重みつき和であることを表わしているとみてもよい．前者における和は，信号演算としての和であり，後者の和はただの数の和であることに注意してほしい．なお，このシステムの移動平均を表現するシステムのインパルス応答は，$h[n] = 0.5\delta[n] + 0.5\delta[n-1]$ であり，時刻 0 と 1 以外では 0 をとり，時刻 0 と 1 では，それぞれ $h[0] = 0.5\delta[0] + 0.5\delta[-1] = 0.5\delta[0] = 0.5$，$h[1] = 0.5\delta[-1] + 0.5\delta[0] = 0.5\delta[0] = 0.5$ である（図 3.12）．このシステムのインパルス応答は，時刻 0 と 1 だけが 0 でないので有限インパルス応答である．

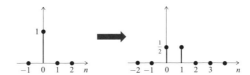

図 3.12 単純な移動平均システム $y[n] = 0.5x[n] + 0.5x[n-1]$ のインパルス応答

一般に，**定係数差分方程式**とよばれる式

$$y[n] + a_1 y[n-1] + \cdots + a_N y[n-N] = b_0 x[n] + b_1 x[n-1] + \cdots + b_M x[n-M], \tag{3.4}$$

ただし，N，M は 0 または正の整数で，a_1, $\cdots$, a_N, b_1, $\cdots$, b_M は定数，によって記述されるシステムを考えよう．

差分方程式によるシステムの記述は**再帰方程式**（recursive equation）による記述ともよばれる．その理由は，出力信号 $y[n]$ の定義に，再帰的に信号 $y[n-1]$，$y[n-2]$，$\cdots$，$y[n-N]$ が利用されているからである．上で述べた移動平均システムのように，差分方程式 (3.4) に対して 2 つのみかたができる．すなわち，まず，信号 $y[n]$ が，信号 $y[n-1]$，$\cdots$，$y[n-N]$ と $x[n]$，$\cdots$，$x[n-M]$ の重みつき和として表現されているとみることができる．あるいは，時刻 k における出力信号 $y[n]$ の値 $y[k]$ が，入力信号 $x[n]$ の k における値 $x[k]$ と，それ以前の時刻の入力値 $x[k-1]$，$\cdots$，$x[k-M]$ と，出力値 $y[k-1]$，$\cdots$，$y[k-N]$ の重みつき和となることを表わしているともみることができる．

後者のみかたをした場合，任意の時刻 k に対し信号の値 $y[k]$ が定まるためには，たとえば，時刻 $-N$, $-N+1$, $\cdots$, -1 のように続いた N 個の時刻において，出力の値が，c_{-N}, c_{-N+1}, $\cdots$, c_{-1} を定数として

$$y[-N] = c_{-N}, \ y[-N+1] = c_{-N+1}, \ \cdots, \ y[-1] = c_{-1}$$

とあらかじめあたえられている必要がある．これをシステムの**初期条件**とよび，それらの値 c_{-N}, $\cdots$, c_{-1} をシステムの**初期値**という．

再帰方程式で表現されたシステムのインパルス応答を簡単な例をとおしてみていこう．たとえば，再帰方程式

$$y[n] = x[n] + 0.5y[n-1]$$

であたえられるシステムのインパルス応答は以下のように計算される．すなわち，初期値を $y[-1] = c$ とし，入力信号を単位インパルス信号 $x[n] = \delta[n]$ とする．時刻 $n = 0$ から順次出力信号を計算していくと

$$n = 0 : \ y[0] = x[0] + 0.5y[-1] = 1 + 0.5c,$$
$$n = 1 : \ y[1] = x[1] + 0.5y[0] = 0.5(1 + 0.5c),$$
$$n = 2 : \ y[2] = x[2] + 0.5y[1] = 0.5^2(1 + 0.5c),$$
$$\vdots$$
$$n = m : \ y[m] = x[m] + 0.5y[m-1] = 0.5^m(1 + 0.5c).$$

時刻 -2 より前では $y[n] = 0$ とすると，単位ステップ信号 $u_S[n]$ を用いてこのシステムのインパルス応答は，

$$y[n] = 0.5^n u_S[n] + 0.5^{n+1} c \cdot u_S[n+1]$$

となる．第 2 項 $0.5^{n+1} c \cdot u_S[n+1]$ は初期値の影響を表わし，また，第 1 項 $0.5^n u_S[n]$ は入力信号の影響を表わす．初期値 $c \neq 0$ のときには，$0.5^{n+1} c \cdot u_S[n+1]$ が 0 ではなく，システムが線形ではないことがわかる．逆に，初期値 $c = 0$ のときはシステムは線形となる．

このシステムのインパルス応答は，0 より大きい値が無限に続くので，無限インパルス応答の例になっている．すなわち，漸近的（n が無限大のときの極限）には 0 に収束する片側指数信号ともよぶべきインパルス応答をもつシステムであり，例題 3.1 のシステムと本質的にはおなじものである．例題 3.1 で示したように，無限インパルス応答をもつ離散時間 LTI システムの出力をたたみこみで求めると，一般に無限の項からなる和を計算する必要がある．それに対して，本節で述べた再帰方程式では有限の記述で出力が計算できる．

上記の例のように，一般の式（3.4）のシステムにおいても，初期値がすべて 0，すなわち

$$y[-N] = y[-N+1] = \cdots = y[-1] = 0$$

であたえられるシステムは線形となる．

また，システムが，**初期休止条件**（initial rest condition）：

　　　『ある N_0 が存在して，$n \leqq N_0$ で $x[n] = 0$ ならば，$n \leqq N_0$ で $y[n] = 0$ が成り立つ』

を満たせば，線形で時不変かつ因果システムとなる．これらの証明を章末の付録3.Aにあたえた．以降本節では，初期休止条件が成り立つと仮定する．なお，この条件が成り立つもとでの定係数差分方程式は，**線形定数差分方程式**とよばれる．

再帰方程式によるシステム表現の特徴をあげよう．

(a) 再帰方程式で表現された離散時間システムは，初期値がすべて0であれば線形である．また，初期休止条件が成り立てば，そのシステムは線形時不変かつ因果である．

(b) 有限インパルス応答をもつ離散時間LTIシステムであれば，明らかに再帰方程式でかくことができる．この場合の再帰方程式は $y[n] = b_0 x[n] + \cdots + b_M x[n-M]$ の形であり，yに関する「再帰項」がない．

(c) たとえば片側指数信号といった無限インパルス応答をもつ離散時間LTIシステムは再帰方程式でかける．この場合は，出力の計算にたたみこみでは無限の項の和の計算が必要となるのに対し，再帰方程式では有限の計算となる．

(d) しかし，一般には，無限インパルス応答をもつ離散時間LTIシステムは再帰方程式でかきだせるとはかぎらない．

(e) 再帰方程式で表現された離散時間LTIシステムは比較的簡単に回路実現することができる（次節参照）．

3.4 差分方程式の回路実現

離散時間LTIシステムを「ハードウェア」で構成しよう．ここではLTIシステムの差分方程式表現があたえられているとする．まずは簡単な例をみてみよう．差分方程式

$$y[n] + ay[n-1] = bx[n]$$

を基本演算素子を用いて回路実現したものが図3.13に示されている．この図に出てくる記号（基本演算素子）の定義とその意味について述べよう．

まず，信号を1時刻だけシフトさせるオペレータ q を導入する．すなわち，$qx[n] = x[n+1]$ である（図3.14）．これを**シフトオペレータ**（shift operator）とよぶ．シフトオペレータは，信号を別の

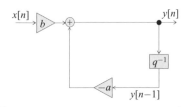

図 **3.13** $y[n] + ay[n-1] = bx[n]$ で表現される離散時間LTIシステムの回路実現

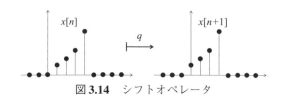

図 **3.14** シフトオペレータ

信号へ変換する写像である[1]．

シフトオペレータ q のべき乗 q^m は，m が正であれば未来に向かって信号を m 時刻シフトさせ，m が負であれば過去に向かって信号を m 時刻シフトさせる．それゆえ，q^{-1} は，1時刻だけ過去に向けて信号をシフトさせるオペレータであり，q^{-m}，m は正の整数，は m 時刻過去に向けて信号をシフトさせるオペレータである．すなわち，$q^{-m}x[n] = x[n-m]$ である．

さらに，a と b を定数とし，k と l を整数としたとき，オペレータ $aq^k + bq^l$ を $(aq^k + bq^l)x[n] = a \cdot (q^k x[n]) + b \cdot (q^l x[n])$ として定義する．このとき，シフトオペレータ q とそのべき乗を用いると，シフトオペレータの多項式

$$A(q) = 1 + a_1 q^{-1} + \cdots + a_N q^{-N},$$
$$B(q) = b_0 + b_1 q^{-1} + \cdots + b_M q^{-M}$$

が定義でき，再帰方程式（3.4）はつぎのようにかきなおされる．

$$A(q)y[n] = B(q)x[n].$$

これを具体的にかくと，

$$(1 + a_1 q^{-1} + \cdots + a_N q^{-N})y[n] = (b_0 + b_1 q^{-1} + \cdots + b_M q^{-M})x[n] \tag{3.5}$$

である．

3.4.1 基本演算素子

離散時間システムの**基本演算素子**とは，

1. 2つの信号のくわえあわせを行なう**加算器**（図3.15），
2. 信号の係数倍を行なう**係数倍器**（図3.16），
3. 信号の単位時間遅れシフトを行なう**（単位）遅延素子**（図3.17），

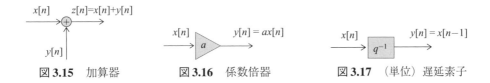

図 3.15　加算器　　　図 3.16　係数倍器　　　図 3.17　（単位）遅延素子

の各素子である．これらの素子は，少なくとも近似的には，ハードウェア的にもソフトウェア的にも簡単に構成できる．

3.4.2 回路実現

さきにあげた回路を実現しよう．

---

[1] シフトオペレータを z とかくことも多い．この記法は第6章で導入する z 変換による．すなわち，信号 $x[n]$ の z 変換 $X(z)$ に z をかけた $zX(z)$ が，$x[n]$ を1時刻シフトした $x[n+1]$ の z 変換となることによる．

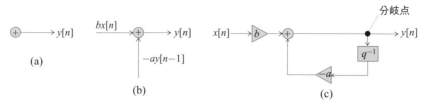

図 3.18　再帰方程式 $y[n] = -ay[n-1] + bx[n]$ に対する回路の段階的構成

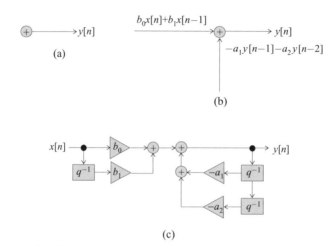

図 3.19　再帰方程式 $y[n] + a_1 y[n-1] + a_2 y[n-2] = b_0 x[n] + b_1 x[n-1]$ の回路実現

(1) まず式を変形して
$$y[n] = -ay[n-1] + bx[n]$$
とする．この式は信号 $y[n]$ が 2 つの信号の和であることを示している．

(2) そのため，そのたし算に着目し，そのたし算を実現する加算器をおき，その加算器から出る矢印をかき出力 $y[n]$ とする（図 3.18(a)）．

(3) さらにその加算器に入る矢印を 2 本ひき，これがそれぞれ加算器への入力信号 $-ay[n-1]$ と $bx[n]$ である（図 3.18(b)）．

(4) $bx[n]$ は入力 $x[n]$ に係数倍器（b 倍）をつなぎ，一方 $-ay[n-1]$ は，出力 $y[n]$ を（単位）遅延素子をとおしてから，係数倍（$-a$ 倍）したものである（図 3.18(c)）．

こうして構成したものが図 3.13 である．なお，本書では，矢印が分岐するとき，分岐点に黒丸をおき（図 3.18(c)），描画上，単に交差する 2 本の矢印の「交点」と区別する．

もうすこし複雑な例をあげよう．あたえられる差分方程式は以下とする．
$$y[n] + a_1 y[n-1] + a_2 y[n-2] = b_0 x[n] + b_1 x[n-1].$$

この差分方程式の回路実現は，

(1) 式を変形し
$$y[n] = -a_1 y[n-1] - a_2 y[n-2] + b_0 x[n] + b_1 x[n-1]$$

とする．この式は信号 $y[n]$ が信号 $-a_1y[n-1]-a_2y[n-2]$ と，信号 $b_0x[n]+b_1x[n-1]$ との和であることを示している．

(2) そのため，その和であるたし算を実現する加算器をおき，その加算器から出る矢印をかき出力 $y[n]$ とする（図 3.19(a)）．

(3) その加算器に入る矢印を 2 本ひき，1 つは $-a_1y[n-1]-a_2y[n-2]$ を，もう 1 つは $b_0x[n]+b_1x[n-1]$ を入力とする（図 3.19(b)）．

(4) 信号 $-a_1y[n-1]-a_2y[n-2]$ の実線をその回路実現でおきかえ，同様に信号 $b_0x[n]+b_1x[n-1]$ の実線もその回路実現でおきかえる．これらの回路実現は，たとえば $b_0x[n]+b_1x[n-1]$ だと，$z[n] = b_0x[n]+b_1x[n-1]$ と考えて $z[n]$ が出力で入力が $x[n]$ と考えれば簡単に行なえる．これを実行すると図 3.19(c) となる．

以上の構成例により，一般的な差分方程式 (3.4) あるいはそれと等価な (3.5) も同様にして回路実現することができることはわかるであろう．（演習 3.10 とその解答例を参照．）なお，ここで示した回路実現は直接型構成 I とよばれるもので，そのほかの実現法とあわせて第 9 章で詳しく述べる．

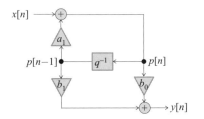

図 3.20　例題 3.2 の再帰方程式の回路実現

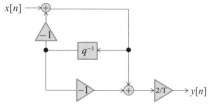

図 3.21　例題 3.3 の回路

例題 3.2.

以下の連立の再帰方程式

$$\begin{cases} p[n] - a_1 p[n-1] = x[n], \\ y[n] = b_0 p[n] + b_1 p[n-1] \end{cases}$$

を基本演算素子を用いて回路実現せよ．ただし，入力は $x[n]$ で出力は $y[n]$ とする．

[解答例]

まず，上式について入力を $x[n]$ とし出力を $p[n]$ とする回路を考え，それと入力を $p[n]$ とし，出力を $y[n]$ とする回路を考えればよい．図 3.20 が回路実現の 1 つである．

例題 3.3.

図 3.21 に示した回路を表現する再帰方程式を導け．

[解答例]

式を立てやすいように，回路中の $x[n]$ が入力されている加算器の出力信号を $p[n]$ とおこう．すると，$p[n] = x[n] - p[n-1]$ となる．この $p[n]$ を用いると

$$y[n] = (2/\mathrm{T})(p[n] - p[n-1])$$

となる.また $p[n]$ の式の n に $n-1$ を代入して $p[n-1] = x[n-1] - p[n-2]$ を得る.同様に $y[n]$ の式の n に $n-1$ を代入して $y[n-1] = (2/\mathrm{T})(p[n-1] - p[n-2])$ となる.これらから,

$$x[n] - x[n-1] = p[n] - p[n-2]$$

と

$$y[n] + y[n-1] = (2/\mathrm{T})(p[n] - p[n-2])$$

を得る.これらより,

$$\frac{y[n] + y[n-1]}{2} = \frac{x[n] - x[n-1]}{\mathrm{T}}$$

となる.なお,最後の式の右辺は,形から信号 $x[n]$ の「微分」とみることができる.図 3.21 は,入力信号の微分に相当する信号を出力する回路である.

演習 3.9.
(1) シフトオペレータとは何か.
(2) 離散時間システムの回路実現における基本演算素子を 3 つあげ,それぞれどのような機能があるかを述べよ.

演習 3.10.
以下の連立の再帰方程式

$$\begin{cases} p[n] = x[n] + a_1 p[n-1] + a_2 p[n-2], \\ y[n] = b_0 p[n] + b_1 p[n-1] + b_2 p[n-2] \end{cases}$$

を基本演算素子を用いて回路実現せよ.

演習 3.11.
図 3.22 の回路を表現する再帰方程式を導け.

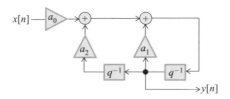

図 3.22 演習 3.11 の回路

演習 3.12.
一般的な再帰方程式

$$y[n] + a_1 y[n-1] + \cdots + a_N y[n-N] = b_0 x[n] + b_1 x[n-1] + \cdots + b_M x[n-M]$$

によって記述されるシステムの基本演算素子による回路を実現せよ.

付録3.A　再帰方程式における線形時不変性の証明

式 (3.4) において，まず，初期値がすべて0であるとき，システムが線形であることを示そう．数学的帰納法による．一般性を失わずに，初期値が0ということから

$$y[-N] = y[-N+1] = \cdots = y[-1] = 0$$

と仮定してよい.

1) $n = 0$ においては，$y[-N] = \cdots = y[-1] = 0$ より

$$y[0] = b_0 x[0] + b_1 x[-1] + \cdots + b_M x[-M]$$

となる．いま，$x_1[n]$ と $x_2[n]$ を信号とし，α と β を実数としよう．このとき $x_1[n]$ を入力したときの出力を $y_1[n]$ とし，$x_2[n]$ を入力したときの出力を $y_2[n]$ とすると，

$$y_1[0] = b_0 x_1[0] + b_1 x_1[-1] + \cdots + b_M x_1[-M],$$

$$y_2[0] = b_0 x_2[0] + b_1 x_2[-1] + \cdots + b_M x_2[-M]$$

である．よって $x[n] = \alpha x_1[n] + \beta x_2[n]$ を入力したときには

$$\begin{aligned}
y[0] &= b_0\big(\alpha x_1[0] + \beta x_2[0]\big) + \cdots + b_M\big(\alpha x_1[-M] + \beta x_2[-M]\big) \\
&= \alpha\big(b_0 x_1[0] + \cdots + b_M x_1[-M]\big) + \beta\big(b_0 x_2[0] + \cdots + b_M x_2[-M]\big) \\
&= \alpha y_1[0] + \beta y_2[0]
\end{aligned}$$

となり，線形性が満たされる.

2) 時刻 $n = m-1\,(m>1)$ まで線形性が満たされると仮定しよう．やはり，$x[n] = \alpha x_1[n] + \beta x_2[n]$ を入力したときの時刻 m の出力は，

$$\begin{aligned}
y[m] + a_1 y[m-1] + \cdots + a_N y[m-N] &= b_0 x[m] + \cdots + b_M x[m-M] \\
&= \alpha\big(b_0 x_1[m] + \cdots + b_M x_1[m-M]\big) + \beta\big(b_0 x_2[m] + \cdots + b_M x_2[m-M]\big)
\end{aligned}$$

であり，$y[m-1], \cdots, y[m-N]$ については帰納法の仮定により，

$$y[m-j] = \alpha y_1[m-j] + \beta y_2[m-j], \quad j = 1, \cdots, N$$

であるから，結局

$$\begin{aligned}
y[m] &= \alpha\bigg(\sum_{i=0}^{M} b_i x_1[m-i] - \sum_{j=1}^{N} a_j y_1[m-j]\bigg) + \beta\bigg(\sum_{i=0}^{M} b_i x_2[m-i] - \sum_{j=1}^{N} a_j y_2[m-j]\bigg) \\
&= \alpha y_1[m] + \beta y_2[m]
\end{aligned}$$

となって線形性が成り立つ.

つぎに，初期休止条件が成り立つとして線形性と時不変性・因果性を示そう．N_0 を任意の整数として，時刻 $k \le N_0$ で0である入力信号 $x_1[n]$ に対する (3.4) のシステムの出力信号を $y_1[n]$ とする．そのとき，

$$y_1[n] + a_1 y_1[n-1] + \cdots + a_N y_1[n-N] = b_0 x_1[n] + \cdots + b_M x_1[n-M] \tag{3A.1}$$

であり，また，初期休止条件により $y_1[n]$ の初期条件として

$$y_1[N_0-N+1] = \cdots = y_1[N_0-1] = y_1[N_0] = 0 \tag{3A.2}$$

が成り立つ．よって，さきに示したことによりシステムは線形である.

つぎに入力 $x_2[n] = x_1[n-L]$，L は正の整数，を考える．このとき，$x_2[n]$ は，$k \le N_0+L$ において $x_2[k] = 0$ である．したがって，$x_2[n]$ に対する出力を $y_2[n]$ とすると，それは

$$y_2[n] + a_0 y_2[n-1] + \cdots + a_N y_2[n-N] = b_0 x_2[n] + \cdots + b_M x_2[n-M] \tag{3A.3}$$

48　第3章　離散時間線形時不変システム －時間領域表現－

と，初期条件

$$y_2[N_0 + L - N + 1] = \cdots = y_2[N_0 + L] = 0 \tag{3A.4}$$

を満たす．$x_2[n] = x_1[n-L]$ であることと，式（3A.1）と（3A.2）を用いれば，式（3A.3）の左辺と式（3A.4）の $y_2[n]$ を $y_1[n-L]$ でおきかえた式が成り立つことがわかる．したがって

$$y_2[n] = y_1[n - L]$$

である．N_0 は任意であったから，これは実質的にシステムが時不変であることを示している．（正確には，ある N_0 が存在して $k \le N_0$ において $x[k] = 0$ であるような信号に対して線形時不変となる．）

　最後に因果性を示そう．単位インパルス信号 $\delta[n]$ は，$k < 0$ で $\delta[k] = 0$ なので，初期休止条件よりインパルス応答 $h[n]$ は $k < 0$ で $h[k] = 0$ となる．これはシステムが因果であることを示している．証明終わり．

■ 第4章

フーリエ級数

　複雑な信号を単純な信号に分解して解析することは信号処理の基本である．たとえば，雑音が
のった信号 $g(t)$ が，雑音 $\varepsilon(t)$ と雑音でない $f(t)$ とに $g(t) = f(t) + \varepsilon(t)$ と分解できれば $\varepsilon(t)$ をすてる
ことによりきれいな信号をとりだせる．本章で解説するフーリエ級数と，次章で説明するフーリエ
変換は，信号をいくつかの（あるいは無限個の）単純な正弦波に分解することにより，信号の性質
を明らかにし，あるいは信号を加工するなど，信号処理のかなめのひとつとして重要な位置をしめ
る．数学や信号処理の分野などでは，信号や関数を三角関数に分解し解析することを**フーリエ解
析**とよぶ．フーリエ解析は対象とする信号の種類に応じていくつかに分類できる．その大まかな種
別を表 4.1 に示す．本章と次章でこの表の欄を 1 つずつ解説していく．

表 4.1　フーリエ解析の種類

	周期信号	非周期信号	
連続時間	フーリエ級数	フーリエ変換	
離散時間	離散時間フーリエ級数	離散時間フーリエ変換	離散フーリエ変換

4.1　三角関数のたしあわせ

　規則的に三角関数をつぎつぎにたしあわせてみよう．

(1) まず，定数関数 $y = \dfrac{1}{2}$ を用意する（図 4.1(a)）．

(2) これに $\left(\dfrac{2}{\pi}\right)\sin x$ をくわえた関数 $y = \dfrac{1}{2} + \left(\dfrac{2}{\pi}\right)\sin x$ をつくる（図 4.1(b)）．はじめの定数 $\dfrac{1}{2}$ だけ底上げ
　　 された $\left(\dfrac{2}{\pi}\right)\sin x$ となる．

(3) これに，$\dfrac{2}{\pi}\cdot\dfrac{1}{3}\sin(3x)$ をくわえた $y = \dfrac{1}{2} + \dfrac{2}{\pi}\left(\sin x + \dfrac{1}{3}\sin(3x)\right)$ をつくる（図 4.1(c)）．

(4) さらに $\dfrac{2}{\pi}\cdot\dfrac{1}{5}\sin(5x)$ をくわえると，$y = \dfrac{1}{2} + \dfrac{2}{\pi}\left(\sin x + \dfrac{1}{3}\sin(3x) + \dfrac{1}{5}\sin(5x)\right)$ となる（図 4.1(d)）．

50   第4章　フーリエ級数

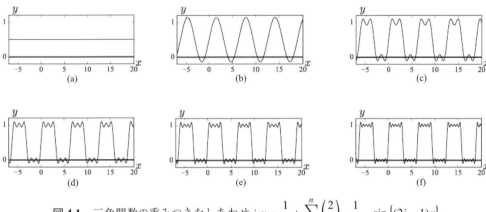

図 4.1　三角関数の重みつきたしあわせ：$y = \dfrac{1}{2} + \displaystyle\sum_{i=1}^{n}\left(\dfrac{2}{\pi}\right)\dfrac{1}{2i-1}\sin\{(2i-1)x\}$

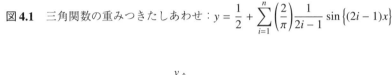

図 4.2　$y = \dfrac{1}{2} + \displaystyle\sum_{m=1}^{\infty}\left(\dfrac{2}{\pi}\right)\cdot\dfrac{1}{2m-1}\sin\{(2m-1)x\}$

(5) さらに $\dfrac{2}{\pi}\cdot\dfrac{1}{7}\sin(7x)$ をくわえると，$y = \dfrac{1}{2} + \dfrac{2}{\pi}\left(\sin x + \dfrac{1}{3}\sin(3x) + \dfrac{1}{5}\sin(5x) + \dfrac{1}{7}\sin(7x)\right)$ となり，この関数が図 4.1(e) に示されている．

(6) さらに $\dfrac{2}{\pi}\cdot\dfrac{1}{9}\sin(9x)$ をくわえた関数が図 4.1(f) である．この図をみると，単純な三角関数の形とはかなりことなることがわかる．

このままたしあわせ続けると，

$$y = \dfrac{1}{2} + \dfrac{2}{\pi}\cdot\sin x + \dfrac{2}{\pi}\cdot\dfrac{1}{3}\cdot\sin(3x) + \dfrac{2}{\pi}\cdot\dfrac{1}{5}\cdot\sin(5x) + \dfrac{2}{\pi}\cdot\dfrac{1}{7}\cdot\sin(7x) + \cdots$$

$$= \dfrac{1}{2} + \sum_{m=1}^{\infty}\left(\dfrac{2}{\pi}\right)\cdot\dfrac{1}{2m-1}\sin\{(2m-1)x\}$$

と無限の項の和となり，その極限は図 4.2 に示された形となる．これは第 2 章で述べた方形波であり，周期関数である．

別の例をあげよう．

(1) $y = \pi$ から出発する（図 4.3(a)）．
(2) これに $-2\sin x$ をくわえて $y = \pi - 2\sin x$ とするとこの関数は図 4.3(b) となる．
(3) さらに $-\dfrac{2}{2}\sin(2x)$ をくわえ $y = \pi - 2\sin x - \dfrac{2}{2}\sin(2x)$ をつくる（図 4.3(c)）．
(4) またさらに $-\dfrac{2}{3}\sin(3x)$ をくわえて $y = \pi - 2\sin x - \dfrac{2}{2}\sin(2x) - \dfrac{2}{3}\sin(3x)$ をつくるとその形は図 4.3(d) となる．

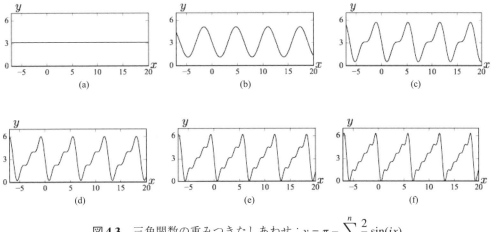

図 4.3　三角関数の重みつきたしあわせ：$y = \pi - \sum_{i=1}^{n} \dfrac{2}{i} \sin(ix)$

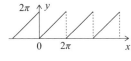

図 4.4　$y = \pi - \sum_{m=1}^{\infty} \dfrac{2}{m} \sin(mx)$

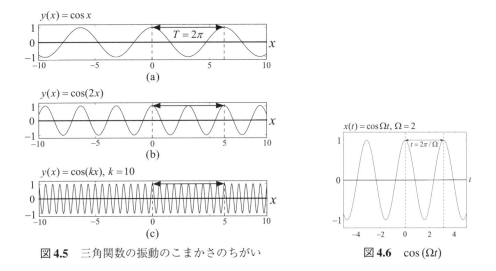

図 4.5　三角関数の振動のこまかさのちがい　　　　図 4.6　$\cos(\Omega t)$

(5) さらに $-\dfrac{2}{4}\sin(4x)$ をくわえて $y = \pi - 2\sin x - \dfrac{2}{2}\sin(2x) - \dfrac{2}{3}\sin(3x) - \dfrac{2}{4}\sin(4x)$ とする（図 4.3(e)）．

(6) さらに $-\dfrac{2}{5}\sin(5x)$ をくわえた関数が図 4.3(f) である．

これを無限に続けると，

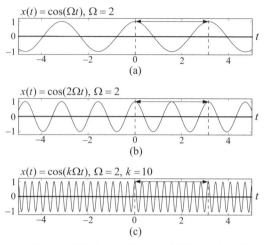

図 4.7　$\cos\Omega t$, $\cos(2\Omega t)$, $\cos(k\Omega t)$ の振動のこまかさのちがい

$$y = \pi - \sum_{m=1}^{\infty} \frac{2}{m}\sin(mx)$$

となり，その形が図 4.4 に示されている．これはやはり第 2 章でみたようにのこぎり波であり，これもまた周期関数である．

以上の 2 つの例を一般化して，周期関数を三角関数の重みつき和として級数表示したものがフーリエ級数である．以下でフーリエ級数の定義をあたえるが，その前に三角関数の性質について復習しておこう．

第 2 章でも述べたように，$\cos(2x)$ の振動は，$\cos x$ の 2 倍の「こまかさ」であり，$\cos(kx)$ の振動は，$\cos x$ の k 倍の「こまかさ」である（図 4.5）．**周期はどれも 2π** であることに注意してほしい．

また，やはり第 2 章で述べたように，ある周期信号の**周期**を T とすると，振動数（周波数）は $f = 1/T$ であり，単位時間あたりに振動する回数を意味する．角周波数は $\Omega = 2\pi f = 2\pi/T$ であり，単位時間あたりの「回転」角度を意味する．周期 T と角周波数 Ω の関係は $T = 2\pi/\Omega$ となる．以下では，独立変数として時間を意識するときは t を用いる．

つぎに周期 $2\pi/\Omega$ の $\cos(\Omega t)$ を考える（図 4.6）．$\cos t$ と $\cos(2t)$ の振動のこまかさの関係と同様に，$\cos(2\Omega t)$ の振動は，$\cos(\Omega t)$ の 2 倍のこまかさである．また，$\cos(k\Omega t)$ の振動は，$\cos(\Omega t)$ の k 倍のこまかさである．それらの**周期**はどれも $2\pi/\Omega$ である（図 4.7）．

4.2　フーリエ級数（連続時間）

図 4.8 に示されるような連続時間**周期信号** $x(t)$ は，次式のように三角関数を用いて級数展開表現でき，これを $x(t)$ の**フーリエ級数**（Fourier series）とよぶ．

$$x(t) = \frac{a_0}{2} + \sum_{k=1}^{\infty}\bigl(a_k\cos(k\Omega_0 t) + b_k\sin(k\Omega_0 t)\bigr), \tag{4.1}$$

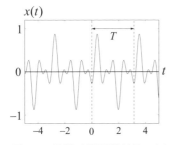
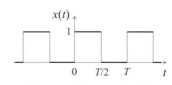

図 4.8　連続時間周期信号の例　　　図 4.9　例題 4.1 の方形波

ただし，$x(t)$ の**基本周期**を T とし，$\Omega_0 = 2\pi/T$ を $x(t)$ の基本角周波数とする．

フーリエ級数（4.1）式において，a_0 と a_k と b_k は $x(t)$ により定まる定数（実数）であり，逆に，a_0 と a_k と b_k とにより，さまざまな周期関数が表現できる．すなわち，フーリエ級数として表現される関数 $x(t)$ ごとにその値がきまる．上式中のどの $\sin(k\Omega_0 t)$, $\cos(k\Omega_0 t)$, $k = 1, 2, \cdots$, もすべて周期 T であることに注意してほしい．

フーリエ級数（4.1）式において，a_k と b_k は**フーリエ係数**（Fourier coefficient）とよばれ，以下の**フーリエの公式**であたえられる．すなわち，$k = 0, 1, 2, \cdots$ に対し，

$$a_k = \frac{2}{T} \int_{-\frac{T}{2}}^{\frac{T}{2}} x(t) \cos(k\Omega_0 t) dt, \tag{4.2}$$

$$b_k = \frac{2}{T} \int_{-\frac{T}{2}}^{\frac{T}{2}} x(t) \sin(k\Omega_0 t) dt. \tag{4.3}$$

このフーリエの公式において，$k = 0$ のとき，すなわち，a_0 と b_0 に対してもこの式は成り立つことに注意してほしい．フーリエ係数は，フーリエ級数として表現した関数 $x(t)$ と，三角関数との積の 1 周期分の定積分として求められる．フーリエの公式中の $x(t)$, $\cos(k\Omega_0 t)$, $\sin(k\Omega_0 t)$, $k = 1, 2, \cdots$, はすべて周期 $T = 2\pi/\Omega_0$ である．そのため，フーリエの公式の積分の範囲は，たとえば 0 から T までとか，$-T$ から 0 までなど，1 周期分であればどの範囲でもかまわない．

例題 4.1.
周期 T の周期関数である方形波

$$x(t) = \begin{cases} 1, & 0 \leq t < \dfrac{T}{2}, \\ 0, & \dfrac{T}{2} \leq t < T \end{cases}$$

のフーリエ級数を求めよ（図 4.9）．

［解答例］
フーリエの公式（4.2）と（4.3）より，$k = 0, 1, 2, \cdots$ に対して

$$a_0 = \frac{2}{T} \int_0^{\frac{T}{2}} dt = 1, \quad a_k = \frac{2}{T} \int_0^{\frac{T}{2}} \cos\left(\frac{2\pi k}{T} t\right) dt = 0,$$

$$b_k = \frac{2}{T} \int_0^{\frac{T}{2}} \sin\left(\frac{2\pi k}{T}t\right) dt = \begin{cases} 0, & k \text{ が偶数のとき}, \\[2mm] \dfrac{2}{k\pi}, & k \text{ が奇数のとき}. \end{cases}$$

すべての a_k, $k = 0,\ 1,\ \cdots$, は 0 であり, また k が偶数のときの b_k も 0 なので, k が奇数, すなわち, $k = 2m - 1$, $m = 1,\ 2,\ \cdots$, なる項だけが残る. それゆえ,

$$x(t) = \frac{1}{2} + \frac{2}{\pi} \sum_{m=1}^{\infty} \frac{1}{2m-1} \sin\left\{\frac{2\pi(2m-1)}{T}t\right\}.$$

これが方形波 $x(t)$ のフーリエ級数である.

演習 4.1.

（1）周期 2π ののこぎり波, すなわち, 区間 $0 \le t < 2\pi$ で $x(t) = t$ である周期信号のフーリエ級数を求めよ.

（2）周期 $T > 0$ ののこぎり波, すなわち, 区間 $0 \le t < T$ で $x(t) = t$ である周期信号のフーリエ級数を求めよ.

（3）周期 $T > 0$ の周期信号

$$x(t) = \begin{cases} \sin\left(\dfrac{2\pi}{T}t\right), & 0 \le t \le \dfrac{1}{2}T, \\[3mm] 0, & \dfrac{1}{2}T < t < T \end{cases}$$

を図示せよ. またこの信号のフーリエ級数を求めよ.

ここで, 信号のフーリエ級数展開とフーリエ係数がもつ意味について考えよう. たとえば, 有限個の項からなるフーリエ級数で表わされる基本周期 2π の信号

$$f(t) = \frac{1}{2} + \frac{2}{\pi}\sin t + \frac{2}{3\pi}\sin(3t) + \frac{2}{5\pi}\sin(5t)$$

を考えよう（図 4.10）. この和にあらわれない項, たとえば $\cos t$ や $\sin 2t$ などはそのフーリエ係数が 0 だと考えればよい. この信号 $f(t)$ は, 4 つの項, $\dfrac{1}{2}$, $\dfrac{2}{\pi}\sin t$, $\dfrac{2}{3\pi}\sin(3t)$, $\dfrac{2}{5\pi}\sin(5t)$, の和であり, 1 という定数信号と, $\sin t$, $\sin(3t)$, $\sin(5t)$ とを「信号成分」とみなしたときのそれらの重みづけ和と解釈できる. この信号のフーリエ係数で 0 ではないもの, すなわち, フーリエ係数 $a_0 = \dfrac{1}{2}$ と, $b_1 = \dfrac{2}{\pi}$, $b_3 = \dfrac{2}{3\pi}$, $b_5 = \dfrac{2}{5\pi}$ がそれぞれの成分に対する重みとなっている. これは, $f(t)$ が, 定数信号 $\dfrac{1}{2}$ と, 角周波数 1 の信号成分が $\dfrac{2}{\pi}$, 角周波数 3 の信号成分が $\dfrac{2}{3\pi}$, 角周波数 5 の信号成分が $\dfrac{2}{5\pi}$ からなる信号であることを意味する. 以上をふまえて, 横軸に角周波数をとり, フーリエ係数の大きさを縦軸にプロットしたものが図 4.11 である. 上記のように, フーリエ係数は, 信号に含まれる各周波数の信号成分という意味合いがあるので, この図は, 信号 $f(t)$ の**周波数表現**あるいは**周波数表示**とよぶべきものである.

フーリエ級数（4.1）において $\dfrac{a_0}{2}$ を**直流成分**（dc component）といい, $\sin(\Omega_0 t)$ と $\cos(\Omega_0 t)$ を**基本波成分**（fundamental component）という. また, $\sin(k\Omega_0 t)$ と $\cos(k\Omega_0 t)$ を**第 k 次高調波成分**（k-th

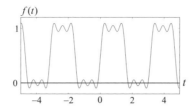

図 **4.10** 信号 $f(t) = \dfrac{1}{2} + \dfrac{2}{\pi}\sin t + \dfrac{2}{3\pi}\sin(3t) + \dfrac{2}{5\pi}\sin(5t)$

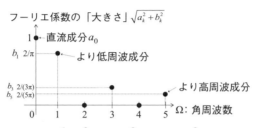

図 **4.11** 周期信号 $f(t) = \dfrac{1}{2} + \dfrac{2}{\pi}\sin t + \dfrac{2}{3\pi}\sin(3t) + \dfrac{2}{5\pi}\sin(5t)$ の「周波数表現」

harmonic component）いう．直流成分をのぞきどの関数も周期 T であることに注意してほしい．フーリエ級数は，「任意」の周期関数が，基本波と，その基本波の周波数の整数倍の周波数の波との重みつき和で表現できることを意味している．なお，よく耳にする「高い周波数成分」あるいは「高周波成分」とは，k が比較的大きい第 k 次高調波成分をさし，「高周波がある」とか「高周波が残っている」といった表現は，その成分のフーリエ係数の大きさが 0 ではなく，なにがしかの影響をおよぼすくらいの値であることを意味する．また，「低い周波数成分」，あるいは「低周波成分」とは，k が小さい第 k 次高調波成分のことであり，「低周波がきいている」といった表現はその成分のフーリエ係数が大きいことを意味する．一般に，ある信号を，基本波とその高調波に分解することを **調和解析**（harmonic analysis）という（図 4.12）．

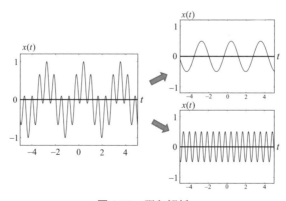

図 **4.12** 調和解析

56   第4章　フーリエ級数

演習 4.2.
周期信号 $g(t) = \dfrac{1}{2} + \sin t + \dfrac{1}{2}\sin(3t) + \dfrac{1}{3}\sin(5t)$ について，横軸を周波数としてフーリエ係数の値を図示せよ．

どのような周期関数（周期信号）がフーリエ級数展開できるのかといった議論は本書の程度を超える．そもそもフーリエ級数 (4.1) の右辺は関数の和からなる級数であり，数列の和としての級数ではない．ここでは，信号，すなわち時間の関数 $x(t)$ のフーリエ級数の存在を仮定し，フーリエの公式が成り立つことを示そう．

一般の数学書の記述とあわせるため，独立変数を x とした周期関数 $f(x)$ のフーリエ級数展開で考える．また，簡単のため周期は 2π とする．目標は，$f(x)$ のフーリエ級数が

$$f(x) = \frac{a_0}{2} + \sum_{m=1}^{\infty} (a_m \cos(mx) + b_m \sin(mx))$$

のとき，フーリエの公式

$$a_m = \frac{1}{\pi}\int_{-\pi}^{\pi} f(x)\cos(mx)\,dx, \quad b_m = \frac{1}{\pi}\int_{-\pi}^{\pi} f(x)\sin(mx)\,dx$$

が成り立つことを示すことである．

まず，$\displaystyle\int_{-\pi}^{\pi}\cos(mx)\,dx = 0 \ (m \neq 0)$, $\displaystyle\int_{-\pi}^{\pi}\cos(mx)\sin(nx)\,dx = 0$, $\displaystyle\int_{-\pi}^{\pi}\cos(mx)\cos(nx)\,dx = 0 \ (m \neq n)$
なので，フーリエ級数の式の両辺に $\cos(mx)$ をかけて，$[-\pi, \pi]$ の区間で積分すると，

$$\int_{-\pi}^{\pi} f(x)\cos(mx)\,dx$$

$$= \frac{a_0}{2}\int_{-\pi}^{\pi}\cos(mx)\,dx + \sum_{n=1}^{\infty}\left(a_n \underbrace{\int_{-\pi}^{\pi}\cos(mx)\cos(nx)\,dx}_{\substack{\downarrow \\ m=n \text{ の項のみ残る}}} + b_n \underbrace{\int_{-\pi}^{\pi}\cos(mx)\sin(nx)\,dx}_{\substack{\| \\ 0}}\right)$$

$$= a_m \int_{-\pi}^{\pi}\cos^2(mx)\,dx$$

$$= a_m \int_{-\pi}^{\pi}\frac{1 + \cos(2mx)}{2}\,dx = a_m\left[\frac{x}{2} + \frac{\sin(2mx)}{4m}\right]_{-\pi}^{\pi} = a_m\left(\frac{\pi}{2} - \left(-\frac{\pi}{2}\right)\right) = a_m\pi.$$

よって $a_m = \dfrac{1}{\pi}\displaystyle\int_{-\pi}^{\pi} f(x)\cos(mx)\,dx$.

同様に，$\displaystyle\int_{-\pi}^{\pi}\sin(mx)\,dx = 0$, $\displaystyle\int_{-\pi}^{\pi}\cos(mx)\sin(nx)\,dx = 0$, $\displaystyle\int_{-\pi}^{\pi}\sin(mx)\sin(nx)\,dx = 0 \ (m \neq n)$
より，フーリエ展開の式の両辺に $\sin(mx)$ をかけて，$[-\pi, \pi]$ の区間で積分すると，

$$\int_{-\pi}^{\pi} f(x)\sin(mx)\,dx = \frac{a_0}{2}\int_{-\pi}^{\pi}\sin(mx)\,dx + \sum_{n=1}^{\infty}\left(a_n \underbrace{\int_{-\pi}^{\pi}\sin(mx)\cos(nx)\,dx}_{\substack{\| \\ 0}} + b_n \underbrace{\int_{-\pi}^{\pi}\sin(mx)\sin(nx)\,dx}_{\substack{\downarrow \\ m=n \text{ の項のみ残る}}}\right)$$

よって

$$\int_{-\pi}^{\pi} f(x)\sin(mx)\,dx$$

$$= b_m \int_{-\pi}^{\pi}\sin^2(mx)\,dx = b_m \int_{-\pi}^{\pi}\frac{1 - \cos(2mx)}{2}\,dx = b_m\left[\frac{x}{2} - \frac{\sin(2mx)}{4m}\right]_{-\pi}^{\pi} = b_m\left(\frac{\pi}{2} - \left(-\frac{\pi}{2}\right)\right) = b_m\pi.$$

ゆえに $b_m = \dfrac{1}{\pi}\displaystyle\int_{-\pi}^{\pi} f(x)\sin(mx)\,dx$. これで証明が終わった．

4.3 複素フーリエ級数（連続時間）

前節で，周期信号が三角関数を項とするフーリエ級数で表現されることをみた．また第1章では，複素数の導入により，三角関数が指数関数でオイラーの公式として表現されることもみた．これら2つのことがらを結びつけると，周期信号が，肩に虚数がのった指数関数を項とする級数で表現される．なお，これまでは純虚数をiで表現したが，工学の分野では，iはふつう，電流を表現するのに用い，純虚数を表わすのにはjを使う．よって本節以降は純虚数をjと表記する．本節では，指数関数を項とする級数として周期信号を表現し，その特徴について述べる．

周期T（角周波数$\Omega_0 = \dfrac{2\pi}{T}$）の周期信号$x(t)$を考えよう．このとき$x(t)$のフーリエ級数は$x(t) = \dfrac{a_0}{2} + \displaystyle\sum_{k=1}^{\infty}(a_k \cos k\Omega_0 t + b_k \sin k\Omega_0 t)$である．ここで，オイラーの関係式から得られる$\cos x = \dfrac{e^{jx} + e^{-jx}}{2}$，$\sin x = \dfrac{e^{jx} - e^{-jx}}{2j}$に着目する（演習1.4（3）参照）．これらの式で$x = k\Omega_0 t$とおいてフーリエ級数の式に代入すると，

$$x(t) = \frac{a_0}{2} + \sum_{k=1}^{\infty}\left\{\frac{a_k(e^{jk\Omega_0 t} + e^{-jk\Omega_0 t})}{2} + \frac{b_k(e^{jk\Omega_0 t} - e^{-jk\Omega_0 t})}{2j}\right\}$$

$$= \frac{a_0}{2} + \sum_{k=1}^{\infty}\left(\frac{a_k}{2} + \frac{b_k}{2j}\right)e^{jk\Omega_0 t} + \sum_{k=1}^{\infty}\left(\frac{a_k}{2} - \frac{b_k}{2j}\right)e^{-jk\Omega_0 t}$$

となる．この式の最右辺で，$c_0 = \dfrac{a_0}{2}$，$c_k = \dfrac{a_k}{2} + \dfrac{b_k}{2j}$ $(k \geq 1)$とおき，また，$m = -k$とし，$c_m = c_{-k} = \dfrac{a_k}{2} - \dfrac{b_k}{2j}$ $(m \leq -1)$とおくと，kが1から∞までかわるとき，mは-1から$-\infty$までかわるので

$$x(t) = c_0 + \sum_{k=1}^{\infty}c_k e^{jk\Omega_0 t} + \sum_{m=-\infty}^{-1}c_m e^{jm\Omega_0 t}$$

となる．右辺において，mをkとおきなおし，また，$c_0 = c_0 e^0$であることに注意すると右辺は和の記号（$\sum$）1つでかき表わせる．

以上により，基本周期がTの周期信号$x(t)$は，

$$x(t) = \sum_{k=-\infty}^{\infty}c_k e^{jk\Omega_0 t} = \cdots + c_{-2}e^{-2j\Omega_0 t} + c_{-1}e^{-j\Omega_0 t} + c_0 + c_1 e^{j\Omega_0 t} + c_2 e^{2j\Omega_0 t} + \cdots \tag{4.4}$$

のように表現できることがわかる．これを$x(t)$の**複素フーリエ級数**，あるいは単に**フーリエ級数**という．ただし，$\Omega_0 = 2\pi/T$は$x(t)$の基本角周波数である．式（4.4）におけるc_kは**複素フーリエ係数**（complex Fourier coefficient），あるいは単に**フーリエ係数**とよばれ，

$$c_k = \frac{1}{T}\int_{-\frac{T}{2}}^{\frac{T}{2}} x(t)e^{-jk\Omega_0 t}dt, \quad k = \cdots, -2, -1, 0, 1, 2, \cdots, \tag{4.5}$$

であたえられる．式（4.5）は**複素フーリエの公式**あるいは単に**フーリエの公式**という．式（4.5）の右辺の積分は$-T/2$から$T/2$となっているが，これは1周期分の区間であればどの区間の積分でもかまわない．複素フーリエの公式の正当性を示そう．

58　第4章　フーリエ級数

式 (4.5) の右辺の $x(t)$ に (4.4) の右辺を，k を m とかきなおして代入すると，

$$\frac{1}{T}\int_{-\frac{T}{2}}^{\frac{T}{2}}x(t)e^{-jk\Omega_0 t}dt = \frac{1}{T}\int_{-\frac{T}{2}}^{\frac{T}{2}}\left(\sum_{m=-\infty}^{\infty}c_m e^{jm\Omega_0 t}\right)e^{-jk\Omega_0 t}dt$$

$$= \frac{1}{T}\int_{-\frac{T}{2}}^{\frac{T}{2}}\sum_{m=-\infty}^{\infty}c_m e^{j(m-k)\Omega_0 t}dt = \frac{1}{T}\sum_{m=-\infty}^{\infty}\int_{-\frac{T}{2}}^{\frac{T}{2}}c_m e^{j(m-k)\Omega_0 t}dt.$$

この式の最右辺の積分は，$\Omega_0 = \dfrac{2\pi}{T}$ であることに注意すると

$$\begin{cases}\dfrac{c_m}{j(m-k)\Omega_0 T}e^{j(m-k)\Omega_0 t}\Big|_{-\frac{\pi}{2}}^{\frac{\pi}{2}} = 0, & m \neq k, \\[3mm] c_m, & m = k.\end{cases}$$

ここで，$m \neq k$ のとき $e^{\pm j\pi(m-k)} = 0$ であることを用いた．これでフーリエの公式の正当性が示された．つぎに，複素フーリエ級数の特徴について解説しよう．

(a) まず注意してほしいことは，複素フーリエ級数の和が，k が $-\infty$ から $+\infty$ までの和となっていることである．それに対し，三角関数を項とするフーリエ級数では和は k が 0 から $+\infty$ までの和である．

(b) 項 $e^{jk\Omega_0 t}$，k は整数，をオイラーの公式で三角関数で表現すると $e^{jk\Omega_0 t} = \cos(k\Omega_0 t) + j\sin(k\Omega_0 t)$ であり，$e^{jk\Omega_0 t}$ は角周波数 $k\Omega_0$ の三角関数に対応していることがわかる．そのため複素指数信号 $e^{jk\Omega_0 t}$ のことを正弦波ともいう．

(c) 複素フーリエ係数 c_k は信号 $x(t)$ により定まる定数である．すなわち，c_k は，フーリエ級数として表現される信号 $x(t)$ ごとにその値がきまる．

(d) 式 (4.4) の左辺の $x(t)$ は実数値をとるのに対し，右辺の各項は複素数であるフーリエ係数と，やはり複素数である $e^{jk\Omega_0 t}$ である．複素数どうしのかけ算とたし算により虚数部が消えて実数部だけが残るのである．

(e) なお，級数を構成する各項の $e^{jk\Omega_0 t}$，$k = \cdots, -2, -1, 0, 1, 2, \cdots$，はすべて周期 T である．

ここで，$g(t) = -\dfrac{j}{3\pi}e^{-j3t} - \dfrac{j}{\pi}e^{-jt} + \dfrac{1}{2} + \dfrac{j}{\pi}e^{jt} + \dfrac{j}{3\pi}e^{j3t}$ なる複素フーリエ級数で表現される信号 $g(t)$ を考えてみよう．このフーリエ級数表現から $g(t)$ が，角周波数 -1 の信号成分が $-j/\pi$，角周波数 -3 の信号成分が $-j/(3\pi)$，角周波数 1 の信号成分が j/π，角周波数 3 の信号成分が $j/(3\pi)$ の重みでくわえあわせられたものであることがわかる．また，オイラーの公式より指数関数を三角関数になおせば，$g(t) = \dfrac{1}{2} - \dfrac{2}{\pi}\sin t - \dfrac{2}{3\pi}\sin(3t)$ となる．この解釈をもとに，信号 $g(t)$ を周波数表現したものが図 4.13 である．

よく用いられることばをまとめておこう．フーリエ係数のあつまり $\{c_k\}$ はスペクトル (spectrum) とよばれ，信号 $x(t)$ の周波数領域における表現をあたえる．スペクトル c_k は一般に複素数である．絶対値 $|c_k|$ を振幅スペクトル (amplitude spectrum) とよび，偏角 $\angle c_k$ を位相スペクトル (phase spectrum)，$|c_k|^2$ をパワースペクトル (power spectrum) という．

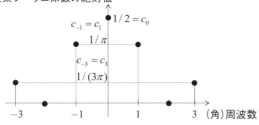

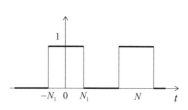

図 **4.13** $g(t) = -\frac{j}{3\pi}e^{-j3t} - \frac{j}{\pi}e^{-jt} + \frac{1}{2} + \frac{j}{\pi}e^{jt} + \frac{j}{3\pi}e^{j3t}$ の周波数表現

図 **4.14** 例題 4.2 の方形波

例題 4.2.

N と N_1 を，$N - N_1 > 0$ なる正の整数とする．周期 N の周期関数である方形波

$$x(t) = \begin{cases} 1, & 0 \leq t < N_1, \ N - N_1 < t \leq N, \\ 0, & N_1 \leq t < N - N_1 \end{cases}$$

（図 4.14）の複素フーリエ級数のフーリエ係数を求めよ．求めた複素フーリエ係数をもとに，オイラーの公式により指数関数を三角関数になおし，三角関数による $x(t)$ のフーリエ級数を求めよ．また，$N_1 = 2$ で，$N = 10$ と $N = 20$ のときの周波数表示をせよ．

［解答例］

まず，
$$c_0 = \frac{1}{N}\int_0^N x(t)dt = \frac{1}{N}\left(\int_0^{N_1} 1\,dt + \int_{N-N_1}^N 1\,dt\right) = \frac{2}{N}\int_0^{N_1} 1\,dt = \frac{2N_1}{N}.$$

$k > 0$ のときは，
$$c_k = \frac{1}{N}\int_{-N_1}^{N_1} e^{-j\frac{2\pi k}{N}t}dt = \frac{1}{k\pi}\sin\left(\frac{2k\pi N_1}{N}\right).$$

また，$k < 0$ のときもおなじ式になる．よって，$x(t)$ の複素フーリエ級数は，得られたフーリエ係数 c_k を用いて $\sum_{k=-\infty}^{\infty} c_k e^{j\frac{2\pi k}{N}t}$ となる．オイラーの公式により，この複素フーリエ級数の各項 $c_k e^{j\frac{2\pi k}{N}t}$ を cos と sin になおすと，$k > 0$ に対し，$c_{-k} = \sin\left(\frac{2\pi(-k)}{N}t\right) = -\sin\left(\frac{2\pi k}{N}t\right) = -c_k$ となり，また $-\sin(\alpha t) = \sin(-\alpha t)$ なので虚数部である sin の項は消える．よって，

$$x(t) = \frac{2N_1}{N} + \sum_{k=1}^{\infty} \frac{2}{k\pi}\sin\left(\frac{2\pi k N_1}{N}\right)\cos\left(\frac{2\pi k}{N}t\right).$$

$N = 10$ のときの周波数表示を求めよう．

$$c_0 = \frac{2N_1}{N} = \frac{4}{10} = 0.4, \quad c_k = \frac{1}{k\pi}\sin\left(\frac{2\pi k N_1}{N}\right) = \frac{1}{k\pi}\sin\left(\frac{2\pi}{5}k\right), \quad k = \pm 1, \pm 2, \cdots.$$

これをもとに図示すると図 4.15 となる．

また，$N = 20$ のときの周波数表示を求めると，

$$c_0 = \frac{2N_1}{N} = \frac{4}{20} = 0.2, \quad c_k = \frac{1}{k\pi}\sin\left(\frac{2\pi k N_1}{N}\right) = \frac{1}{k\pi}\sin\left(\frac{2\pi}{10}k\right), \quad k = \pm 1, \pm 2, \cdots,$$

であるから，これから周波数表示として図 4.16 が得られる．

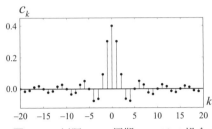

図 4.15 例題 4.2 の周期 $N = 10$ の場合の周波数表示

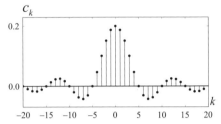

図 4.16 例題 4.2 の周期 $N = 20$ の場合の周波数表示

演習 4.3.

区間 $0 \leq t < T$ で $x(t) = t$ である周期 T の周期信号（のこぎり波）の複素フーリエ係数を求めよ．

演習 4.4.

複素フーリエ級数（4.4）と複素フーリエの公式（4.5）の

$$x(t) = \sum_{k=-\infty}^{\infty} c_k e^{jk\Omega_0 t}, \quad c_k = \frac{1}{T}\int_{-\frac{T}{2}}^{\frac{T}{2}} x(t)e^{-jk\Omega_0 t}dt, \quad k = \cdots, -2, -1, 0, 1, 2, \cdots,$$

を仮定して，三角関数によるフーリエ級数（4.1）とフーリエの公式（4.2）と（4.3）を導け．

本節では，連続時間周期信号のフーリエ解析，すなわちフーリエ級数について述べた．

4.4 離散時間フーリエ級数

前節までは連続時間周期信号をあつかい，そのフーリエ級数をみてきた．この節では，離散時間の周期信号に対するフーリエ級数をみていこう．離散時間信号が周期的であれば，その信号は有限項のみで完全に記述される．すなわち，周期 N の離散時間信号は，$x[0], x[1], \cdots, x[N-1]$ の値で完全にきまる．たとえば，図 4.17 に示された周期 $N = 10$ の離散時間方形波は，$x[0] = x[1] = x[2] = 1$, $x[3] = x[4] = \cdots = x[7] = 0$, $x[8] = x[9] = 1$ の値で，ほかの時刻の値もすべてきまる．

周期 N の離散時間周期信号 $x[n]$ は次式のように表現でき，これを**離散時間フーリエ級数**という．

$$x[n] = \sum_{k=0}^{N-1} c_k e^{jk\omega_0 n} = \sum_{k=0}^{N-1} c_k e^{jk(2\pi/N)n} = c_0 + c_1 e^{j\frac{2\pi}{N}n} + c_2 e^{j\frac{2\pi}{N}\cdot 2n} + \cdots + c_{N-1} e^{j\frac{2\pi}{N}(N-1)n}. \tag{4.6}$$

ここで $\omega_0 = \dfrac{2\pi}{N}$ は基本角周波数である．また，式（4.6）中の c_k は

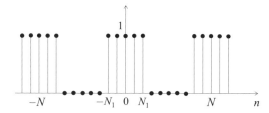

図 4.17 周期 $N = 10$ の離散時間周期信号（方形波）

$$c_k = \frac{1}{N}\sum_{n=0}^{N-1} x[n]e^{-jk(2\pi/N)n}$$

$$= \frac{1}{N}\left\{x[0] + x[1]e^{-j\frac{2\pi}{N}k} + x[2]e^{-j\frac{2\pi}{N}2k} + \cdots + x[N-1]e^{-j\frac{2\pi}{N}(N-1)k}\right\}$$

(4.7)

でありフーリエの公式とよばれる．フーリエ級数もフーリエの公式も，和の上限が有限であることに注目してほしい．離散時間周期信号 $x[n]$ に対し，フーリエの公式であたえられる c_k を用いれば，離散時間フーリエ級数が $x[n]$ と一致することはあとで証明する．なお，c_k は，**離散フーリエ係数**（discrete-time Fourier coefficient）とよばれ，式 (4.6) は $c_0, c_1, \cdots, c_{N-1}$ の N 個のフーリエ係数から $x[0], \cdots, x[N-1]$ の N 個の値が定まることを意味する．

フーリエ級数とフーリエの公式も上では和が 0 から $N-1$ までの「連続」した N 個の和であるが，たとえば，1 から N まで，あるいは -2 から $N-3$ までといったように，つながった 1 周期分の N 個の和であればどの区間でもかまわない．ただし，$k \geq N$，あるいは $k < 0$ となる c_k については，c_0 から c_{N-1} までが周期 N でくりかえされるものと考える．

連続時間の場合と同様に，$|c_k|$ を**振幅スペクトル**とよび，$\angle c_k$ を**位相スペクトル**，$|c_k|^2$ を**パワースペクトル**という．

> **例題 4.3.**
> 時刻 $n = 0$ で値 1 をとり，また $n = 0$ に関して対称な離散時間周期方形波を離散時間フーリエ級数展開し，横軸を周波数にとり，フーリエ係数を各周波数の成分に相当するものとして図示せよ．ただし周期は N で，1 が連続する長さが $2N_1 + 1$ とする．ただし $N > 2N_1 + 1$ とする．（図 4.17 は $N = 10$，$N_1 = 2$ の場合である．）
>
> ［解答例］
> この信号は $n = 0$ に関して対称なので，たとえば $x[-1] = x[N-1]$ で，また $e^{-jk(2\pi/N)\cdot(-1)} = e^{-jk(2\pi/N)\cdot(N-1)}$ であり，より一般に，$x[-m] = x[N-m]$ で，$e^{-jk(2\pi/N)\cdot(-m)} = e^{-jk(2\pi/N)\cdot(N-m)}$ である．それゆえ，$n=0$ から $n=N-1$ ではなく，$n = 0$ を中心とした区間を選んでフーリエ係数を求めることができる．すなわち，$c_k = \frac{1}{N}\sum_{n=-N_1}^{N_1} e^{-jk(2\pi/N)n}$．ここで，$m = n + N_1$ とすると，$c_k = \frac{1}{N}e^{jk(2\pi/N)N_1}\sum_{m=0}^{2N_1} e^{-jk(2\pi/N)m}$．右辺の和を計算するのに，まず，初項

a, 公比 r の等比数列 $\{a,\ ar,\ ar^2,\ \cdots,\ ar^N\}$ の和は $\displaystyle\sum_{m=0}^{N} ar^m = 1 + ar + ar^2 + \cdots + ar^N$

$= \dfrac{a(1 - r^{N+1})}{1 - r}$ なので，とくに $a = 1$，$r = e^{-jk(2\pi/N)} \neq 1$ の場合，

$$\sum_{m=0}^{2N_1} e^{-jk(2\pi/N)m} = 1 + e^{-jk(2\pi/N)} + e^{-2jk(2\pi/N)} + \cdots + e^{-jk(2\pi/N)\cdot 2N_1} = \frac{1 - e^{-jk2\pi(2N_1+1)/N}}{1 - e^{-jk(2\pi/N)}}$$

となることを注意しておこう．

i)　$k \neq 0,\ \pm N,\ \pm 2N,\ \cdots$ のとき，$e^{-jk(2\pi/N)} \neq 1$ であるからいま注意した式が使えて，

$$c_k = \frac{1}{N} e^{jk(2\pi/N)N_1} \sum_{m=0}^{2N_1} e^{-jk(2\pi/N)m} = \frac{1}{N} e^{jk(2\pi/N)N_1} \left(\frac{1 - e^{-jk2\pi(2N_1+1)/N}}{1 - e^{-jk(2\pi/N)}} \right)$$

$$= \frac{1}{N} \frac{e^{-jk(2\pi/(2N))}[e^{jk2\pi(N_1+1/2)/N} - e^{-jk2\pi(N_1+1/2)/N}]}{e^{-jk(2\pi/(2N))}[e^{jk(2\pi/(2N))} - e^{-jk(2\pi/(2N))}]} = \frac{1}{N} \frac{\sin\left[\dfrac{2\pi k\left(N_1 + \frac{1}{2}\right)}{N}\right]}{\sin\dfrac{2\pi k}{2N}}.$$

上式において，3番目の等号は，2番目の等号の右辺の分母にある $e^{-jk(2\pi/N)}$ の肩を $1/2$ にした $e^{-jk(2\pi/2N)}$ を分母と分子それぞれからくくり出した結果である．4番目の等号は，オイラーの公式の逆の $e^{ja} - e^{-ja} = 2j\sin a$ による．

ii)　$k = 0,\ \pm N,\ \pm 2N,\ \cdots$ のとき，$e^{-jk(2\pi/N)} = 1$ なので，

$$c_k = \frac{1}{N} e^{jk(2\pi/N)N_1} \sum_{m=0}^{2N_1} e^{-jk(2\pi/N)m} = \frac{1}{N} \cdot 1 \cdot \sum_{m=0}^{2N} 1 = \frac{2N_1 + 1}{N}.$$

i) と ii) をまとめると

$$c_k = \begin{cases} \dfrac{1}{N} \dfrac{\sin\left[\dfrac{2\pi k\left(N_1 + \frac{1}{2}\right)}{N}\right]}{\sin\dfrac{2\pi k}{2N}}, & k \neq 0,\ \pm N,\ \pm 2N,\ \cdots, \\[4mm] \dfrac{2N_1 + 1}{N}, & k = 0,\ \pm N,\ \pm 2N,\ \cdots. \end{cases}$$

さらに，$\omega = \dfrac{2\pi}{N}$ とおくことにより，$Nc_k = \dfrac{\sin\left[(2N_1 + 1)\omega k/2\right]}{\sin(\omega k/2)}$．よって，

$$c_k = \begin{cases} \dfrac{1}{N} \dfrac{\sin\left[(2N_1 + 1)\omega k/2\right]}{\sin(\omega k/2)}, & k \neq 0,\ \pm N,\ \pm 2N,\ \cdots, \\[4mm] \dfrac{2N_1 + 1}{N}, & k = 0,\ \pm N,\ \pm 2N,\ \cdots. \end{cases}$$

以上をもとに，$N_1 = 2$ の場合の，$N = 10$ と $N = 40$ のフーリエ係数を図示しよう．まず，基本角周波数は $\omega_0 = \dfrac{2\pi}{N}$ であるので横軸は周波数軸として ω_0 の k 倍をとると，飛びとびの $\omega_k = k\omega_0$ のところだけ値があるので，図4.18(a) となる．同様に $N = 40$ の場合の周波数表示は図4.18(b) となる．

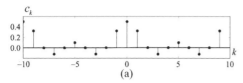
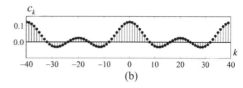

図 4.18 例題 4.3 において (a) 周期 $N = 10$ の場合の周波数表示と (b) 周期 $N = 40$ の場合の周波数表示

例題 4.4.

離散時間正弦波信号 $x[n] = \sin(\omega_0 n)$, $\omega_0 \neq 0$, を離散時間複素フーリエ級数に展開し，そのフーリエ係数を図示せよ．

[解答例]

連続時間正弦波信号 $x(t) = \sin(\omega_0 t)$ のフーリエ係数は $\sin(\omega_0 t)$ そのものである．すなわち，基本角周波数 ω_0 に対するフーリエ係数 b_1 が 1 でほかの係数は 0 であるフーリエ級数である．それに対し，離散時間の場合はすこしばかり事情がことなる．第 2.1.2 節で注意したように，離散時間正弦波は，$\dfrac{2\pi}{\omega_0}$ が無理数のときには周期信号にならないからである．

そこで，$\dfrac{2\pi}{\omega_0}$ が (1) 整数のとき，(2) 整数の比のとき，(3) 無理数のときの 3 つの場合にわける．まず (3) の場合には，$x[n]$ は周期信号でないのでフーリエ級数は存在しない．つぎに (1) の場合を考えよう．

(1) $\dfrac{2\pi}{\omega_0}$ が整数 $N \neq 0$ のとき，$\omega_0 = \dfrac{2\pi}{N}$ とかくことができ，信号 $x[n]$ は基本周期 N の周期信号になる．この場合は，フーリエ級数表現できる．それを求めるためにわざわざフーリエの公式によりフーリエ係数 c_k を計算せずとも，まず $\sin(\omega_0 n)$ 自身が $\sin(\omega_0 n)$ のフーリエ級数であることに注意して，これを複素フーリエ級数に変形すればよい．すなわち，$\sin(\omega_0 n)$ はオイラーの公式により $\dfrac{1}{2j}\left(e^{j(2\pi/N)n} - e^{-j(2\pi/N)n}\right)$ であるから，この式と，式 (4.6) の和をたとえば -2 から $N-3$ とした式とをみくらべると，$k = 1$ と $k = -1$ 以外の複素フーリエ係数 c_k は 0 で，

$$c_1 = \frac{1}{2j}, \quad c_{-1} = -\frac{1}{2j}.$$

であることがわかる．よって，$x[n] = \sin(\omega_0 n)$ の複素フーリエ級数は，

$$x[n] = \frac{1}{2j}\left(e^{j(2\pi/N)n} - e^{-j(2\pi/N)n}\right)$$

となる．

(2) $\dfrac{2\pi}{\omega_0}$ が整数の比の場合には，$m \neq 0$ と $N \neq 0$ を整数として $\omega_0 = \dfrac{2\pi m}{N}$ と表わすことができる．ただし m と N はたがいに素とする．このとき，$x[n]$ は基本周期 N の周期信号であり，(1) と同様につぎのようにフーリエ級数展開できる．

$$x[n] = \frac{1}{2j}e^{jm(2\pi/N)n} - \frac{1}{2j}e^{-jm(2\pi/N)n}.$$

よって，フーリエ係数はつぎのようになる．

$$c_m = \frac{1}{2j}, \quad c_{-m} = -\frac{1}{2j}.$$

そのほかの係数は 0 である．

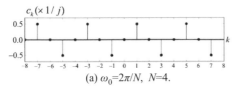
(a) $\omega_0 = 2\pi/N$, $N=4$.

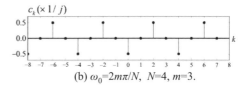
(b) $\omega_0 = 2m\pi/N$, $N=4$, $m=3$.

図 **4.19** 例題 4.4 のフーリエ係数（周波数表示）

以上をふまえてフーリエ係数を図示したものが図 4.19(a) と (b) である．この図の (b) において，$m = 3$ であるが，周期 $N = 4$ としているので，$k = 3$ と $k = -3$ のとき以外のたとえば $k = 1$ や $k = -1$ のときにも，フーリエ係数はそれぞれ値 $\dfrac{1}{2j}$ と $-\dfrac{1}{2j}$ をもつことに注意してほしい．

離散時間周期信号とそのフーリエ級数についてその特徴をまとめておこう．

(a) 信号は，$x[0]$, $x[1]$, $\cdots$, $x[N-1]$ の値で完全にきまる．
(b) 信号は**有限項**のフーリエ級数に展開される．（それに対し，連続時間では，一般に無限の項によってフーリエ級数展開される．）
(c) 周期 N の信号は，N 個のフーリエ係数 c_0, c_1, $\cdots$, c_{N-1} の値で完全にきまる．また，$k \geq N$ あるいは $k < 0$ のフーリエ係数 c_k も c_0 から c_{N-1} までの周期 N でのくりかえしとしてあたえられる．
(d) フーリエ級数の各項の周波数は $\omega_k = k \cdot \omega_0$, $k = 0, \cdots, N-1$ である．ただし $\omega_0 = \dfrac{2\pi}{N}$ は基本角周波数である．
(e) 周期 N が大きくなるほど，ω_k と ω_{k+1} との間がつまってくる．これは，

$$\left| \omega_{k+1} - \omega_k \right| = \left| (k+1)\omega_0 - k\omega_0 \right| = \omega_0 = \frac{2\pi}{N}$$

より明らかであろう．

本節の最後に，離散時間周期信号 $x[n]$ の離散時間フーリエ級数とフーリエの公式の正当性を示そう．フーリエの公式であたえられるフーリエ係数をフーリエ級数の式に代入すると $x[n]$ となることを示せばよい．そのためにまず，つぎの補助定理を証明する．

補助定理．
$$\frac{1}{N} \sum_{k=0}^{N-1} e^{j2\pi k(n-l)/N} = \begin{cases} 1, & n - l = mN, \\ 0, & n - l \neq mN. \end{cases}$$

[証明]

i) $n - l = mN$ のとき．
$$\frac{1}{N} \sum_{k=0}^{N-1} e^{j2\pi k(n-l)/N} = \frac{1}{N} \sum_{k=0}^{N-1} e^{j2\pi kmN/N} = \frac{1}{N} \sum_{k=0}^{N-1} 1 = 1.$$

ii) $n - l \neq mN$ のとき．
$$\frac{1}{N} \sum_{k=0}^{N-1} e^{j2\pi k(n-l)/N} = \frac{1}{N} \left(1 + e^{j2\pi(n-l)/N} + \left(e^{j2\pi(n-l)/N}\right)^2 + \cdots + \left(e^{j2\pi(n-l)/N}\right)^{N-1} \right)$$

$$= \frac{1}{N} \frac{1 - \left(e^{j2\pi(n-l)/N}\right)^N}{1 - e^{j2\pi(n-l)/N}} = \frac{1}{N} \frac{1 - e^{j2\pi(n-l)}}{1 - e^{j2\pi(n-l)/N}} = 0.$$

証明終わり．なお $n-l=1$ のときが，第1章で述べた単位円上 N 等分点の和が0になることの証明になっている．

さて，正当性の証明にうつろう．離散時間フーリエ級数 $\sum_{k=0}^{N-1} c_k e^{jk(2\pi/N)n}$ に，フーリエの公式であたえられるフーリエ係数 $c_k = \dfrac{1}{N}\sum_{l=0}^{N-1} x[l]e^{-jk(2\pi/N)l}$ を代入する．フーリエ級数における n も，フーリエの公式における l も0以上 $N-1$ 以下であり，それゆえ $-(N-1) \leq n-l \leq N-1$ が成り立つ．この範囲の整数で N の倍数は0だけであることに注意し，さきの補助定理を用いると

$$\frac{1}{N}\sum_{k=0}^{N-1}\sum_{l=0}^{N-1} x[l]e^{-jk(2\pi/N)l}e^{jk(2\pi/N)n} = \sum_{l=0}^{N-1} x[l]\cdot\frac{1}{N}\left(\sum_{k=0}^{N-1} e^{j2\pi k(n-l)/N}\right) = x[n].$$

これで，離散時間フーリエ級数の正当性が示された．

演習 4.5.
離散時間信号 $x[n]=\cos\left(\dfrac{\pi}{8}n+\phi\right)$ を離散時間フーリエ級数展開せよ．

4.5 区間限定の非周期関数

T をある正の定数として，区間 $0\leq t<T$ で定義された非周期関数，たとえば

$$x(t) = \begin{cases} 1, & 0\leq t < T/2, \\ 0, & T/2 \leq t \end{cases}$$

（図 4.20）を，関数が定義されていない区間に対して「周期的」に拡張しよう（図 4.21）．すると拡張された関数は周期関数なのでフーリエ級数に展開できる．拡張された方形波 $x_T(t)$ のフーリエ級数は，

$$x_T(t) = \frac{1}{2} + \frac{2}{\pi}\sum_{m=1}^{\infty}\frac{1}{2m-1}\sin\left(\frac{2\pi(2m-1)}{T}t\right), \quad 0\leq t<T$$

であり，区間 $0\leq t<T$ に対しても $x_T(t)$ のこのフーリエ級数展開は成り立つ．区間 $0\leq t<T$ では，$x(t)$ と $x_T(t)$ は一致するので，この級数はもとの $x(t)$ のフーリエ級数と考えることができる．

演習 4.6.
区間 $0\leq t<T$ で定義された非周期関数 $x(t)=t$ を周期的に拡張することによってフーリエ級数展開せよ．

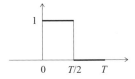

図 4.20 区間 $0\leq t<T$ だけで定義された方形波

図 4.21 区間 $0\leq t<T$ だけで定義された方形波（図 4.20）を周期関数としてほかの区間に拡張した信号

66　第4章　フーリエ級数

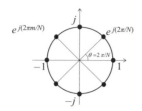

図 4.22　複素平面上の単位円上の点

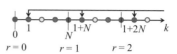

図 4.23　N ごとに値をまとめる

4.6　連続時間と離散時間のフーリエ級数の関係

本節では，連続時間信号のフーリエ級数と離散時間信号のフーリエ級数の関係について述べる．

まず複素平面上の単位円について思い出しておこう．すなわち，第 1 章で述べたように，オイラーの公式は $e^{j\theta} = \cos\theta + j\sin\theta$ であり，$e^{j2\pi} = 1$ で，$e^{j2\pi m} = 1$　（m は整数）．また，$e^{j(2\pi/N)}$ は，単位円を N 等分した点のうち，1 から左まわりに最初の点であり，$e^{j(2\pi m/N)}$，m は整数，は，単位円を N 等分した点のうち，1 から左まわりに m 番目の点である（図 4.22）．

さて，基本角周波数が Ω_0，すなわち基本周期 $T = 2\pi/\Omega_0$ の連続時間信号 $x(t)$ を考えよう．そのフーリエ級数は $x(t) = \sum_{k=-\infty}^{\infty} c_k e^{jk\Omega_0 t}$ である．周期 T を N 等分した $T_s = \dfrac{T}{N}$ のサンプリング周期で $x(t)$ からサンプリングして離散時間信号 $x[n] = x(nT_s)$ をつくる（図 2.22）．連続時間信号 $x(t)$ の時刻 nT_s における値 $x(nT_s)$ は

$$x(nT_s) = \sum_{k=-\infty}^{\infty} c_k e^{jk\Omega_0(nT_s)} = \sum_{k=-\infty}^{\infty} c_k e^{jkn(2\pi/N)} \tag{4.8}$$

である．ここで，r を整数とすると，n, k, N もすべて整数であるから

$$e^{j2\pi nk/N} = e^{j2\pi nk/N} \times 1 = e^{j2\pi nk/N} \times e^{j2\pi nrN/N} = e^{j2\pi n(k+rN)/N}$$

が成り立つ．それゆえ，式 (4.8) の右辺の各項を，$k = 0, 1, \cdots, N-1$ ごとにまとめると（図 4.23）

$$x[n] = x(nT_s) = \sum_{k=-\infty}^{\infty} c_k e^{j2\pi kn/N} = \sum_{k=0}^{N-1}\left\{\sum_{r=-\infty}^{\infty} c_{k+rN}\right\} e^{j2\pi kn/N} = \sum_{k=0}^{N-1} \hat{c}_k e^{j2\pi kn/N},$$

$$\hat{c}_k = \sum_{r=-\infty}^{\infty} c_{k+rN}$$

を得る．すなわち，連続時間周期信号 $x(t)$ の値を，その周期 T を N 等分した間隔 $T_s = \dfrac{T}{N}$ で抽出して離散時間周期信号 $x[n] = x(nT_s)$ をつくると，その離散時間フーリエ級数のフーリエ係数 $\hat{c}_k$ はもとの $x(t)$ のフーリエ係数を N の周期ごとにすべてくわえたものとなる．

以上で離散時間周期信号のフーリエ級数の解説を終える．

第5章

フーリエ変換

前章では周期信号のフーリエ解析について述べた．この章では，連続時間と離散時間の**非周期信号**のフーリエ解析，すなわちフーリエ変換を解説する．現実の信号は非周期的であることが多く，そのためフーリエ変換は信号の解析で多用される．また，フーリエ変換は，信号処理だけではなく微分方程式の解法など，数学や物理，あるいは制御工学といった工学のさまざまな分野で広く用いられる．連続時間信号に対するフーリエ変換からはじめよう．

5.1 フーリエ変換（連続時間）

まずは関数 $f(x)$ の定積分を復習する．

区間 $[a, b]$ の $f(x)$ の定積分は，図 5.1 のように $x = a$ と $x = b$・x 軸・$f(x)$ が囲む面積である．この面積を求めるために，区間 $[a, b]$ を Δx の間隔にこまかくわけて，求める領域をほそ長い「長方形」のあつまりとみなし，各長方形の面積をたしあわせる（図 5.2）．すなわち，

$$f(x_0)\Delta x + \cdots + f(x_{n-1})\Delta x = \sum_{k=0}^{n-1} f(x_k)\Delta x,$$

ただし，x_k は，$x_k = k\Delta x$ として定義され，$x_0 = a$ からみて k 番目のほそ長い長方形の x 座標である．このたしあわせた面積の $\Delta x \to 0$ における極限が区間 $[a, b]$ における $f(x)$ の定積分である．

$$\int_a^b f(x)\,dx = \lim_{\Delta x \to 0} \sum_{k=0}^{n-1} f(x_k)\Delta x, \qquad x_k = k\,\Delta x.$$

このとき，a を下端といい，b を上端という．以下では，下端が $-\infty$ で上端が ∞ の定積分が出てくる．区間

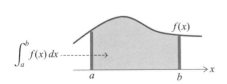

図 5.1 関数 $f(x)$ と x 軸，$x = a$，$x = b$ で囲まれた面積としての定積分

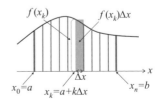

図 5.2 区間 $[a, b]$ をこまかくわけて長方形の面積をたしあわせる

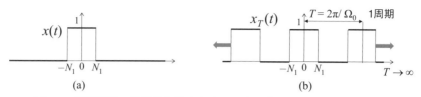

図 5.3 周期信号の周期が無限大となったものとしての非周期信号の例

$[a, b]$ における $f(x)$ の定積分は下端 a と上端 b の関数であり，それを $F(a, b) = \int_a^b f(x)\,dx$ とかくと，

$$\int_{-\infty}^{\infty} f(x)\,dx = \lim_{\substack{a \to -\infty \\ b \to \infty}} F(a, b)$$

として定義され，これを広義積分という．

さて，連続時間で非周期信号の「フーリエ級数」を求めてみよう．非周期連続時間信号 $x(t)$ は，周期関数 $x_T(t)$ の「周期が無限大 (∞)」であるものと考えられる．たとえば，図5.3(a)にある非周期信号は，図5.3(b)の方形波の周期が無限大になったものと考えられる．

そこで，周期信号 $x_T(t)$ のフーリエ級数展開から出発しよう．それは，

$$x_T(t) = \sum_{k=-\infty}^{\infty} c_k e^{jk\Omega_0 t}, \qquad \Omega_0 = \frac{2\pi}{T}, \qquad c_k = \frac{1}{T}\int_{-\frac{T}{2}}^{\frac{T}{2}} x_T(\tau) e^{-jk\Omega_0 \tau} d\tau$$

である．ただしフーリエ級数の変数 t と区別するために，フーリエ係数の積分変数を τ とした．フーリエ係数 c_k をフーリエ級数に代入すると，

$$x_T(t) = \frac{1}{T}\sum_{k=-\infty}^{\infty}\left(\int_{-\frac{T}{2}}^{\frac{T}{2}} x_T(\tau) e^{-jk\Omega_0 \tau} d\tau\right) e^{jk\Omega_0 t} \tag{5.1}$$

となる．ここで，$T \to \infty$ の極限をとるために，まず，

$$\Delta\omega = \Omega_0 = \frac{2\pi}{T}, \qquad \omega_k = k\Omega_0 = \frac{2\pi k}{T} = k\,\Delta\omega$$

とおくと (5.1) は，

$$x_T(t) = \frac{1}{2\pi}\sum_{k=-\infty}^{\infty} \Delta\omega \int_{-\frac{T}{2}}^{\frac{T}{2}} x_T(\tau) e^{j\omega_k(t-\tau)} d\tau$$

となる．ここで $T \to \infty$ とすると $\Delta\omega \to 0$ となり，和が積分になり，$x_T(t)$ の極限を $x(t)$ とすると，

$$x(t) = \frac{1}{2\pi}\int_{-\infty}^{\infty} d\omega \int_{-\infty}^{\infty} x(\tau) e^{j\omega(t-\tau)} d\tau \tag{5.2}$$

が得られる．式 (5.2) の2重積分のうち，τ に関する積分は ω の関数となるのでそれを $X(\omega)$ とおこう．すると，

$$x(t) = \frac{1}{2\pi}\int_{-\infty}^{\infty} \overbrace{\left(\int_{-\infty}^{\infty} x(\tau) e^{-j\omega\tau} d\tau\right)}^{X(\omega)} e^{j\omega t} d\omega = \frac{1}{2\pi}\int_{-\infty}^{\infty} X(\omega) e^{j\omega t} d\omega$$

となる．すなわち，

$$\begin{cases} x(t) = \dfrac{1}{2\pi}\int_{-\infty}^{\infty} X(\omega) e^{j\omega t} d\omega, & (5.3) \\[2mm] X(\omega) = \int_{-\infty}^{\infty} x(\tau) e^{-j\omega\tau} d\tau & (5.4) \end{cases}$$

が得られる．この (5.3) と (5.4) を，$T \to \infty$ の極限をとる前の $x_T(t)$ のフーリエ級数とフーリエ係数の式

$$
\begin{cases}
x_T(t) = \displaystyle\sum_{k=-\infty}^{\infty} c_k e^{jk\Omega_0 t}, \\
c_k = \dfrac{1}{T} \displaystyle\int_{-\frac{T}{2}}^{\frac{T}{2}} x_T(\tau) e^{-jk\Omega_0 \tau} d\tau
\end{cases}
$$

とくらべると，(5.3) がフーリエ級数に，(5.4) がフーリエ係数に対応していることがわかる．

　以上の議論をもとに非周期信号 $x(t)$ のフーリエ変換を定義しよう．連続時間信号 $x(t)$ は以下を満たすとする．

$$
\int_{-\infty}^{\infty} \big| x(t) \big| dt < \infty. \tag{5.5}
$$

このとき，任意の ω で存在する以下の $X(\omega)$ を $x(t)$ の**フーリエ変換**（Fourier transform）とよぶ．

$$
X(\omega) = \int_{-\infty}^{\infty} x(t) e^{-j\omega t} dt. \tag{5.6}
$$

信号 $x(t)$ のフーリエ変換 $X(\omega)$ に対し，さきの導出から以下の**フーリエ変換の反転公式**（inversion formulas for Fourier transform）とよばれる公式が成り立つことがわかる．

$$
x(t) = \frac{1}{2\pi} \int_{-\infty}^{\infty} X(\omega) e^{j\omega t} d\omega. \tag{5.7}
$$

この式は，$X(\omega)$ の $x(t)$ への変換とも解釈でき，**逆フーリエ変換**（inverse Fourier transform）あるいは**フーリエ逆変換**といわれる．もとの信号 $x(t)$ が実数値をとるときでも，一般に，そのフーリエ変換 $X(\omega)$ は ω の関数として複素数値をとることに注意してほしい．

補足．
　信号 $x(t)$ のフーリエ変換を，(5.6) 式のかわりに

$$
X(\omega) = \frac{1}{\sqrt{2\pi}} \int_{-\infty}^{\infty} x(t) e^{-j\omega t} dt \tag{5.6'}
$$

で定義することもある．その場合には，逆フーリエ変換は

$$
x(t) = \frac{1}{\sqrt{2\pi}} \int_{-\infty}^{\infty} X(\omega) e^{j\omega t} d\omega \tag{5.7'}
$$

となり，フーリエ変換とその逆変換の対称性が強調される．数学関連の書物では，フーリエ変換の定義として (5.6') を採用することが多いようであるが，工学などでは (5.6) をその定義とするので本書でも (5.6) をフーリエ変換の定義とする．なお，(5.6') をフーリエ変換の定義としたとき (5.7') が逆フーリエ変換となることは，(5.6) において $\hat{X}(\omega) = \dfrac{1}{\sqrt{2\pi}} X(\omega)$ とおいたものが (5.6') の $X(\omega)$ にあたることからわかる．また，(5.6) のかわりに指数の肩の符号をかえた

$$
X(\omega) = \int_{-\infty}^{\infty} x(t) e^{j\omega t} dt \tag{5,6''}
$$

で $x(t)$ のフーリエ変換を定義すると，その逆フーリエ変換として (5.7) の指数の肩の符号をかえた

$$
x(t) = \frac{1}{2\pi} \int_{-\infty}^{\infty} X(\omega) e^{-j\omega t} d\omega \tag{5.7''}
$$

が定まる．この形のフーリエ変換は 2 次元のフーリエ変換を考えるときに重要となる．

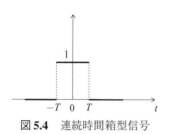

図 5.4　連続時間箱型信号

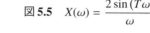

図 5.5　$X(\omega) = \dfrac{2\sin(T\omega)}{\omega}$

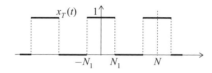

図 5.6　周期 N の方形波

例題 5.1.

箱型関数（箱型信号）
$$b(t) = \begin{cases} 1, & |t| \leq T, \\ 0, & |t| > T \end{cases}$$

（図 5.4）のフーリエ変換を求めよ．

［解答例］

フーリエ変換の定義により
$$X(\omega) = \int_{-\infty}^{\infty} b(t) e^{-j\omega t} dt = \int_{-T}^{T} e^{-j\omega t} dt = \frac{2\sin(T\omega)}{\omega}.$$

これを ω の関数として図示したものが図 5.5 である．関数 $f(x) = \dfrac{\sin x}{x}$ は **sinc 関数**あるいは**ディリクレ関数**（Dirichlet function）とよばれ，信号処理において重要な役割りをはたす．

第 4 章で説明したように，図 5.6 に示された周期 N の周期方形波のフーリエ係数を周波数 ω_k ごとに表示する周波数成分表示では，周期 N の大きさによって ω_k と ω_{k+1} の間隔がことなる．図 5.7 に $N = 10$ のときと $N = 20$ のときの周波数成分表示を示した．このように周期が大きくなると，フーリエ係数をもつ周波数軸上の点が増える．フーリエ変換は，周期信号の周期を無限大にとばした極限なので，周波数成分は，すべての実数軸（周波数軸）上の点で存在することになる．箱型信号（図 5.4）は，方形波（図 5.6）の周期を無限大にしたもので，周波数成分表示が連続関数の sinc 関数（図 5.5）となる．

逆フーリエ変換 $x(t) = \dfrac{1}{2\pi} \displaystyle\int_{-\infty}^{\infty} X(\omega) e^{j\omega t} d\omega$ の式の積分を「和」と解釈すると，この式は，信号 $x(t)$ が，角周波数 ω の正弦波 $e^{j\omega t}$ の重みつき和であり，$e^{j\omega t}$ に対する重みが $X(\omega)$ であることを意味している（図 5.8）．すなわち，$x(t)$ のフーリエ変換 $X(\omega)$ は $x(t)$ の（角）周波数 ω の成分を表現している．

式（5.5）は，信号 $x(t)$ のフーリエ変換が存在するための十分条件である．この十分性を示すのは

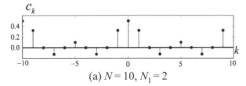
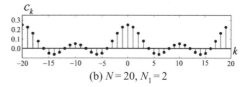

(a) $N = 10, N_1 = 2$　　(b) $N = 20, N_1 = 2$

図 5.7　周期 N の方形波の周波数成分表示．(a) $N = 10$ のとき，(b) $N = 20$ のとき

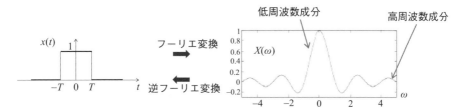

図 5.8　フーリエ変換と逆フーリエ変換．逆フーリエ変換の式は，もとの信号 $x(t)$ が角周波数 ω の正弦波 $e^{j\omega}$ の重み $X(\omega)$ つき和であることを意味する．ただしここでは $X(\omega)$ は実数値をとるとした

簡単である．すなわち，任意の実数 ω に対し $X(\omega)$ が定まればよく，そのためには $|X(\omega)| < \infty$ を示せばよい．これは，式 (5.5) と $|e^{-j\omega t}| = 1$ を考慮して，式 (5.6) から

$$|X(\omega)| = \left| \int_{-\infty}^{\infty} x(t)e^{-j\omega t} dt \right| \leq \int_{-\infty}^{\infty} |x(t)e^{-j\omega t}| dt \leq \int_{-\infty}^{\infty} |x(t)| dt < \infty$$

として示すことができる．直観的にいえば，フーリエ変換が存在する信号 $x(t)$ というのは，図5.4 の箱型信号などのように，ある有界な時間領域だけで 0 以外の値をとる信号や，図5.10や図5.11 に示される信号のように，$|t| \to \infty$ において「急速」に 0 に近づく信号である．正弦波信号 $x(t) = \sin(\omega t)$ は，$m \to \infty$ で $\int_{-m}^{m} |\sin(\omega t)| dt \to \infty$ となるのでフーリエ変換は存在しない．

また，さきの議論では無視したが，逆フーリエ変換の導出では，積分の順序の変換の保証や，積分範囲を $-\infty$ から ∞ とするための極限の存在が必要となる．厳密にいうと，フーリエ変換の反転公式が成り立つためには，フーリエ変換が存在するための条件 (5.5) のほかに $x(t)$ に対してある補足条件が成り立っていることが必要である．ところが，信号処理でよく出てくるディリクレ関数 $\dfrac{\sin x}{x}$ は (5.5) を満たさない．しかし，$\dfrac{\sin x}{x}$ のような 2 乗可積分[1]とよばれる関数に対しても，適切な距離を導入し，区間が有限な積分の極限を考えることによりフーリエ変換を定義できることが知られている．さらに，それらの関数とフーリエ変換には 1:1 の対応がある．

以上に述べた連続時間フーリエ変換の特徴についてまとめよう．

(a) 連続時間フーリエ変換 $X(\omega)$ は ω 軸上の連続した点で値をもち，一般にその値は複素数である．

(b) 信号 $x(t)$ と，そのフーリエ変換 $X(\omega)$ には 1 対 1 の関係がある．

---

[1] $\int_{-\infty}^{\infty} |f(x)|^2 dx < \infty$ のとき $f(x)$ は 2 乗可積分とよばれる．

(c) 周期信号のフーリエ級数と対応させると，フーリエ係数 $c_k = \frac{1}{T}\int_{-\frac{T}{2}}^{\frac{T}{2}} x(t)e^{-jk\Omega_0 t}dt$ に対応するのがフーリエ変換 $X(\omega) = \int_{-\infty}^{\infty} x(t)e^{-j\omega t}dt$ であり，フーリエ級数 $x(t) = \sum_{k=-\infty}^{\infty} c_k e^{jk\Omega_0 t}$ に対応するのが逆フーリエ変換 $x(t) = \frac{1}{2\pi}\int_{-\infty}^{\infty} X(\omega)e^{j\omega t}d\omega$ である．

例題 5.2.
フーリエ変換が
$$X(\omega) = \frac{2\sin(T\omega)}{\omega}$$
（図 5.5）である信号を求めよ．

[解答例]

例題 5.1 の結果と，フーリエ変換と逆変換の 1 対 1 対応より，以下の信号のフーリエ変換が $X(\omega)$ であることがわかる．
$$b(t) = \begin{cases} 1, & |t| \leq T, \\ 0, & |t| > T. \end{cases}$$

この $b(t)$ が求める信号である（図 5.4）．

例題 5.3.
フーリエ変換が
$$X(\omega) = \begin{cases} 1, & |\omega| \leq W, \\ 0, & |\omega| > W \end{cases}$$
（図 5.9）である信号 $x(t)$ を求めよ．

[解答例]

$X(\omega)$ の逆フーリエ変換を求めると，
$$x(t) = \frac{1}{2\pi}\int_{-\infty}^{\infty} X(\omega) \cdot e^{j\omega t}d\omega = \frac{1}{2\pi}\int_{-W}^{W} 1 \cdot e^{j\omega t}d\omega = \frac{\sin(Wt)}{\pi t}.$$

求める信号を sinc 関数で表現すると
$$\frac{W}{\pi} \cdot \frac{\sin(Wt)}{Wt} = \frac{W}{\pi}\text{sinc}(Wt)$$

となる（図 5.10）．

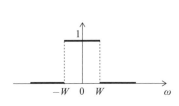

図 5.9 箱型関数であたえられる周波数表示

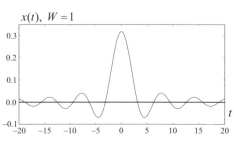

図 5.10 信号 $\frac{\sin(Wt)}{\pi t} = \frac{W}{\pi}\text{sinc}(Wt)$

例題 5.4.

信号
$$x(t) = \frac{\sin(Wt)}{\pi t}$$

（図 5.10）のフーリエ変換を求めよ．

［解答例］

例題 5.3 の結果と，フーリエ変換と逆変換の 1 対 1 対応より，以下の $X(\omega)$ の逆フーリエ変換が信号となる．

$$X(\omega) = \begin{cases} 1, & |\omega| \leq W, \\ 0, & |\omega| > W. \end{cases}$$

この $X(\omega)$ が求めるものである（図 5.9）．

例題 5.1 や例題 5.4 のフーリエ変換 $X(\omega)$ は実数値をとる ω の関数である．しかし一般には，実数値をとる信号 $x(t)$ のフーリエ変換 $X(\omega)$ は ω の関数として複素数値をとる．そこで $X(\omega)$ を極座標表現して

$$X(\omega) = |X(\omega)| e^{\angle X(\omega)}$$

とかいてみよう．このとき，$|X(\omega)|$ と $\angle X(\omega)$ は ω の実数値関数で，$|X(\omega)|$ を**振幅スペクトル**といい，$\angle X(\omega)$ を**位相スペクトル**という．また，$X(\omega)$ を信号 $x(t)$ の**スペクトル**ともいい，$|X(\omega)|^2$ を**パワースペクトル**という．なお，$X(0)$ を信号 $x(t)$ の**直流成分**という．

演習 5.1.

(1) 片側指数関数
$$x(t) = \begin{cases} 0, & t < 0, \\ e^{-\lambda t}, & t \geq 0, \ \lambda > 0 \end{cases}$$

（図 5.11）のフーリエ変換を求めよ．

(2) λ を $\lambda > 0$ なる定数とする．このとき，「両側」指数関数 $x(t) = e^{-\lambda |t|}$ を図示し，この関数のフーリエ変換を求めよ．

(3) λ を $\lambda > 0$ なる定数とする．このとき，積分 $\int_{-\infty}^{\infty} e^{-\lambda(t+\alpha)^2} dt = \frac{\sqrt{\pi}}{\sqrt{\lambda}}$，ただし，$\alpha$ は定数，を用いて関数 $x(t) = e^{-\lambda t^2}$ のフーリエ変換を求めよ．

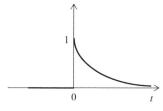

図 5.11 片側指数関数

74 第5章 フーリエ変換

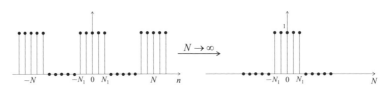

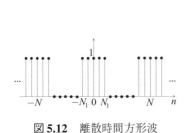

図 5.12　離散時間方形波

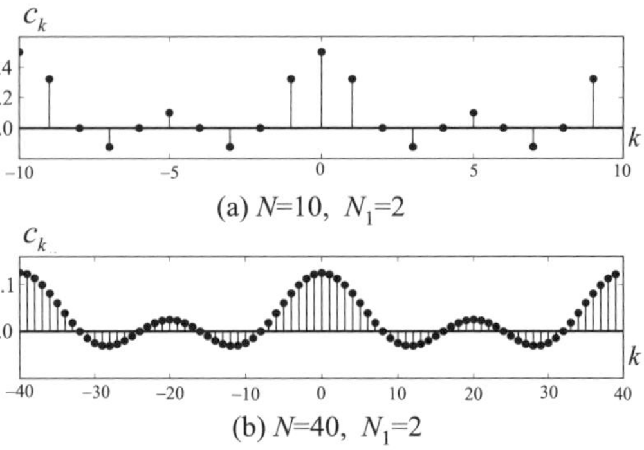

図 5.13　図 5.12 の方形波（$N_1 = 2$）に対する (a) 周期 $N = 10$ のときのフーリエ係数と，(b) $N = 40$ のときのフーリエ係数

図 5.14　離散時間方形波の周期を無限大とした極限としての離散時間箱型信号

5.2 離散時間フーリエ変換

第4章で述べたように，周期 N の離散時間周期信号 $x[n]$ は，次式のように表現でき，これを離散時間フーリエ級数といった．

$$x[n] = \sum_{k=0}^{N-1} c_k e^{jk(2\pi/N)n}, \quad c_k = \frac{1}{N}\sum_{n=0}^{N-1} x[n] e^{-jk(2\pi/N)n}.$$

どちらの和の上限も有限であることに注目してほしい．とくに，離散フーリエ係数は，c_0, c_1, $\cdots$, c_{N-1} の合計 N 個である．すなわち，離散時間かつ周期的であれば，信号は有限項のみでフーリエ級数展開される．また，$\omega_0 = 2\pi/N$ が「基本角周波数」であり，フーリエ係数 c_k は周波数 $\omega_k = k \cdot \omega_0$ の成分の意味合いがあって，N が大きくなるほど，ω_k と ω_{k+1} との間がつまる．これも第4章でみた例にあるが，周期 N，基本角周波数 $\omega_0 = 2\pi/N$ の離散時間方形波（図 5.12）に対して，$N = 10$ と $N = 40$ のときの周波数成分，すなわちフーリエ係数を示したのが図 5.13(a) と (b) である．周波数軸の $\omega_k = k\omega_0$, $k = \cdots, -2, -1, 0, 1, 2, \cdots$, の飛びとびのところだけ周波数成分 c_k があり，周期 N が大きいほど ω_k と ω_{k+1} の間がせまくなる．

離散時間の非周期信号のフーリエ変換も，連続時間のときと同様に，周期信号の周期 N を無限にもっていったときの極限として導かれる．たとえば，図 5.14 の矢印の右側の箱型信号は，矢印左側の方形波の周期 N を無限大にした極限と考える．

周期が無限大の極限として離散時間フーリエ変換の式の導入を章末の付録 5.A にあたえた．ここでは天下り的に離散時間フーリエ変換とその逆変換の定義をあたえよう．離散時間信号 $x[n]$ が絶

対値総和可能，すなわち，

$$\sum_{n=-\infty}^{\infty} \left| x[n] \right| < \infty \tag{5.8}$$

であるとき，$x[n]$ の**離散時間フーリエ変換**は次式で定義される．

$$X(\omega) = \sum_{n=-\infty}^{\infty} x[n]e^{-j\omega n}. \tag{5.9}$$

連続時間のときとおなじように，信号 $x[n]$ の離散時間フーリエ変換 $X(\omega)$ は，一般に ω の関数として複素数を値としてとる．$X(\omega)$ を $x[n]$ の**スペクトル**といい，$\left| X(\omega) \right|$ を**振幅スペクトル**，$\angle X(\omega)$ を**位相スペクトル**，$\left| X(\omega) \right|^2$ を**パワースペクトル**という．また，$X(0)$ を信号 $x[n]$ の**直流成分**という．

離散時間逆フーリエ変換あるいは**離散時間フーリエ逆変換**は次式であたえられる．

$$x[n] = \frac{1}{2\pi} \int_{-\pi}^{\pi} X(\omega)e^{j\omega n}d\omega. \tag{5.10}$$

連続時間のときとはことなり，積分の範囲が $-\pi$ から π までになっていることに注意が必要である．離散時間フーリエ変換が存在するための（5.8）の十分性や，逆変換の正当性についてはあとで述べることとし，ここでは例をみていこう．

例題 5.5.

箱型信号（**方形パルス信号**とも**矩形パルス信号**ともいう）

$$x[n] = \begin{cases} 1, & |n| \le N_1, \\ 0, & |n| > N_1 \end{cases}$$

（図 5.14 矢印の右側）の離散時間フーリエ変換 $X(\omega)$ を求めよ．ただし，N_1 は正の整数である．

［解答例］

離散時間フーリエ変換の定義式から直接計算すると，第 4 章例題 4.3 と同様な計算の結果，

$$X(\omega) = \sum_{n=-N_1}^{N_1} e^{-j\omega n} = \frac{\sin\left(\left(N_1 + \frac{1}{2}\right)\omega\right)}{\sin\left(\frac{\omega}{2}\right)}$$

となる．これを $N_1 = 2$ のとき，図示したものが図 5.15 である．

連続時間の場合と同様に，逆フーリエ変換 $x[n] = \dfrac{1}{2\pi} \displaystyle\int_{-\pi}^{\pi} X(\omega)e^{j\omega n}d\omega$ の右辺の積分を「和」と解釈すると，この式は，信号 $x[n]$ が，角周波数 ω の正弦波 $e^{j\omega n}$ の重みつき和であり，$e^{j\omega n}$ の重みが $X(\omega)$ であたえられることを意味している（図 5.16）．絶対値が比較的大きい角周波数に対する $X(\omega)$ を信号の**高周波成分**といい，絶対値が小さい ω に対する $X(\omega)$ を信号の**低周波成分**という．

また，離散時間フーリエ変換に特徴的なこととして，以下があげられる．

（a）変換対象である信号は離散時間であるが，その離散時間フーリエ変換 $X(\omega)$ は ω の連続した点で値をとる．

76　第5章　フーリエ変換

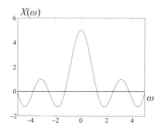

図 5.15　$X(\omega) = \dfrac{\sin\left(\left(N_1 + \dfrac{1}{2}\right)\omega\right)}{\sin\left(\dfrac{\omega}{2}\right)}$ の $N_1 = 2$ のときのグラフ表示

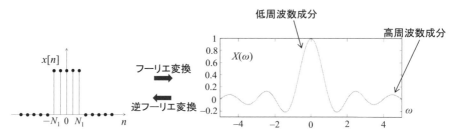

図 5.16　離散時間非周期信号のフーリエ変換と逆フーリエ変換

(b) $X(\omega)$ は，ω に関して周期 2π で周期的である．すなわち，$X(\omega) = X(\omega + 2\pi)$ が成り立つ．その証明は，
$$X(\omega) = \sum_{n=-\infty}^{\infty} x[n]e^{-j\omega n} = \sum_{n=-\infty}^{\infty} x[n]e^{-j(\omega+2\pi)n} = X(\omega + 2\pi).$$

(c) $|X(\omega)|$ は $\omega = \pi$ に対して対称である．すなわち $|X(\omega)| = |X(2\pi - \omega)|$．また，$\angle X(\omega)$ は $\omega = \pi$ に対して反対称，すなわち $\angle X(\omega) = -\angle X(2\pi - \omega)$ となる．これらの証明はあとで示すように，上の (b) と第 5.3 節性質 2' から得られる．

(d) 上記 (b) と (c) とにより，$X(\omega)$ が独立して値をとる領域は $0 \leq \omega < \pi$ であることがわかる．

例題 5.6.

図 5.17 に示す離散時間片側減衰指数信号

$$x[n] = a^n u_S[n], \quad 0 < a < 1$$

の離散時間フーリエ変換 $X(\omega)$ を求め，その振幅スペクトルと位相スペクトルを図示せよ．また，振幅スペクトルの最大値と最小値，位相スペクトルの最大値と最小値を計算せよ．

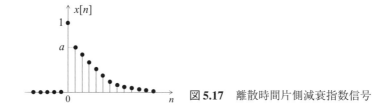

図 5.17　離散時間片側減衰指数信号

[解答例]

スペクトル $X(\omega)$ はつぎのように計算できる.

$$X(\omega) = \sum_{n=-\infty}^{\infty} a^n u_S[n] e^{-j\omega n} = \sum_{n=0}^{\infty} (ae^{-j\omega})^n = \frac{1}{1 - ae^{-j\omega}} = \frac{1}{1 - a(\cos\omega - j\sin\omega)}$$

$$= \frac{1}{(1 - a\cos\omega) + ja\sin\omega} = \frac{(1 - a\cos\omega) - ja\sin\omega}{\{(1 - a\cos\omega) + ja\sin\omega\}\{(1 - a\cos\omega) - ja\sin\omega\}}$$

$$= \frac{(1 - a\cos\omega) - ja\sin\omega}{1 - 2a\cos\omega + a^2\cos^2\omega + a^2\sin^2\omega} = \frac{(1 - a\cos\omega) - ja\sin\omega}{1 - 2a\cos\omega + a^2}$$

よって,

$$\left| X(\omega) \right| = \sqrt{\frac{(1 - a\cos\omega)^2}{(1 - 2a\cos\omega + a^2)^2} + \frac{a^2\sin^2\omega}{(1 - 2a\cos\omega + a^2)^2}} = \frac{1}{\sqrt{1 - 2a\cos\omega + a^2}},$$

$$\tan^{-1}\left(\frac{\dfrac{-a\sin\omega}{1 - 2a\cos\omega + a^2}}{\dfrac{1 - a\cos\omega}{1 - 2a\cos\omega + a^2}}\right) = \tan^{-1}\left(\frac{-a\sin\omega}{1 - a\cos\omega}\right), \quad \therefore \angle X(\omega) = \tan^{-1}\left(-\frac{a\sin\omega}{1 - a\cos\omega}\right).$$

この結果から以下がわかる.

(a) $\left| X(\omega) \right|$, $\angle X(\omega)$ ともに周期 2π の周期関数である.

(b) $0 < \omega < \pi$ では,振幅スペクトルは単調減少である.

(c) 振幅スペクトルは偶関数:$\left| X(\omega) \right| = \left| X(-\omega) \right|$ である.

(d) 位相スペクトルは奇関数:$\angle X(\omega) = -\angle X(-\omega)$ である.

またこれらの最大値と最小値を求めるために微分すると,

$$\frac{d}{d\omega}\left| X(\omega) \right| = \frac{d}{d\omega}\left(\frac{1}{\sqrt{1 - 2a\cos\omega + a^2}}\right) = -\frac{a\sin\omega}{(1 - 2a\cos\omega + a^2)^{\frac{3}{2}}}.$$

よって $\dfrac{d}{d\omega}\left| X(\omega) \right| = 0 \Leftrightarrow \omega = n\pi$, n は整数,である.また $\dfrac{d}{d\omega}\left| X(\omega) \right| < 0$, $0 < \omega < \pi$ である.

また,$\dfrac{d}{dx}\tan^{-1} x = \dfrac{1}{1 + x^2}$ を使うと,

$$\frac{d}{d\omega}\angle X(\omega) = \frac{d}{d\omega}\tan^{-1}\left(-\frac{a\sin\omega}{1 - a\cos\omega}\right) = \frac{1}{1 + \left(-\dfrac{a\sin\omega}{1 - a\cos\omega}\right)^2} \times \frac{d}{d\omega}\left(-\frac{a\sin\omega}{1 - a\cos\omega}\right)$$

$$= \frac{(1 - a\cos\omega)^2}{1 + a^2\sin^2\omega} \times \left(-\frac{a\cos\omega(1 - a\cos\omega) - a\sin\omega\, a\sin\omega}{(1 - a\cos\omega)^2}\right)$$

$$= \frac{a(-\cos\omega + a\cos^2\omega + a\sin^2\omega)}{1 + a^2\sin^2\omega} = \frac{a(-\cos\omega + a)}{1 + a^2\sin^2\omega}.$$

よって $\dfrac{d}{d\omega}\angle X(\omega) = 0$ を満たす ω は,$\cos\omega = a$, $\sin\omega = \pm\sqrt{1 - \cos^2\omega} = \pm\sqrt{1 - a^2}$ となる.

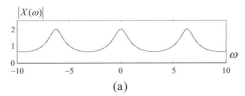 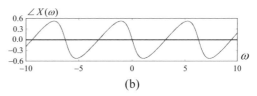

図 5.18 例題 5.6 の指数信号の (a) 振幅スペクトルと (b) 位相スペクトル

以上より，$|X(\omega)|$ は，周期 2π，$0 < \omega < \pi$ で単調減少，0，π で極値をとるから振幅スペクトルの最大値と最小値はそれぞれ，

$$\max|X(\omega)| = |X(0)| = \frac{1}{1-a}, \quad \min|X(\omega)| = |X(\pi)| = \frac{1}{1+a}.$$

また，$\angle X(\omega)$ は，$\cos\omega = a$ で極値をとるから位相スペクトルの最大値と最小値はそれぞれ，

$$\max \angle X(\omega) = \tan^{-1}\frac{a}{\sqrt{1-a^2}}, \quad \min \angle X(\omega) = -\tan^{-1}\frac{a}{\sqrt{1-a^2}}.$$

$a = 0.5$ のときの振幅スペクトル $|X(\omega)|$ と位相スペクトル $\angle X(\omega)$ を図 5.18 に示す.

ここで，$x[n]$ の離散時間フーリエ変換が存在するための条件（5.8）の十分性を示そう.
式（5.9）の右辺の絶対値を考えると，

$$\left|\sum_{n=-\infty}^{\infty} x[n]e^{-j\omega n}\right| \leq \sum_{n=-\infty}^{\infty} |x[n]| \cdot |e^{-j\omega n}| = \sum_{n=-\infty}^{\infty} |x[n]|$$

となり $\sum_{n=-\infty}^{\infty} x[n]e^{-j\omega n}$ の絶対収束が証明される.

つぎに，離散時間フーリエ変換に対して，この逆変換が成り立つこと，すなわち逆フーリエ変換の正当性を証明しよう.

フーリエ変換の式（5.9）を逆フーリエ変換の式（5.10）の右辺に代入すると，

$$\frac{1}{2\pi}\int_{-\pi}^{\pi} X(\omega)e^{j\omega n}d\omega = \frac{1}{2\pi}\int_{-\pi}^{\pi}\left(\sum_{k=-\infty}^{\infty} x[k]e^{-j\omega k}\right)e^{j\omega n}d\omega = \frac{1}{2\pi}\sum_{k=-\infty}^{\infty} x[k]\int_{-\pi}^{\pi} e^{j(n-k)\omega}d\omega = x[n]$$

となり，もとの信号 $x[n]$ が導かれ逆変換の正当性が示された．ただし，

$$\int_{-\pi}^{\pi} e^{j(n-k)\omega}d\omega = \begin{cases} 0, & k \neq n, \\ 2\pi, & k = n \end{cases}$$

を用いた．証明終わり.

演習 5.2.

図 5.19 に示す振動的な離散時間減衰指数信号 $x[n] = a^n u_S[n]$，$-1 < a < 0$，の離散時間フーリエ変換 $X(\omega)$ を求め，その振幅スペクトルと位相スペクトルを図示せよ．また，振幅スペクトルの最大値と最小値，位相スペクトルの最大値と最小値を計算せよ．

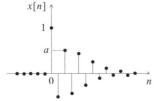
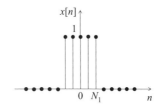

図 5.19 演習 5.2 の離散時間減衰指数信号　　図 5.20 演習 5.3 の離散時間方形パルス信号

演習 5.3.

例題 5.5 の離散時間フーリエ変換を計算せよ．すなわち，N_1 を正の整数としたとき，図 5.20 に示す離散時間方形パルス信号

$$x[n] = \begin{cases} 1, & |n| \leq N_1, \\ 0, & |n| > N_1 \end{cases}$$

の離散時間フーリエ変換 $X(\omega)$ を求め，振幅スペクトルの最大値と最小値と位相スペクトルの最大値と最小値を計算せよ．

演習 5.4.

離散時間信号 $x[n] = 5 \cdot 2^n u_S[-n]$ を離散時間フーリエ変換せよ．

演習 5.5.

$X(\omega) = 2\cos(\omega)$ を離散時間逆フーリエ変換せよ．

5.3 フーリエ変換の性質

フーリエ変換には多くの重要な性質がある．ここでそれらのうちのいくつかをあげよう．

離散時間フーリエ変換と逆フーリエ変換の対をつぎのような記法で表わす．

$$X(\omega) = \mathcal{F}\{x[n]\}, \quad x[n] = \mathcal{F}^{-1}\{X(\omega)\}.$$

あるいは，

$$x[n] \stackrel{\mathcal{F}}{\longleftrightarrow} X(\omega).$$

同様にして，連続時間フーリエ変換と逆フーリエ変換の対をつぎのような記法で表わす．

$$X(\omega) = \mathcal{F}\{x(t)\}, \quad x(t) = \mathcal{F}^{-1}\{X(\omega)\}$$

あるいは，

$$x(t) \stackrel{\mathcal{F}}{\longleftrightarrow} X(\omega).$$

性質 1. （線形性） a, b を実定数とすると次式が成り立つ．

$$\mathcal{F}\{ax(t) + by(t)\} = a\mathcal{F}\{x(t)\} + b\mathcal{F}\{y(t)\} \quad \text{（連続時間）}$$

$$\mathcal{F}\{ax[n] + by[n]\} = a\mathcal{F}\{x[n]\} + b\mathcal{F}\{y[n]\} \quad \text{（離散時間）}$$

80　第5章　フーリエ変換

［証明］　まず $\mathcal{F}\{ax(t) + by(t)\} = a\mathcal{F}\{x(t)\} + b\mathcal{F}\{y(t)\}$ を示す.

$$X(\omega) = \int_{-\infty}^{\infty}\big(ax(t) + by(t)\big)e^{-j\omega t}dt = \int_{-\infty}^{\infty} ax(t)e^{-j\omega t}dt + \int_{-\infty}^{\infty} by(t)e^{-j\omega t}dt$$

$$= a\mathcal{F}\{x(t)\} + b\mathcal{F}\{y(t)\}.$$

同様に $\mathcal{F}\{ax[n] + by[n]\} = a\mathcal{F}\{x[n]\} + b\mathcal{F}\{y[n]\}$ は,

$$X(\omega) = \sum_{n=-\infty}^{\infty}\big(ax[n] + by[n]\big)e^{-j\omega n}$$

$$= a\sum_{n=-\infty}^{\infty} x[n]e^{-j\omega n} + b\sum_{n=-\infty}^{\infty} y[n]e^{-j\omega n} = a\mathcal{F}\{x[n]\} + b\mathcal{F}\{y[n]\}.$$

性質 2.（対称性）　$x[n]$ が実数値信号のとき,

$$X(\omega) = \overline{X(-\omega)}$$

が成り立つ. ここで, $\overline{X(\omega)}$ は $X(\omega)$ の共役複素数を表わす. 連続時間でも同様の式が成り立つ.

［証明］　$x[n]$ は実数値をとるから $x[n] = \overline{x[n]}$. また $\overline{e^{j\omega n}} = e^{-j\omega n}$ であるから

$$\overline{X(-\omega)} = \overline{\sum_{n=-\infty}^{\infty} x[n]e^{-j(-\omega)n}} = \sum_{n=-\infty}^{\infty} \overline{x[n]}e^{j(-\omega)n} = \sum_{n=-\infty}^{\infty} x[n]e^{-j\omega n} = X(\omega).$$

この性質2のスペクトルの対称性よりつぎの性質が導かれる.

性質 2'.（振幅スペクトルの対称性と位相スペクトルの反対称性）

$$\big|X(\omega)\big| = \big|X(-\omega)\big|, \qquad \angle X(\omega) = -\angle X(-\omega).$$

［証明］　$\overline{X(-\omega)}$ を極座標表現すると,

$$\overline{X(-\omega)} = \big|X(-\omega)\big|\overline{e^{j\angle X(\omega)}} = \big|X(-\omega)\big|e^{-j\angle X(-\omega)}.$$

一方, $X(\omega) = \big|X(\omega)\big|e^{j\angle X(\omega)}$ であるから, 性質2（対称性）より

$$\big|X(\omega)\big| = \big|X(-\omega)\big|\ \text{であり},\ \text{かつ}\ \angle X(\omega) = -\angle X(-\omega).\ \text{証明終わり}.$$

　第5.2節で示したように $x[n]$ の離散時間フーリエ変換 $X(\omega)$ は周期 2π の ω の関数である. これと, 性質2' の振幅スペクトルの対称性 $\big|X(\omega)\big| = \big|X(-\omega)\big|$ とをあわせて考えると,

$$\big|X(\omega)\big| = \big|X(-\omega)\big| = \big|X(2\pi - \omega)\big|$$

となる. すなわち, 離散時間フーリエ変換 $X(\omega)$ の振幅スペクトル $\big|X(\omega)\big|$ は $\omega = \pi$ に対して対称となる. また, $\angle X(\omega) = -\angle X(-\omega)$ から

$$\angle X(\omega) = -\angle X(-\omega) = -\angle X(2\pi - \omega)$$

が導かれ, $\omega = \pi$ に対して $\angle X(\omega)$ は反対称となる.

例題 **5.7.**

性質 2（対称性）を用いてつぎのことを示せ．ただし，$f(x) = f(-x)$ である関数 $f(x)$ を偶関数とよび，$f(x) = -f(-x)$ である $f(x)$ を奇関数とよぶ．

(1) スペクトル $X(\omega)$ の実部は偶関数であり，虚部は奇関数である．

(2) 振幅スペクトルは偶関数であり，位相スペクトルは奇関数である．

［解答例］

(1) スペクトル $X(\omega)$ を次式のように直交座標表現する．$X(\omega) = a(\omega) + jb(\omega)$．ここで，$a(\omega)$ は実部，$b(\omega)$ は虚部である．性質 2（対称性）を利用すると，

$$\overline{X(-\omega)} = a(-\omega) - jb(-\omega) = X(\omega) = a(\omega) + jb(\omega)$$

となるので，

$$a(\omega) = a(-\omega), \quad b(\omega) = -b(-\omega)$$

となり，これより実部は偶関数であり，虚部は奇関数である．

(2) この問いの答えはすでに性質 2'（振幅スペクトルの対称性と位相スペクトルの反対称性）であたえられているが，ここでは直接計算で示す．

$$\left| X(\omega) \right| = \sqrt{a^2(\omega) + b^2(\omega)} = \sqrt{a^2(-\omega) + b^2(-\omega)} = \left| X(-\omega) \right|$$

より，振幅スペクトルは偶関数である．つぎに，

$$\angle X(\omega) = \tan^{-1} \frac{b(\omega)}{a(\omega)} = \tan^{-1} \frac{-b(-\omega)}{a(-\omega)} = -\tan^{-1} \frac{b(-\omega)}{a(-\omega)} = -\angle X(-\omega)$$

より，位相スペクトルは奇関数である．

性質 3.（**時間シフト**：連続時間でも同様）

$$\mathcal{F}\{x[n - n_0]\} = e^{-j\omega n_0} \mathcal{F}\{x[n]\}.$$

ただし，n_0 は，離散時間の場合は整数で，連続時間の場合は実数であり，**時間遅延**（time delay）とよばれる．証明は，フーリエ変換の定義から明らかである．上式は，時間遅延により時間シフトした場合，振幅スペクトルは変化しないが，位相スペクトルは ω に関して直線的に遅れることを意味している．直線位相については第 9 章で詳しく述べる．

演習 5.6.

$\delta[n - n_0]$ を離散時間フーリエ変換せよ．（ヒント：性質 3（時間シフト）を用いる）

性質 4.（**周波数シフト**：連続時間でも同様）

$$\mathcal{F}\{e^{j\omega_0 n} x[n]\} = X(\omega - \omega_0).$$

［証明］（連続時間の場合．離散時間の場合は，積分を和にかえ，時間を表わす変数 t を n にかえる．）

$$\int_{-\infty}^{\infty} x(t) e^{j\omega_0 t} e^{-j\omega t} dt = \int_{-\infty}^{\infty} x(t) e^{-jt(\omega - \omega_0)} dt = X(\omega - \omega_0).$$

82   第5章 フーリエ変換

性質5.（差分）$x[n]$ の1階部分のフーリエ変換は次式であたえられる．（離散時間のみ）

$$\mathcal{F}\{x[n] - x[n-1]\} = \left(1 - e^{-j\omega}\right)X(\omega).$$

性質6.（たたみこみ）信号 $x[n]$, $y[n]$ のたたみこみのフーリエ変換は，それぞれの信号のフーリエ変換の積に等しい．（連続時間についてもおなじ式が成り立つ）

$$\mathcal{F}\{x[n] * y[n]\} = X(\omega)Y(\omega).$$

性質6'.（積）信号 $x[n]$, $y[n]$ の積のフーリエ変換は，それぞれの信号のフーリエ変換のたたみこみに等しい．（連続時間についてもおなじ）

$$\mathcal{F}\{x[n] \cdot y[n]\} = \frac{1}{2\pi}\Big(X(\omega) * Y(\omega)\Big).$$

ただし，$X(\omega) * Y(\omega)$ は，$X(\omega)$ と $Y(\omega)$ のたたみこみであり，詳しくは第7章で解説するように

$$\int_{-\infty}^{\infty} X(\xi)Y(\omega - \xi)d\xi$$

で定義される．

［証明：性質6（たたみこみ）］

$$\mathcal{F}\{x[n] * y[n]\} = \sum_{n=-\infty}^{\infty} \sum_{k=-\infty}^{\infty} x[k]y[n-k]e^{-j\omega n} = \sum_{k=-\infty}^{\infty} \sum_{n=-\infty}^{\infty} x[k]y[n-k]e^{-j\omega n}$$

$$= \sum_{k=-\infty}^{\infty} x[k] \sum_{n=-\infty}^{\infty} y[n-k]e^{-j\omega n} = \sum_{k=-\infty}^{\infty} x[k] \sum_{m=-\infty}^{\infty} y[m]e^{-j\omega(m+k)}$$

$$= \sum_{k=-\infty}^{\infty} x[k]e^{-j\omega k} \sum_{m=-\infty}^{\infty} y[m]e^{-j\omega m} = \mathcal{F}\{x[n]\}\mathcal{F}\{y[n]\}.$$

［証明：性質6'（積）］

連続時間の場合を証明する．逆フーリエ変換により

$$x(t) = \frac{1}{2\pi} \int_{-\infty}^{\infty} X(\omega)e^{j\omega t}d\omega.$$

両辺に $y(t)$ をかけて

$$x(t)y(t) = \frac{1}{2\pi} \int_{-\infty}^{\infty} X(\omega)y(t)e^{j\omega n}d\omega.$$

フーリエ変換の性質4（周波数シフト）$\mathcal{F}\{y(t)e^{j\xi t}\} = Y(\omega - \xi)$ を考慮して，両辺をフーリエ変換すると

$$\mathcal{F}\{x(t)y(t)\} = \frac{1}{2\pi} \int_{-\infty}^{\infty} \int_{-\infty}^{\infty} X(\xi)y(t)e^{j\xi t}e^{-j\omega t}d\xi\,dt = \frac{1}{2\pi} \int_{-\infty}^{\infty} X(\xi) \int_{-\infty}^{\infty} y(t)e^{j\xi t}e^{-j\omega t}dt\,d\xi$$

$$= \frac{1}{2\pi} \int_{-\infty}^{\infty} X(\xi)Y(\omega - \xi)d\xi = \frac{1}{2\pi}\Big(X(\omega) * Y(\omega)\Big).$$

演習5.7.

連続時間信号に対する性質6（たたみこみ），$\mathcal{F}\{x(t) * y(t)\} = X(\omega)Y(\omega)$ を示せ．すなわち，2つの信号 $x(t)$, $y(t)$ のたたみこみのフーリエ変換は，それぞれの信号のフーリエ変換の積に等しい，を証明せよ．

性質 7.（パーセヴァルの等式；離散時間）

$$\sum_{n=-\infty}^{\infty} \left| x[n] \right|^2 = \frac{1}{2\pi} \int_{-\pi}^{\pi} \left| X(\omega) \right|^2 d\omega.$$

ただし，右辺の定積分の区間は，長さ 2π の区間であればどこでもよい．

性質 7'.（パーセヴァルの等式；連続時間）

$$\int_{-\infty}^{\infty} \left| x(t) \right|^2 dt = \frac{1}{2\pi} \int_{-\infty}^{\infty} \left| X(\omega) \right|^2 d\omega.$$

［証明：性質 7'（パーセヴァルの等式）］

$$\frac{1}{2\pi} \int_{-\infty}^{\infty} \left| X(\omega) \right|^2 d\omega = \frac{1}{2\pi} \int_{-\infty}^{\infty} X(\omega)\overline{X(\omega)} d\omega = \frac{1}{2\pi} \int_{-\infty}^{\infty} \left[\int_{-\infty}^{\infty} \overline{x(t)e^{j\omega t}} dt \right] X(\omega) d\omega$$

$$= \int_{-\infty}^{\infty} \overline{x(t)} \left\{ \frac{1}{2\pi} \int_{-\infty}^{\infty} X(\omega)e^{j\omega t} d\omega \right\} dt = \int_{-\infty}^{\infty} \overline{x(t)} x(t) dt = \int_{-\infty}^{\infty} \left| x(t) \right|^2 dt.$$

5.4 離散フーリエ変換：DFT

N を正の整数とする．$0 \le n < N$ の時間区間だけで値をとる離散信号を**有限長**の信号といい，N をこの信号の**長さ**という．数学的にいえば有限長信号は，定義域が $\{0,\ 1,\ \cdots,\ N-1\}$ である写像 x：$\{0,\ 1,\ \cdots,\ N-1\} \to \mathbf{R}$ である．本節では有限長の信号をあつかい，そのフーリエ解析について述べる．定義域に含まれない時刻の信号の値はなく，それは 0 ということではないことに注意してほしい．信号がある時刻で 0 となるならば，それは値 0 をとるということである．

計算機は，時間と信号の値を離散的なデジタル信号としてあつかう．さらに，なにがしかの信号を処理させるときには，ある適切な時間区間における信号をあつかう．そのため，信号のフーリエ解析の中では，本節で述べる離散フーリエ変換は実用上もっとも重要である．

長さ N の有限長離散時間信号 $x[n]$ に対し，$x[n]$ の N 点**離散フーリエ変換**（Discrete Fourier Transform; DFT）$\tilde{X}(k)$ は次式のように定義される．

$$\tilde{X}(k) = \sum_{n=0}^{N-1} x[n]e^{-jk(2\pi/N)n}, \quad k = 0,\ 1,\ \cdots,\ N-1. \tag{5.11}$$

まず，前節で議論した離散時間フーリエ変換とのちがいに注意してほしい．離散時間フーリエ変換は，片側指数信号など有限長ではない信号に適用できる．それに対し，本節で導入した離散フーリエ変換（DFT）は有限長の信号だけに適用される．また，離散時間フーリエ変換は，周波数の連続した点で値をとるが，離散フーリエ変換は飛びとびの周波数でしか値をとらないことにも注意してほしい．また，長さ N の有限長信号の離散フーリエ変換といったときには，その信号の N 点離散フーリエ変換のこととする．

離散時間の有限長の信号 $x[n]$ の N 点 DFT $\tilde{X}(k)$, $k = 0,\ 1,\ \cdots,\ N-1$, に対し，逆に，もとの有限区間信号 $x[n]$ は次式であたえられる**逆離散フーリエ変換**（Inverse Discrete Fourier Transform; IDFT）より計算できる．

$$x[n] = \frac{1}{N} \sum_{k=0}^{N-1} \tilde{X}(k)e^{jk(2\pi/N)n}, \quad n = 0,\ 1,\ \cdots,\ N-1. \tag{5.12}$$

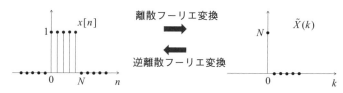

図 5.21　信号 $x[n]$ が重み $\tilde{X}(k)$ の正弦波 $e^{jk(2\pi/N)n}$ の和であること

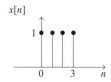

図 5.22　有限長の信号の例．この信号は，$n = 0$, 1, 2, 3 だけで値をもち長さは 4 である

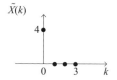

図 5.23　例題 5.8 の離散時間箱型信号の周波数表示．$N = 4$ の場合

逆離散フーリエ変換をみると，信号 $x[n]$ は，角周波数 $2\pi k/N$ の正弦波 $e^{jk(2\pi/N)n}$ の重みづけ和であり，$e^{jk(2\pi/N)n}$ に対する重みが $\tilde{X}(k)$ であることがわかる（図 5.21）．逆離散フーリエ変換（5.12）の正当性はあとで述べるとして，まずは例をみていこう．

例題 5.8.

N を正の整数とする．長さ N の有限長の離散時間箱型信号

$$x[n] = 1, \quad 0 \leq n < N$$

の N 点離散フーリエ変換 $\tilde{X}(k)$ を求めよ．また $N = 4$ のときの $x[n]$ と，その離散フーリエ変換 $\tilde{X}(k)$ を図示せよ．

［解答例］

長さ $N = 4$ の信号 $x[n]$ を図 5.22 に図示した．離散フーリエ変換の定義により計算する．

$$\tilde{X}(0) = \sum_{n=0}^{N-1} 1 \cdot e^{-j0(2\pi/N)n} = \sum_{n=0}^{N-1} 1 = N.$$

$$\tilde{X}(k) = \sum_{n=0}^{N-1} 1 \cdot e^{-jk(2\pi/N)n} = \frac{1 - e^{-jk(2\pi/N)N}}{1 - e^{-jk(2\pi/N)}} = \frac{1 - 1}{1 - e^{-jk(2\pi/N)}} = 0, \quad k = 1, \cdots, N - 1.$$

この結果より $N = 4$ の $x[n]$ の周波数表示すると図 5.23 になる．

演習 5.8.

長さ 8（$N = 8$）の有限長の離散時間信号

$$x[n] = \begin{cases} 1, & 0 \leq n \leq 3, \\ 0, & 4 \leq n \leq 7 \end{cases}$$

を図示し，その DFT を求めよ．

例題 5.8 の長さ N を $N = 4$ とした信号と演習 5.8 の信号では，どちらの信号も $n = 0$, 1, 2, 3 で

値1をとる．その意味で両者は似ている．しかし，例題5.8の信号は，それ以外のnでは値をもたず長さが4であるのに対し，演習5.8の信号は，$n = 4, 5, 6, 7$で値0をとり長さは8である．両者の離散フーリエ変換はまったくことなる．

「似ている」例題5.8の信号と演習5.8の信号について，それらのDFTが大きくことなる理由を考えてみよう．あとで詳しく述べるように，DFTは，もとの信号の長さを周期として拡張した周期信号の離散時間フーリエ級数と本質的におなじである．それは，離散時間フーリエ級数の式（4.6）とDFTの式（5.11）をみくらべるとわかる．例題5.8の信号を周期信号に拡張すると，すべての時刻で値1をとる（周期1の）信号となる．それに対し，演習5.8の信号を周期信号に拡張したものは周期8の箱型の周期信号（方形パルス信号）である．それゆえ，拡張された周期信号としては，これら2つの信号はまったくことなり，それらのフーリエ係数にそのちがいが反映されるのである．

演習 5.9.

長さ8（$N = 8$）の有限長の離散時間信号

$$x[n] = \cos\left(\frac{2\pi}{8}n\right)$$

を図示し，そのDFTを求めよ．また，$x[n]$をオイラーの公式を用いて指数関数で表現することにより，求めたDFTの結果を説明せよ．

例題 5.9.

離散時間「片側有限長指数」信号

$$x[n] = a^n, \quad n = 0, 1$$

（図5.24）の離散時間フーリエ変換とDFTを求め，両者の結果を比較せよ．ただし，$0 < a < 1$とする．

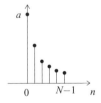

図5.24 離散時間「片側有限長指数」信号

[解答例]

まず，離散時間フーリエ変換はつぎのようになる．

$$X(\omega) = \sum_{n=0}^{N-1} a^n e^{-j\omega n} = \frac{1 - a^N e^{-j\omega N}}{1 - a e^{-j\omega}}$$

これより，振幅スペクトルと位相スペクトルは，

$$\left|X(\omega)\right| = \frac{\sqrt{1 + a^{2N} - 2a^N \cos(\omega N)}}{\sqrt{1 + a^2 - 2a\cos\omega}},$$

$$\angle X(\omega) = \tan^{-1}\left\{\frac{-a\sin\omega}{1 - a\cos\omega}\right\} - \tan^{-1}\left\{\frac{-a^N\sin\omega}{1 - a^N\cos\omega}\right\}.$$

振幅スペクトルと位相スペクトルともに角周波数 ω の連続関数であることに注意してほしい. つぎに, DFT は定義より以下のように計算できる.

$$\tilde{X}(k) = \sum_{n=0}^{N-1} a^n e^{-jk(2\pi/N)n} = \frac{1 - a^N}{1 - ae^{-jk(2\pi/N)}}, \quad k = 0, 1, \cdots, N-1.$$

これより, 振幅スペクトルと位相スペクトルは,

$$\left|\tilde{X}(k)\right| = \frac{1 - a^N}{\sqrt{1 + a^2 - 2a\cos\left(\frac{2\pi k}{N}\right)}}, \quad \angle \tilde{X}(k) = \tan^{-1}\left\{\frac{-a\sin\left(\frac{2\pi k}{N}\right)}{1 - a\cos\left(\frac{2\pi k}{N}\right)}\right\}.$$

DFT は, k が離散値 $k = 0, 1, \cdots, N-1$ においてだけ値をとっていることに注意してほしい.

例題 5.9 の結果をふまえて, 離散時間フーリエ変換と DFT の関係について述べよう. DFT は, 有限長の信号に対して, 離散時間フーリエ変換を, $\Delta\omega = 2\pi/N$ の間隔の $\omega_n = n\Delta\omega$, $n = 0, \cdots, N-1$, の N 個の周波数点で計算する変換である. それゆえ, $N \to \infty$ の極限を考えると, 任意の点 ω での変換を求めることができ, そのときの DFT は離散時間フーリエ変換と一致する. ただし $0 \leq \omega_n \leq \frac{2\pi(N-1)}{N}$ なので $N \to \infty$ のとき $0 \leq \omega_n < 2\pi$ であり, $N \to \infty$ の極限においては DFT はこの範囲で値をもち, この範囲において離散時間フーリエ変換と一致する. 以上の関係は図 5.25 からも理解されよう.

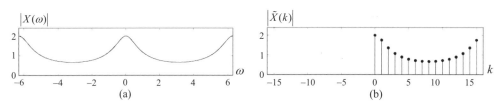

図 5.25 例題 5.9 の離散時間「片側有限長指数」信号の振幅スペクトル. (a) 離散時間フーリエ変換, (b) 離散フーリエ変換 (DFT)

さて, 逆離散フーリエ変換 (5.12) の正当性を示そう. これは式 (5.11) の右辺を直接 (5.12) の右辺に代入しても示せるが, ここでは, 離散時間フーリエ級数にもとづいて議論する. それにより, 離散時間フーリエ級数と離散フーリエ変換との関係も明らかとなる. 実は, 有限長の信号 $x[n]$ の離散フーリエ変換とその逆変換の対は, ある離散時間周期信号 $x_c[n]$ の離散時間フーリエ級数と, そのフーリエ係数を求めるフーリエの公式の対と本質的に同一である. なぜならば, 有限長の信号 $x[n]$ を周期的にくりかえすように $x_c[n]$ をつくり, そのフーリエ級数を考えれば, もとの $x[n]$ に対してもその級数があてはまるからである. その考え方にそって, 離散フーリエ変換と逆離散フーリエ変換の正当性を示す.

それは以下の 2 段階からなる. まず

表5.1 フーリエ級数とフーリエ変換の一覧

	周期信号	非周期信号	
連続時間	フーリエ級数 $x(t) = \displaystyle\sum_{k=-\infty}^{\infty} c_k e^{jk\Omega_0 t}$ $c_k = \dfrac{1}{T}\displaystyle\int_{-\frac{T}{2}}^{\frac{T}{2}} x(t)e^{-jk\Omega_0 t}dt$	フーリエ変換 $x(t) = \dfrac{1}{2\pi}\displaystyle\int_{-\infty}^{\infty} X(\omega)e^{j\omega t}d\omega$ $X(\omega) = \displaystyle\int_{-\infty}^{\infty} x(t)e^{-j\omega t}dt$	
離散時間	離散時間フーリエ級数 $x[n] = \displaystyle\sum_{k=0}^{N-1} c_k e^{jk(2\pi/N)n}$ $c_k = \dfrac{1}{N}\displaystyle\sum_{n=0}^{N-1} x[n]e^{-jk(2\pi/N)n}$	離散時間フーリエ変換 $x[n] = \dfrac{1}{2\pi}\displaystyle\int_{-\pi}^{\pi} X(\omega)e^{j\omega n}d\omega$ $X(\omega) = \displaystyle\sum_{n=-\infty}^{\infty} x[n]e^{-j\omega n}$	離散フーリエ変換 $x[n] = \dfrac{1}{N}\displaystyle\sum_{k=0}^{N-1} \tilde{X}(k)e^{jk(2\pi/N)n}$ $\tilde{X}(k) = \displaystyle\sum_{n=0}^{N-1} x[n]e^{-jk(2\pi/N)n} = Nc_k$

(1) 長さ N の有限長の信号 $x[n]$ を周期 N の信号 $x_c[n]$ に拡張する.
(2) 拡張された周期信号に対し,その離散時間フーリエ級数とフーリエ係数を求める.

まず,周期信号 $x_c[n]$ の離散時間フーリエ級数は $x_c[n] = \displaystyle\sum_{k=0}^{N-1} c_k e^{jk(2\pi/N)n}$ であり,そのフーリエ係数はフーリエの公式により,$c_k = \dfrac{1}{N}\displaystyle\sum_{n=0}^{N-1} x[n]e^{-jk(2\pi/N)n}$ である.この c_k に対して $\tilde{X}(k) = Nc_k$ とおくと $\tilde{X}(k) = Nc_k = \displaystyle\sum_{n=0}^{N-1} x[n]e^{-jk(2\pi/N)n}$ となって離散フーリエ変換(5.11)が得られる.

また,もとの有限長の信号 $x[n]$ の「有限長区間」$0 \leq n < N$ においては $x_c[n]$ と $x[n]$ は同一であるので,$x_c[n]$ のフーリエ級数をその区間において考え,$c_k = \dfrac{\tilde{X}(k)}{N}$ なる関係を使えば $x[n] = \dfrac{1}{N}\displaystyle\sum_{k=0}^{N-1} \tilde{X}(k)e^{jk(2\pi/N)n}$ となり(5.12)が得られる.証明終わり.

表5.1に,これまでに出てきたフーリエ級数とフーリエ変換をまとめた.

5.5 高速フーリエ変換:FFT

高速フーリエ変換(Fast Fourier Transform; FFT)は,データ数が2のべき乗 $N = 2^m$ のときに,N 点DFTを高速に計算するエレガントなアルゴリズムであり応用上きわめて重要である.

正の整数 N に対し,$\omega_N = e^{j2\pi/N}$ を1の**原始 N 乗根**とよぶ.この ω_N はこれまでも何度か登場しており,複素平面上の単位円を N 等分した点のうち実軸から左まわりにまわったときの最初の点である(図5.26).

原始 N 乗根 $\omega_N = e^{j2\pi/N}$ の性質をまとめておこう.図5.26と図5.27を参照しながらその意味するところを理解してほしい.

(1) $\omega_N^N = 1$. すなわち,ω_N は N 乗すると1となる(図5.26).
(2) $\omega_N^k \neq 1$, $k = 1, \cdots, N-1$. すなわち,ω_N は,N 乗してはじめて1になる数である(図5.26).
(3) N が偶数のとき,

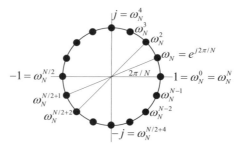

図 5.26 1の原始 N 乗根とそのべき乗．図は $N = 16$ のとき

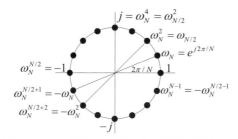

図 5.27 1の原始 N 乗根とその性質．図は $N = 16$ のとき

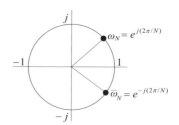

図 5.28 1の原始 N 乗根の共役複素数

$$\omega_N^{N/2} = -1, \quad \omega_N^{N/2+1} = -\omega_N, \quad \omega_N^{N/2+2} = -\omega_N^2, \quad \cdots, \quad \omega_N^{N-1} = -\omega_N^{N/2-1}.$$

すなわち，複素平面上の単位円上の N 等分点の後半は前半の符号をかえたものである（図5.27）．

(4) N が偶数のとき $\omega_N^2 = \omega_{N/2}$．すなわち，原始 $N/2$ 乗根は，原始 N 乗根の 2 乗に等しい（図5.27）．

また，複素数 $a = u + jv$ の共役複素数は $\bar{a} = u - jv$ であり，逆に $u - jv$ の共役複素数は $u + jv$ である．それゆえ，$e^{jx} = \cos x + j\sin x$ の共役複素数 $e^{-jx} = \cos x - j\sin x$ である．逆に e^{-jx} の共役複素数は e^{jx} である．なお，実数 u の共役複素数は u である．原始 N 乗根 $\omega_N = e^{j2\pi/N}$ の共役複素数は $\bar{\omega}_N = e^{-j(2\pi/N)}$ であり（図5.28），原始 N 乗根の k 乗 $\omega_N^k = e^{jk(2\pi/N)}$，$k$ は整数，の共役複素数は $\bar{\omega}_N^k = e^{-jk(2\pi/N)}$ である．

さて，目標は，時間区間 $0 \leq n < N$ だけで 0 以外の値をとる有限長の信号 $x[n]$ の N 点離散フーリエ変換 $\tilde{X}(k)$ を高速に計算する手法を求めることである．まず，$\tilde{X}(k)$ を $k = 0$ から $N-1$ までかきくだしてみよう．すると，

$$\tilde{X}(0) = \sum_{n=0}^{N-1} x[n]e^0 = x[0] + x[1] + x[2] + \cdots + x[N-1],$$

$$\tilde{X}(1) = \sum_{n=0}^{N-1} x[n]e^{-j(2\pi/N)n} = x[0] + x[1]e^{-j(2\pi/N)} + x[2]e^{-2j(2\pi/N)} + \cdots + x[N-1]e^{-j(N-1)(2\pi/N)},$$

$$\tilde{X}(2) = \sum_{n=0}^{N-1} x[n]e^{-2j(2\pi/N)n} = x[0] + x[1]e^{-2j(2\pi/N)} + x[2]e^{-4j(2\pi/N)} + \cdots + x[N-1]e^{-2j(N-1)(2\pi/N)},$$

$$\tilde{X}(3) = \sum_{n=0}^{N-1} x[n]e^{-3j(2\pi/N)n} = x[0] + x[1]e^{-3j(2\pi/N)} + x[2]e^{-6j(2\pi/N)} + \cdots + x[N-1]e^{-3j(N-1)(2\pi/N)},$$

$$\vdots$$

$$\tilde{X}(N-1) = \sum_{n=0}^{N-1} x[n]e^{-(N-1)j(2\pi/N)n}$$

$$= x[0] + x[1]e^{-(N-1)j(2\pi/N)} + x[2]e^{-2(N-1)j(2\pi/N)} + \cdots + x[N-1]e^{-j(N-1)(N-1)(2\pi/N)}$$

である．これをみると，信号 $x[n]$ の N 点 DFT $\tilde{X}(\omega)$ は，1 の原始 N 乗根 ω_N（の共役複素数）の k 乗 $\bar{\omega}_N^k = e^{-jk(2\pi/N)}$ と，各時刻における信号の値とで $\tilde{X}(k)$ が表現されることがわかる．すなわち各 $k = 0, \cdots, N-1$ に対し，

$$\tilde{X}(k) = x[0] + x[1]\bar{\omega}_N + x[2]\bar{\omega}_N^2 + \cdots + x[N-1]\bar{\omega}_N^{N-1}$$

である．各 $\tilde{X}(k)$ は $x[n]$ と $e^{-j(2\pi/N)n}$ とをかけたものの和であり，かけ算の回数が全体の計算の量をきめる．このかけ算は，$n=0$ で $e^{-(2\pi/N)} = e^0 = 1$ のときも数えあげると，各 $\tilde{X}(k)$ に N 個あり，$\tilde{X}(k)$ は $k=0$ から $N-1$ までの N 個あるので全部でかけ算は N^2 個ある．

目標はかけ算の総数を減らすことである．そこで以下の $N-1$ 次の u の多項式を考える．

$$a_0 + a_1 u + a_2 u^2 + \cdots + a_{N-1}u^{N-1} = \sum_{n=0}^{N-1} a_n u^n.$$

このとき，この多項式の係数を

$$a_n = x[n], \quad n = 0, 1, \cdots, N-1,$$

というように信号の各時刻における値としたときの多項式を $f(u)$ としよう．多項式 $f(u)$ の u に ω_N^k を代入し，その共役複素をとると，$x[0], x[1], \cdots, x[N-1]$ は実数だから，

$$\overline{f\left(\omega_N^k\right)} = \overline{x[0] + x[1]\omega_N + x[2]\omega_N^2 + \cdots + x[N-1]\omega_N^{N-1}}$$

$$= \overline{x[0]} + \overline{x[1]\omega_N} + \overline{x[2]\omega_N^2} + \cdots + \overline{x[N-1]\omega_N^{N-1}}$$

$$= x[0] + x[1]\overline{\omega_N} + x[2]\overline{\omega_N}^2 + \cdots + x[N-1]\overline{\omega_N}^{N-1}$$

$$= \tilde{X}(k), \quad k = 0, 1, \cdots, N-1,$$

となる．すなわち，信号の値 $x[k]$ を多項式 $\sum_{n=0}^{N-1} a_n u^n$ の係数 a_k として $f(1)$, $f(\omega_N)$, $f\left(\omega_N^2\right)$, $\cdots$, $f\left(\omega_N^{N-1}\right)$ を計算しその共役複素をとれば信号 $x[n]$ の N 点 DFT が求まる（図 5.29）．

以下では，$f(1), f(\omega_N), \cdots, f\left(\omega_N^{N-1}\right)$ を求めるのに必要なかけ算の回数を減らすことを考える．そのため，多項式 $f(u)$ を偶数次の和と奇数次の和にわける．すなわち，

$$f(u) = a_0 + a_2 u^2 + a_4 u^4 + \cdots + a_{N-2}u^{N-2} + u \cdot \left(a_1 + a_3 u^2 + a_5 u^4 \cdots + a_{N-1}u^{N-2}\right)$$

$$= f_{\mathrm{I}}(u^2) + u \cdot f_{\mathrm{II}}(u^2),$$

ただし

$$\begin{cases} f_{\mathrm{I}}(u) = a_0 + a_2 u^1 + a_4 u^2 + \cdots + a_{N-2}u^{N/2-1}, \\ f_{\mathrm{II}}(u) = a_1 + a_3 u^1 + a_5 u^2 + \cdots + a_{N-1}u^{N/2-1} \end{cases}$$

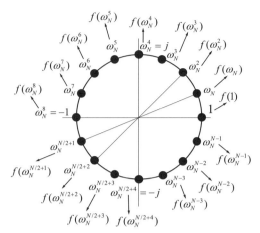

図 5.29 1の原始N乗根のべき乗に対する$N-1$次多項式 $f(u) = x[0] + x[1]u + x[2]u^2 + \cdots + x[N-1]u^{N-1}$ の値としてのN点DFT. 図は$N = 16$のとき

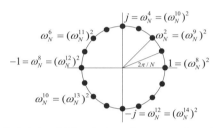

図 5.30 変数uが単位円上のN等分点を1周するとき, u^2は1つおきにすすんで2周する. 図は$N = 16$のとき

と定義した. 単位円上のN等分点での$f(u)$の値を求めるためには, $f_{\mathrm{I}}(u^2)$と$f_{\mathrm{II}}(u^2)$の値を計算し, $f_{\mathrm{II}}(u^2)$の値にuをかけて$f_{\mathrm{I}}(u^2)$の値をたせばよい.

多項式$f(u)$のこの分解による計算では以下の2点が本質的である.

(a) 変数uの値が単位円上のN等分点を順に1周するとき, u^2は1つおきにすすんで2周する (図5.30). よって, 単位円のN等分点のすべての点での$f_{\mathrm{I}}(u^2)$と$f_{\mathrm{II}}(u^2)$の値を求めるには前半の半分の点についてだけ計算すればよい. そのため, $f(\omega_N^k)$を $f_{\mathrm{I}}\left((\omega_N^k)^2\right) + \omega_N^k \cdot f_{\mathrm{II}}\left((\omega_N^k)^2\right)$ として分解計算すると, 分解計算をしないときとくらべてかけ算数が約半分になる.

(b) あとで詳しく述べるように, ω_N^2の1周分の$N/2$個についての多項式$f_{\mathrm{I}}(u^2)$と$f_{\mathrm{II}}(u^2)$のそれぞれの計算は, 信号$x[n]$の$n = 0$から$N-1$までの値, $x[0], \cdots, x[N-1]$を1つおきに「まびいた」$N/2$個の信号値に対する$\dfrac{N}{2}$点DFTになる.

最初に (a) について補足しよう. まず, $f(\omega_N^k)$を, 単位円上の上側の$N/2$個と下側の$N/2$個にわけてかくと,

$$\underbrace{f(1), f(\omega_N), \cdots, f(\omega_N^{N/2-1})}_{\text{単位円上, 上側の }N/2\text{ 個}}, \underbrace{f(\omega_N^{N/2}), \cdots, f(\omega_N^{N-1})}_{\text{単位円上, 下側の }N/2\text{ 個}}$$

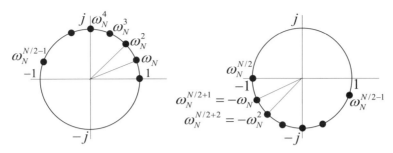

図 5.31 $f(\omega_N^k)$, $k = 1, \cdots, N-1$, の計算を，単位円上の上側 $N/2$ 個と下側 $N/2$ にわける．$\omega_N^{N/2+k} = -\omega_N^k$ が成り立つことに注意．図は $N = 16$ のとき

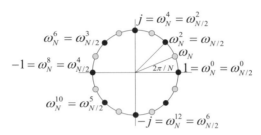

図 5.32 1 の原始 N 乗根のべき乗と 1 の原始 $N/2$ 乗根のべき乗の関係：$\omega_N^k = \omega_{N/2}^{k/2}$．図は $N = 16$ のとき

となることに注意する．1 の原始 N 乗根の性質（3）より，下側の点 $\omega_N^{N/2+k}$ については上側の点 ω_N^k が対応し，$\omega_N^{N/2+k} = -\omega_N^k$, $k = 0, \cdots, N/2-1$, が成り立つ（図 5.31）．よって，後半の $f(\omega_N^{N/2}), \cdots, f(\omega_N^{N-1})$ の $f_\mathrm{I}(u^2) + u \cdot f_\mathrm{II}(u^2)$ を使った計算は，この順番に前半の $f(1), f(\omega_N), \cdots, f(\omega_N^{N/2-1})$ の分解計算における $u \cdot f_\mathrm{II}(u^2)$ の計算の u の値の符号を反転するところだけが前半とことなる．そのため $f(u)$ を分解せずに計算したときとくらべかけ算の回数が約半分になる．

続いて（b）を解説しよう．まず，任意の関数 $g(u)$ と正の整数 M に対し，$g(1), g(\omega_M), g(\omega_M^2), \cdots, g(\omega_M^{M-1})$ のあつまりを $F_M[g(u)]$ とかこう．すなわち，

$$F_M[g(u)] = \{g(1), g(\omega_M), g(\omega_M^2), \cdots, g(\omega_M^{M-1})\}.$$

詳しくいうと，正の整数 M に対し，1 の原始 M 乗根 ω_M の 0 から $M-1$ までのべき乗について $g(\omega_M^k)$, $k = 0, \cdots, M-1$, を計算し，それをあつめた集合が $F_M[g(u)]$ である．それは M と $g(u)$ とで完全に定まる．この記法を用いると，信号 $x[n]$ の N 点 DFT は $F_N[f(u)]$ と表現される．（正確には，その各要素の共役複素であるが，わずらわしさをさけるため，以下でも共役複素であることをしばしば無視する．）

つぎに，1 の原始 N 乗根 ω_N の 0 乗から $N/2-1$ 乗までのそれぞれの 2 乗 $(\omega_N^k)^2 = \omega_N^{2k}$, $k = 0, \cdots, N/2-1$, に対する f_I の値の集合

$$\{f_\mathrm{I}(1), f_\mathrm{I}(\omega_N^2), f_\mathrm{I}(\omega_N^4), \cdots, f_\mathrm{I}(\omega_N^{N-2})\}$$

を考えよう．この集合は，1 の原始 N 乗根の性質（4）：$\omega_N^2 = \omega_{N/2}$ を考慮すると（図 5.32），

$$\{f_\mathrm{I}(1), f_\mathrm{I}(\omega_{N/2}), f_\mathrm{I}(\omega_{N/2}^2), \cdots, f_\mathrm{I}(\omega_{N/2}^{N/2-1})\} = F_{N/2}[f_\mathrm{I}(u)]$$

に等しいことがわかる．同様に，$\left\{ f_{\mathrm{II}}(1),\ f_{\mathrm{II}}\left(\omega_N^2\right),\ \cdots,\ f_{\mathrm{II}}\left(\omega_N^{N-2}\right)\right\}$ は

$$F_{N/2}[f_{\mathrm{II}}(u)] = \left\{ f_{\mathrm{II}}(1),\ f_{\mathrm{II}}(\omega_{N/2}),\ f_{\mathrm{II}}\left(\omega_{N/2}^2\right),\ \cdots,\ f_{\mathrm{II}}\left(\omega_{N/2}^{N/2-1}\right)\right\}$$

に等しい．関係式 $f(u) = f_{\mathrm{I}}(u^2) + u \cdot f_{\mathrm{II}}(u^2)$ を用いると，$F_N[f(u)]$ を $F_{N/2}[f_{\mathrm{I}}(u)]$ と $F_{N/2}[f_{\mathrm{II}}(u)]$ とから求めることができる．このように，$F_N[f(u)]$ を求めることは，$F_{N/2}[f_{\mathrm{I}}(u)]$ と $F_{N/2}[f_{\mathrm{II}}(u)]$ を求めることに帰着される．

　ここで重要なことは，$F_{N/2}[f_{\mathrm{I}}(u)]$ は，偶数時刻の $x[n]$ の値からなる信号の $\dfrac{N}{2}$ 点 DFT であり，$F_{N/2}[f_{\mathrm{II}}(u)]$ は，奇数時刻の $x[n]$ の値からなる信号の $\dfrac{N}{2}$ 点 DFT であることである．それは以下の理由による．すなわち，（ i ）多項式 $f_{\mathrm{I}}(u)$ と $f_{\mathrm{II}}(u)$ は，それぞれ $f(u)$ の偶数次の係数と奇数次の係数からつくられ，その係数は信号の時刻 n の値 $x[n]$ であり，さらに，（ ii ）変数 u が $\omega_{N/2}$ のべき乗をとるときの f_{I} と f_{II} の値の集合であることによる．以上のように，単位円上の N 等分点の下側半分のそれぞれに，その 2 乗が等しくなる上側半分の点が 1 対 1 に存在する性質を利用して，信号 $x[n]$ の偶数時刻からなる信号の $\dfrac{N}{2}$ 点 DFT と，奇数時刻からなる信号の $\dfrac{N}{2}$ 点 DFT を求めることに帰着させることを**項のまびき**という．

　以上をまとめよう．多項式 $f(u)$ とその分割表現を

$$f(u) = a_0 + a_1 u + a_2 u^2 + a_3 u^3 + \cdots + a_{N-2} u^{N-2} + a_{N-1} u^{N-1},$$

$$\begin{cases} f_{\mathrm{I}}(u) = a_0 + a_2 u^1 + a_4 u^2 + \cdots + a_{N-2} u^{N/2-1}, \\[2mm] f_{\mathrm{II}}(u) = a_1 + a_3 u^1 + a_5 u^2 + \cdots + a_{N-1} u^{N/2-1} \end{cases}$$

と定義し，あたえられた $x[0],\ x[1],\ x[2],\ x[3],\ \cdots,\ x[N-2],\ x[N-1]$ に対し，$a_n = x[n]$，$n = 0,$ $1,\ \cdots,\ N-1$，とおく．そうすると，

$$\tilde{X}(k) = \overline{f\left(\omega_N^k\right)}, \quad k = 0,\ 1,\ \cdots,\ N-1,$$

となる．また，各 $f\left(\omega_N^k\right)$ は，

$$f\left(\omega_N^k\right) = f_{\mathrm{I}}\left(\omega_{N/2}^k\right) + \omega_N^k \cdot f_{\mathrm{II}}\left(\omega_{N/2}^k\right), \quad k = 0,\ 1,\ \cdots,\ N/2-1, \tag{5.13}$$

$$\begin{aligned} f\left(\omega_N^{N/2+k}\right) &= f_{\mathrm{I}}\left(\left(-\omega_N^k\right)^2\right) + \left(-\omega_N^k\right) \cdot f_{\mathrm{II}}\left(\left(-\omega_N^k\right)^2\right) \\ &= f_{\mathrm{I}}\left(\omega_{N/2}^k\right) - \omega_N^k \cdot f_{\mathrm{II}}\left(\omega_{N/2}^k\right), \quad k = 0,\ 1,\ \cdots,\ N/2-1, \end{aligned} \tag{5.14}$$

により $f_{\mathrm{I}}\left(\omega_{N/2}^k\right)$ と $f_{\mathrm{II}}\left(\omega_{N/2}^k\right)$ と ω_N^k とから求めることができる．ここで 1 の原始 N 乗根の性質（3）と（4）

$$\begin{cases} \omega_N^{2k} = \omega_{N/2}^k, \\[2mm] \omega_N^{N/2+k} = -\omega_N^k \end{cases}$$

を用いた．

　以上により，$x[n]$ の N 点 DFT $\tilde{X}(k)$ の共役複素数の集合である

$$F_N[f(u)] = \left\{ f(1),\ f(\omega_N),\ f\left(\omega_N^2\right),\ \cdots,\ f\left(\omega_N^{N-1}\right)\right\}$$

5.5 高速フーリエ変換：FFT

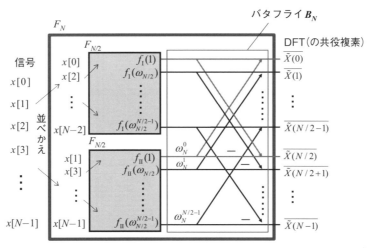

図 5.33 高速フーリエ変換の 1 段分．下の $F_{N/2}$ の箱から出ている出力（実線）の上の ω_N^k はその出力に ω_N^k がかけられることを，また，出力線の上のマイナス（−）符号はその出力の符号をそこで反転させることを表わしている

の各要素を求めるには，$x[n]$ の偶数時の値からなる信号の $\dfrac{N}{2}$ 点 DFT である

$$F_{N/2}[f_\mathrm{I}(u)] = \left\{ f_\mathrm{I}(1),\ f_\mathrm{I}(\omega_{N/2}),\ f_\mathrm{I}(\omega_{N/2}^2),\ \cdots,\ f_\mathrm{I}(\omega_{N/2}^{N/2-1}) \right\}$$

と，$x[n]$ の奇数時の値からなる信号の $\dfrac{N}{2}$ 点 DFT である

$$F_{N/2}[f_\mathrm{II}(u)] = \left\{ f_\mathrm{II}(1),\ f_\mathrm{II}(\omega_{N/2}),\ f_\mathrm{II}(\omega_{N/2}^2),\ \cdots,\ f_\mathrm{II}(\omega_{N/2}^{N/2-1}) \right\}$$

を求め，$F_{N/2}[f_\mathrm{II}(u)]$ の各要素に $\pm\omega_N^k$ をかけて $F_{N/2}[f_\mathrm{I}(u)]$ の各要素にくわえるだけで計算できることがわかった．式 (5.13) と (5.14) の計算を図 5.33 に示す．この図で，上の $F_{N/2}$ は $F_{N/2}[f_\mathrm{I}(u)]$ の計算をになし，下の $F_{N/2}$ は $F_{N/2}[f_\mathrm{II}(\omega)]$ の計算をになっている．このように，$F_N[f(u)]$ の計算では，信号値 $x[0],\ x[1],\ \cdots,\ x[N-1]$ を，偶数時と奇数時とに時間順をたもったままわけ，$F_{N/2}[f_\mathrm{I}(u)]$ と $F_{N/2}[f_\mathrm{II}(u)]$ とを計算し，その出力に対してバタフライ計算を行なう．単位円の N 等分点の上半分の $f(\omega_N^k)$ の計算 (5.13) と，下半分の $f(\omega_N^{N/2+k})$ の計算 (5.14) で，$f_\mathrm{II}(u)$ にかける ω_N^k の符号が逆のため，図 5.33 ではこれが下の $F_{N/2}$ の出力線に負号がついた線でかかれている．形にちなんで，式 (5.13) と (5.14) の右辺の計算を**バタフライ計算**といい，以下では，F_N の処理において，各 $F_{N/2}$ の出力に対して行なうバタフライ計算を B_N とかく．

同様に，この $F_{N/2}$ を求めるには $F_{N/4}$ を求めればよい．さらに $F_{N/4}$ を求めるには $F_{N/8}$ を求めればよい．この 2 分割を続けて，最終的には，F_2 がきまればすべて定まる．

詳細をつめよう．信号値 $x[0],\ \cdots,\ x[N-1]$ から $F_N[f(u)]$ を求める計算を F_N とかき，F_N の出力が $F_N[f(u)]$ であるとする．そのとき，信号 $x[n]$ の N 点 DFT を求める <u>FFT</u> は以下のアルゴリズムである（図 5.34）．

1. 信号値 $x[0],\ x[1],\ \cdots,\ x[N-1]$ を F_N への入力とする．

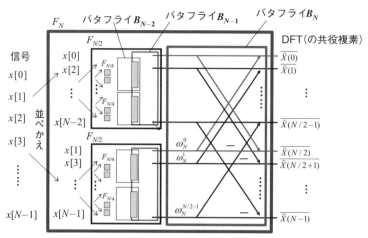

図 5.34 高速フーリエ変換．下の $F_{N/2}$ の箱から出ている出力（実線）の上の ω_N^k はその出力に ω_N^k がかけられることを，また，出力線の上のマイナス (−) 符号はその出力の符号をそこで反転させることを表わしている

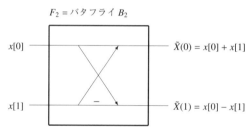

図 5.35 2点DFTを求めるバタフライ計算 B_2．線の上のマイナス (−) 符号は，そこで値の符号を反転させることを表わしている

2. F_N は，入力信号値を偶数時と奇数時とに時間順をたもったまままとめ，偶数時の信号を1つの $F_{N/2}$ への入力とし，奇数時の信号をもう1つの $F_{N/2}$ への入力とする．それぞれの $F_{N/2}$ は，入力された信号値を偶数番目と奇数番目にわけて，それぞれを別々の $F_{N/4}$ への入力とする．同様に，各段で入力の偶奇番目に応じた並びかえを行ない，最後は2つの信号値の対を F_2 への入力とする．F_N には，全部で $N/2$ 個の F_2 計算がある．

3. 各 F_2 では，信号値の対を入力とした B_2 計算を行ない，その計算結果をそれぞれの F_2 の出力とする．ついで，F_4 に含まれる2つの F_2 の出力に対する B_4 計算の結果を F_4 の出力とする．同様に，各段で，前段の出力の2つの組に対してバタフライ計算を行ない，その計算結果をその段の出力とする．最後に，2つの $F_{N/2}$ の出力に対する B_N 計算の結果を F_N とする．F_N の各要素の共役複素数の集合が信号 $x[n]$ のDFTである．

信号 $\{x[0], x[1]\}$ の2点DFTを考えると，$f(u) = x[0] + x[1] \cdot u$ であり，また1の原始2乗根 ω_2 は -1 であるから

$$F_2[f(1), f(\omega_2)] = \{x[0] + x[1], x[0] - x[1]\}$$

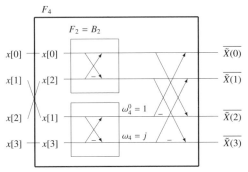

図 5.36 4 点 DFT 計算を行なう FFT．線の上の ω_4^k は線が表わす値に ω_4^k をかけることを表わし，マイナス符号 (−) は，そこで符号を反転させることを表わす

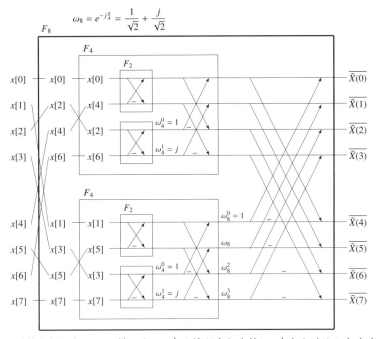

図 5.37 8 点 DFT 計算を行なう FFT．線の上の ω_j^k は線が表わす値に ω_j^k をかけることを表わし，マイナス符号 (−) は，そこで符号を反転させることを表わす

となる．つまり，F_2 はかけ算がないバタフライ計算である（図 5.35）．図 5.36 に 4 点 DFT に対する FFT を，また図 5.37 に 8 点 DFT に対する FFT を示した．これらの図からもわかるように，N が定まれば $N/2$ 個ある各 F_2 への信号値対は定まるので，実際には，直接各 F_2 への入力となるように $x[0], \cdots, x[N-1]$ を最初に 1 回だけ並びかえ B_2 計算から始めればよい．

高速フーリエ変換の計算量をみつもろう．データ数が 2 のべき乗 $N = 2^m$ のときに，係数の並びかえと，$\log_2 N = m$ 段のバタフライ $B_k, k = 2, \cdots, m$, 計算だけが必要である（図 5.38）．また各段のバタフライ計算では $N/2$ 個のかけ算が必要である．そのため全体で $O(N \times \log_2 N)$ 個のかけ算ですむ．これは N^2 とくらべるとかなり少ない．補足として，F_N を 2 つの $F_{N/2}$ とバタフライ計算

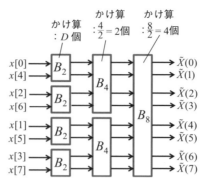

図 5.38 高速フーリエ変換の計算．B_k は，入力信号を 1 段目としたとき k 段目のバタフライ計算

としたとき，各 $F_{N/2}$ を多項式のまま計算したときのかけ算数をみつもろう．それぞれの $F_{N/2}$ には $N/2$ 個の要素があり，そのそれぞれに $N/2$ 個のかけ算がある．また，F_N のバタフライ計算のかけ算は $N/2$ 個である．それゆえ，F_N のかけ算数は，$N/2 \times N/2 \times 2 + N/2 = N^2/2 + N/2$ であり，多項式として F_N を計算したときの N^2 の約半分になる．$F_{N/2}$ をさらに $F_{N/4}$ とバタフライ計算，$F_{N/4}$ を $F_{N/8}$ とバタフライ計算，$\cdots$，というように最終的に $N/2$ 個の F_2 に分解すると，$F_{N/2}$ を多項式のまま計算するとかけ算が $N^2/2$ 個必要だったものが，各段のバタフライ計算の $N/2$ 個のかけ算を段数 $\log_2(N/2)$ 分だけ行なえばすむようになる．

なお，多項式 $\sum_{n=0}^{N-1} a_n u^n$ において，$a_k = \tilde{X}(k)$，$k = 0, 1, \cdots, N-1$，とおいたものを $f_{\tilde{X}}(u)$ とし，$f_{\tilde{X}}(\omega_N^n)$ を求めると，逆 DFT（IDFT）$x[n] = \frac{1}{N} \sum_{k=0}^{N-1} \tilde{X}(k) e^{jk(2\pi/N)n}$ は

$$x[n] = \frac{f_{\tilde{X}}(\omega_N^n)}{N}$$

となる．すなわち，逆 DFT では，$\tilde{X}(k)$ を多項式の係数 a_k として $f_{\tilde{X}}(1)$，$f_{\tilde{X}}(\omega_N)$，$f_{\tilde{X}}(\omega_N^2)$，$\cdots$，$f_{\tilde{X}}(\omega_N^{N-1})$ を計算すればよく，FFT とおなじ計算アルゴリズムが使える．

付録 5.A　離散時間フーリエ変換の導出

離散時間周期信号の周期が無限大となる極限として，離散時間フーリエ変換とその逆変換を導いてみよう．周期 N の離散時間信号 $x_N[n]$ のフーリエ級数とそのフーリエ係数の式から出発しよう．簡単のため，N を偶数として $-\frac{N}{2}$ から $\frac{N}{2} - 1$ までの 1 周期で和をとると，

$$x_N[n] = \sum_{k=-\frac{N}{2}}^{\frac{N}{2}-1} c_k e^{j\left(\frac{2\pi k}{N}\right)n}, \tag{5A.1}$$

$$c_k = \frac{1}{N} \sum_{m=-\frac{N}{2}}^{\frac{N}{2}-1} x_N[m] e^{-j\left(\frac{2\pi k}{N}\right)m}. \tag{5A.2}$$

ここで，$\Delta \omega = \frac{2\pi}{N}$，$\omega_k = k\Delta \omega$ とおくと，（5A.2）は

$$c_k = \frac{\Delta\omega}{2\pi} \sum_{m=-\frac{N}{2}}^{\frac{N}{2}-1} x_N[m] e^{-j\omega_k m} \tag{5A.3}$$

となり，これを

$$X_N(\omega_k) = \sum_{m=-\frac{N}{2}}^{\frac{N}{2}-1} x_N[m] e^{-j\omega_k m} \tag{5A.4}$$

とおくと（5A.3）は

$$c_k = \frac{\Delta\omega}{2\pi} X_N(\omega_k).$$

これを（5A.1）に代入すると

$$x_N[n] = \frac{1}{2\pi} \sum_{k=-\frac{N}{2}}^{\frac{N}{2}-1} X_N(\omega_k) e^{j\omega_k n} \Delta\omega \tag{5A.5}$$

となる．$N \to \infty$ の極限をとると $\Delta\omega \to 0$ となり，和が積分となり，$x_N[n]$ の極限を $x[n]$，$X_N(\omega)$ の極限を $X(\omega)$ とかくと

$$x[n] = \frac{1}{2\pi} \int_{-\pi}^{\pi} X(\omega) e^{j\omega n} d\omega$$

が得られる．ただし，(5A.5)は $k = -\dfrac{N}{2}$ から $\dfrac{N}{2} - 1$ までの和で，$\omega_k = k\Delta\omega = \dfrac{2\pi}{N} \cdot k$ なので，$-\pi \le \omega_k \le \pi - \dfrac{2\pi}{N}$ である．そのため $N \to \infty$ の極限での積分の範囲が $-\pi$ から π までとなる．また（5A.4）の極限をとることにより，

$$X(\omega) = \sum_{m=-\infty}^{\infty} x[m] e^{-j\omega m}$$

となる．

第6章

離散時間線形時不変システム
—周波数領域表現—

　本章で解説する z 変換は，その特殊なものとして離散時間フーリエ変換を含む．フーリエ変換は信号そのものやシステムの特徴づけに利用されるが，z 変換は，システムを特徴づけする道具として使われることが多い．z 変換の解説に続き，本章では，z 変換を用いて伝達関数を導入し，z 領域におけるシステムの表現について解説する．また，周波数伝達関数を定義して，周波数領域におけるシステムの表現について述べる．そこでは，フーリエ変換がシステムの特徴づけに利用されていることがわかる．

6.1　z 変換

6.1.1　z 変換とその収束領域

　離散時間信号 $x[n]$ の **z 変換** (z-transform) $X(z)$ は次式で定義される．

$$X(z) = \sum_{n=-\infty}^{\infty} x[n]z^{-n}, \tag{6.1}$$

ただし，z は複素変数，すなわち，複素数を値としてとる変数である．信号 $x[n]$ とその z 変換 $X(z)$ は **z 変換対** とよばれ，フーリエ変換のときとおなじようにつぎのような記法を用いることもある．

$$X(z) = \mathcal{Z}\{x[n]\}, \quad \text{あるいは} \quad x[n] \overset{\mathcal{Z}}{\longleftrightarrow} X(z).$$

　離散時間信号 $x[n]$ の z 変換の和をかきくだしてみると

$$X(z) = \cdots + x[-3]z^3 + x[-2]z^2 + x[-1]z + x[0] + x[1]z^{-1} + x[2]z^{-2} + x[3]z^{-3} + \cdots$$

である．信号 $x[n]$ に対しこの和は，複素変数である z の値によって収束したりしなかったりする．信号 $x[n]$ の z 変換 $X(z)$ が複素平面上で収束する z の領域をその z 変換の **収束領域**（Region of Convergence; ROC）という（図 6.1）．なお，z 変換を考える場合，複素平面を **z 平面** とよぶ．

　信号 $x[n]$ の z 変換 $X(z)$ の意味を説明することは筆者の力量を越えている．ここでは，z 変換の意味に関係しそうなことがらをすこしばかり述べるにとどめよう．まず，実変数関数を考えると，おなじみの e^x や $\sin x$ などは，$x = 0$ のまわりにテイラー級数展開，すなわちマクローリン級数展開さ

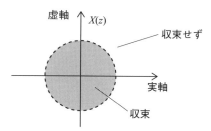

図 6.1 信号の z 変換の収束領域の例

れ，たとえば，

$$e^x = 1 + \frac{1}{1!}x + \frac{1}{2!}x^2 + \cdots + \frac{1}{n!}x^n + \cdots,$$

$$\sin x = x - \frac{1}{3!}x^3 + \frac{1}{5!}x^5 + \cdots + (-1)^n \frac{1}{(2n)!}x^{2n} + \cdots$$

である．x^2 や $x^3 + 2x + 1$ といった x の多項式も，それそのものがべき級数展開と考えられる．すなわち，「多く」の関数は，定数関数 1 と，べき関数 $x, x^2, \cdots, x^n, \cdots$ を用いて $\sum_{n=0}^{\infty} a_n x^n$ と級数展開され，おのおのの関数は，その級数中の係数 $a_n, n = 0, 1, 2, \cdots,$ できまると考えてよい．しかし，たとえば $\frac{1}{x}$ や $\frac{1}{x^2}$ あるいは $\frac{1}{x} + \frac{1}{x^2}$ といった関数は $\sum a_n x^n$ の形にはならない．$x = 0$ で値をもたないからである．そこで

$$\sum_{n=0}^{\infty} a_n x^n + \sum_{n=1}^{\infty} \frac{b_n}{x^n}$$

なる級数を考えれば，$x = 0$ では値をとらない関数を含めてより「多くの」関数が表現できる．実際，複素変数 z のこの形の級数

$$f(z) = \sum_{n=-\infty}^{\infty} a_n z^n$$

を $z = 0$ に関するローラン級数とよび，$z = 0$ を中心とする円環（ドーナツ形）の領域で微分可能な複素変数関数は，その領域でローラン級数展開できることが知られている．この級数においても，係数 $\cdots, a_{-2}, a_{-1}, a_0, a_1, a_2, \cdots$ が関数を定める．信号 $x[n]$ の z 変換 $X(z)$ は，係数 a_n を時刻 n における信号の値 $x[n]$ とした $X(z)$ の $z = 0$ に関するローラン級数展開となっている．

つぎに，z 変換と離散時間フーリエ変換の関係について述べよう．信号 $x[n]$ の z 変換

$$X(z) = \sum_{n=-\infty}^{\infty} x[n] z^{-n}$$

に対し，$z = e^{j\omega}$ とおき，ω の関数とすると，

$$X(\omega) = \sum_{n=-\infty}^{\infty} x[n] e^{-j\omega n}$$

となる．これは $x[n]$ の離散時間フーリエ変換である．すなわち，複素平面内の $|z| = 1$ という単位円上の z 変換は，離散時間フーリエ変換に一致する（図 6.2）．離散時間フーリエ変換は，z 変換の

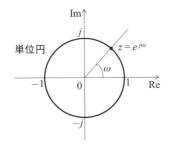

図 6.2　単位円上の z 変換

特殊な場合なのである．このことよりつぎの定理が成り立つ．この定理は，第 6.3 節で導入するシステムの周波数伝達関数を議論するときに重要となる．

定理 6.1

ある離散時間信号の z 変換の収束領域が単位円を含んでいれば，その離散時間信号のフーリエ変換も収束する．

さて，離散時間信号 $x[n]$ の z 変換の収束領域が満たすべき条件を求めよう．複素数 $z = re^{j\omega}$ に対して z 変換が収束するためには，$x[n]r^{-n}$ のフーリエ変換が収束しなければならない．なぜなら，$z = re^{j\omega}$ に対する z 変換 $X(z)$ は，

$$X(re^{j\omega}) = \sum_{n=-\infty}^{\infty} x[n](re^{j\omega})^{-n} = \sum_{n=-\infty}^{\infty} \{x[n]r^{-n}\}e^{-jn\omega}$$

であり，この式の右辺は信号 $x[n]r^{-n}$ の離散時間フーリエ変換，すなわち，

$$X(re^{j\omega}) = \mathcal{F}\{x[n]r^{-n}\}$$

となるからである．第 5 章でみたように，信号の絶対値の総和が有限であれば，その信号の離散時間フーリエ変換が存在する．以上よりつぎの定理を得る．

定理 6.2

ある領域内の任意の点 $z = re^{j\omega}$ に対し，

$$\sum_{n=-\infty}^{\infty} \left| x[n]r^{-n} \right| < \infty$$

であれば，$x[n]$ の z 変換はその領域で収束する．

z 変換の収束領域についてさらに議論を深めよう．まず，第 1.1.1 節で述べたように，べき級数 $\sum_{n=0}^{\infty} a_n w^n$ が収束する領域は，収束半径を r としたとき半径 r の円の内部である（図 6.3）．あるいは

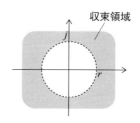

図 6.3 w のべき級数 $\sum_{n=0}^{\infty} a_n w^n$ の収束領域　　図 6.4 w^{-1} のべき級数 $\sum_{n=0}^{\infty} a_n w^{-n}$ の収束領域

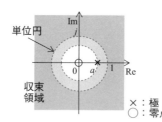

図 6.5 例題 6.1 の $x[n] = a^n u_S[n]$ の収束領域

これをいいかえて，w^{-1} のべき級数 $\sum_{n=0}^{\infty} a_n w^{-n}$ が収束する領域は半径 r の円の外である（図 6.4）．つぎに，z 変換の収束領域についていくつかの例をとおしてみていく．

例題 6.1.

つぎの離散時間信号の z 変換を求め，その収束領域を調べよ．

$$x[n] = a^n u_S[n],$$

ただし，a は実数で，$u_S[n]$ は単位ステップ信号である．

[解答例]

z 変換の定義より，

$$X(z) = \sum_{n=-\infty}^{\infty} a^n u_S[n] z^{-n} = \sum_{n=0}^{\infty} (az^{-1})^n.$$

これは初項 1 で公比 az^{-1} の無限等比級数であり $X(z)$ が収束するためには，公比の絶対値が 1 より小さくなければならない．すなわち，$|az^{-1}| < 1$ とならなければならない．したがって，この数列の収束領域は $|z| > |a|$ となる（図 6.5）．

このとき，$X(z)$ は，無限等比級数の公式よりつぎのようになる．

$$X(z) = \sum_{n=0}^{\infty} (az^{-1})^n = \frac{1}{1 - az^{-1}} = \frac{z}{z - a}, \quad |z| > |a|.$$

このように等比数列の和を分数の形でかくことを，**閉じた形**（closed form）で表わすという．

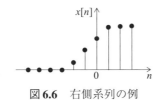
図 6.6　右側系列の例

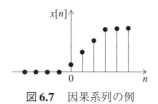
図 6.7　因果系列の例

例題 6.1 の解答例で示したように，z の多項式のわり算の形（すなわち，閉じた形）であたえられる関数を z の**有理関数**という．有理関数において，分母多項式の根を**極**（pole）といい，分子多項式の根を**零点**（zero）という．（多項式 = 0 なる方程式の解のことをその方程式の根ともいう．）例題 6.1 の z 変換 $X(z) = \dfrac{z}{z-a}$，$|z| > |a|$，では，$z = a$ が極で，$z = 0$ が零点である（図 6.5）．信号の z 変換が z の有理関数となるとき，信号を極と零点によって特徴づけることができる．

N をある整数としたとき，z 変換が次式のように記述できる信号を**右側系列信号**あるいは単に**右側系列**という（図 6.6）．すなわち，

$$X(z) = \sum_{n=N_1}^{\infty} x[n] z^{-n}.$$

右側系列は，時刻 $n < N_1$ において 0 をとる信号である．とくに，$n < 0$ で 0 の値をとる右側系列が第 3 章で紹介した因果系列（因果信号）である（図 6.7）．例題 6.1 の信号は因果系列（もちろん右側系列）である．

例題 6.2.

つぎの離散時間信号の z 変換を求め，その収束領域を調べよ．

$$x[n] = -a^n u_S[-n-1].$$

ただし，a は実数で，$u_S[n]$ は単位ステップ信号である．

［解答例］

z 変換の定義より

$$X(z) = -\sum_{n=-\infty}^{\infty} a^n u_S[-n-1] z^{-n} = -\sum_{n=-\infty}^{-1} a^n z^{-n} = -\sum_{n=1}^{\infty} a^{-n} z^n = 1 - \sum_{n=0}^{\infty} (a^{-1}z)^n$$

が得られる．よって $|a^{-1}z| < 1$（あるいは，$|z| < |a|$）であれば，上式の総和は収束し（図 6.8），

$$X(z) = 1 - \frac{1}{1 - a^{-1}z} = \frac{1}{1 - az^{-1}} = \frac{z}{z-a}, \quad |z| < |a|.$$

N をある整数としたとき，z 変換が次式で記述できる系列を**左側系列信号**あるいは単に**左側系列**という．すなわち，

$$X(z) = \sum_{n=-\infty}^{N_2} x[n] z^{-n}.$$

左側系列は，$n > N_2$ で $x[n] = 0$ となる信号である（図 6.9）．例題 6.2 の信号は左側系列である．

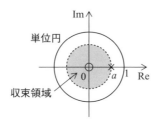

図 6.8 例題 6.2 の $x[n] = -a^n u_S[-n-1]$ の z 変換の収束領域

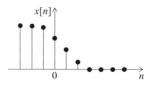

図 6.9 左側系列の例

例題 6.1 と 6.2 の結果をみると，もとの信号はことなるにもかかわらず，それらの z 変換の閉じた形が同一であることがわかる．しかし収束領域がことなっている．一般に，右側系列の z 変換の閉じた形が同一となるような左側系列が存在するが，それらの z 変換の収束領域はことなる．第 5 章で述べたフーリエ変換と逆変換には 1 対 1 の対応があったが，z 変換は，収束領域も考えあわせて，逆変換との間が 1 対 1 の対応となる．

例題 6.1 と 6.2 における信号のように離散時間信号が指数関数的であれば，その z 変換は有理式になる．さらに，系列 $x[n]$ が実指数関数あるいは複素指数関数の線形結合であれば，その z 変換 $X(z)$ は有理式になる．なぜなら，z 変換は線形であり，有理式の定数倍と，有理式どうしの和はやはり有理式になるからである．

注意．

例題 6.1 と 6.2 の解答例にもあったように，信号の z 変換を，z の多項式として表現することもできるし，z^{-1} の多項式として表現することもできる．因果系列の場合 z 変換は，z^{-1} のべき乗しか含まないので，z^{-1} の多項式で表現したほうがあつかいやすいことが多い．

> **例題 6.3.**
>
> つぎの系列の z 変換を求め，その収束領域を求めよ．
>
> $$x[n] = 0.5^n u_S[n] + 0.25^n u_S[n].$$
>
> ［解答例］
>
> z 変換の定義より
>
> $$X(z) = \sum_{n=-\infty}^{\infty} \left\{0.5^n u_S[n] + 0.25^n u_S[n]\right\} z^{-n} = \sum_{n=0}^{\infty} (0.5z^{-1})^n + \sum_{n=0}^{\infty} (0.25z^{-1})^n$$
>
> $$= \frac{1}{1 - 0.5z^{-1}} + \frac{1}{1 - 0.25z^{-1}} = \frac{2 - 0.75z^{-1}}{(1 - 0.5z^{-1})(1 - 0.25z^{-1})}$$
>
> $$= \frac{z(2z - 0.75)}{(z - 0.5)(z - 0.25)}.$$

このとき，$X(z)$ が収束するための収束領域を考えると，上式の 3 番目の等号の右辺の第 1 項より $\left|0.5z^{-1}\right| < 1$ が必要で，第 2 項より $\left|0.25z^{-1}\right| < 1$ が必要となる．それゆえ，$\left|0.5z^{-1}\right| < 1$

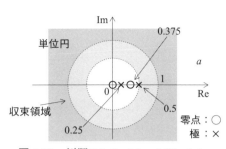
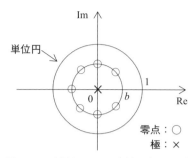

図 6.10 例題 6.3 の $x[n] = 0.5^n u_S[n] + 0.25^n u_S[n]$ の収束領域

図 6.11 例題 6.4 の z 変換の極と零点

かつ $|0.25z^{-1}| < 1$ より,両者の共通部分をとって $|z| > 0.5$ となる(図 6.10).極は 0.5 と 0.25 で,零点は 0 と $0.75/2 = 0.375$ である.

例題 6.4.

離散時間信号

$$x[n] = \begin{cases} b^n, & 0 \leq n \leq N-1 \text{ のとき}, \\ 0, & \text{そのほか} \end{cases}$$

の z 変換 $X(z)$ を求め,その収束領域を調べよ.また,$X(z)$ の極と零点の配置を示せ.ただし,$b > 0$ とする.

[解答例]

z 変換の定義より

$$X(z) = \sum_{n=0}^{N-1} b^n z^{-n} = \sum_{n=0}^{N-1} (bz^{-1})^n = \frac{1-(bz^{-1})^N}{1-bz^{-1}} = \frac{1}{z^{N-1}} \frac{z^N - b^N}{z-b}.$$

この系列は有限長であるので,$z \neq 0$ であればかならず系列の和は存在する.ただし,$z = 0$ には極が存在するため,この点は収束領域に含まれない.よって,収束領域は $z = 0$ をのぞく複素平面全域である.とくに,$z = \infty$ は収束領域に含まれる[a].

つぎに,$X(z)$ の極と零点について調べる.まず,$X(z)$ の分母に z^{N-1} があるので $z = 0$ に $(N-1)$ 個の重極をもつ.また,

$$\frac{z^N - b^N}{z-b} = z^{N-1} + bz^{N-2} + b^2 z^{N-3} + \cdots + b^{N-2}z + b^{N-1}$$

と,$z^N - b^N$ は $z - b$ でわりきれ,分母の $z - b$ は,わかりやすさのためにかいただけで実は存在しない.よって $z = b$ は極ではなく,また分子の

$$z^N - b^N = (z-b)(z^{N-1} + bz^{N-2} + \cdots + b^{N-1})$$

で $z - b$ は分母の $z - b$ と約分されるので $z = b$ は零点でもない.零点は $z = b$ 以外で $z^N - b^N = 0$

---

[a] $z = \infty$ が収束領域に含まれるということは,$1/z = 0$ が収束領域に含まれることとして定義される.

106　第6章　離散時間線形時不変システム －周波数領域表現－

を満たす z であり，それは $z_k = be^{j2\pi k/N}$, $k = 1, 2, \cdots, N-1$, であたえられる（図6.11）．代数学の基本定理「n 次方程式は（重根も含めて）n 個の根（解）をもつ」により，$z^N - b^N = 0$ は N 個の根をもち，$z = b$ を含めると z_k, $k = 0, 1, \cdots, N-1$, の N 個が零点であることがわかる．

例題 6.5.

つぎの信号の z 変換を求めよ．

（1）　$x[n] = \delta[n]$.　　（2）　$x[n] = \delta[n-2]$.　　（3）　$x[n] = 5\delta[n-2] + 3\delta[n+4]$.

［解答例］

いずれも z 変換とインパルス信号の定義から簡単に計算できる．

（1）　$X(z) = 1$.　　（2）　$X(z) = z^{-2}$.　　（3）　$X(z) = 5z^{-2} + 3z^4$.

この例題から，つぎの重要な事実がわかる．すなわち，(1) <u>単位インパルス信号 $\delta[n]$ の z 変換は 1であり</u>，逆に，<u>z 変換が $X(z) = 1$ である信号は単位インパルス信号 $\delta[n]$ である</u>．(2) 一般に n_d を定まった整数としたとき，<u>単位インパルス信号を n_d だけ時間シフトした信号 $\delta[n-n_d]$ の z 変換は z^{-n_d} であたえられ</u>，逆に，<u>z 変換が z^{-n_d} である信号は $\delta[n-n_d]$ である</u>．

例題 6.6.

つぎの信号の z 変換を求めよ．また，極も求めよ．ただし $u_S[n]$ は単位ステップ信号である．

（1）　$x[n] = \sin(\omega_0 n) \cdot u_S[n]$.　　（2）　$y[n] = n \cdot u_S[n]$.

［解答例］

（1）オイラーの関係式を用いて正弦波を指数関数で表現することにより，つぎのように計算できる．

$$X(z) = \sum_{n=-\infty}^{\infty} x[n] z^{-n} = \sum_{n=0}^{\infty} \sin(\omega_0 n) \cdot z^{-n} = \frac{1}{2j} \sum_{n=0}^{\infty} \left(e^{j\omega_0 n} - e^{-j\omega_0 n} \right) z^{-n}$$

$$= \frac{1}{2j} \sum_{n=0}^{\infty} \left(e^{j\omega_0} z^{-1} \right)^n - \frac{1}{2j} \sum_{n=0}^{\infty} \left(e^{-j\omega_0} z^{-1} \right)^n.$$

$e^{j\omega_0}$ と $e^{-j\omega_0}$ は単位円上の点で $\left| e^{j\omega_0} \right| = \left| e^{-j\omega_0} \right| = 1$ なので $\left| z^{-1} \right| < 1$ であれば，この無限級数は収束し，次式が得られる．

$$X(z) = \frac{1}{2j} \left[\frac{1}{1 - e^{j\omega_0} z^{-1}} - \frac{1}{1 - e^{-j\omega_0} z^{-1}} \right] = \frac{1}{2j} \frac{(e^{j\omega_0} - e^{-j\omega_0}) z^{-1}}{1 - (e^{j\omega_0} + e^{-j\omega_0}) z^{-1} + z^{-2}}$$

$$= \frac{(\sin \omega_0) \cdot z^{-1}}{1 - 2(\cos \omega_0) \cdot z^{-1} + z^{-2}}.$$

極を求めるために，方程式 $1 - 2(\cos \omega_0) \cdot z^{-1} + z^{-2} = 0$ をとく．上式の両辺に z^2 を乗じると，2次方程式 $z^2 - 2(\cos \omega_0) \cdot z + 1 = 0$ が得られ，この解は

$$z = \cos \omega_0 \pm \sqrt{\cos^2 \omega_0 - 1} = \cos \omega_0 \pm j \sin \omega_0$$

となる．したがって，正弦波の極は単位円上に存在する．

（2）z 変換の定義より，$Y(z) = \sum_{n=0}^{\infty} nz^{-n} = z^{-1} + 2z^{-2} + 3z^{-3} + \cdots$．両辺に z^{-1} を乗じると $z^{-1}Y(z) = z^{-2} + 2z^{-3} + 3z^{-4} + \cdots$．さきの式からこの式をひくと，

$$(1 - z^{-1})Y(z) = z^{-1} + z^{-2} + z^{-3} + \cdots = \frac{z^{-1}}{1 - z^{-1}}.$$

したがって，

$$Y(z) = \frac{z^{-1}}{(1 - z^{-1})^2} = \frac{z}{z^2 - 2z + 1}.$$

極は $z^2 - 2z + 1 = 0$ をとくことにより，単位円上の $z = 1$ に重根として存在する．

演習 6.1.
つぎの離散時間信号の z 変換とその収束領域（ROC）を求めよ．ただし $u_S[n]$ は単位ステップ信号である．

（1）$x[n] = \cos(\omega_0 n) \cdot u_S[n]$．　　（2）$x[n] = n^2 \cdot u_S[n]$．　　（3）$x[n] = \begin{cases} 1, & n = -1 \text{ のとき}, \\ 2, & n = 0 \text{ のとき}, \\ 1, & n = 1 \text{ のとき}, \\ 0, & \text{そのほか}. \end{cases}$

演習 6.2.
つぎの離散時間信号の z 変換とその収束領域（ROC）を求めよ．ただし $u_S[n]$ は単位ステップ信号である．

（1）$x[n] = 0.5^n u_S[n] - u_S[n-1]$．　　（2）$x[n] = 0.5^n u_S[n] + (1/3)^n u_S[n]$．

（3）$x[n] = \alpha^{|n|}$，ただし，$x[n]$ は両側系列で α は定数．

本節のしめくくりとして代表的な信号の z 変換とその収束領域を表 6.1 にまとめる．

6.1.2　z 変換の収束領域の特徴

以下の議論で必要となる z 変換の収束領域についてまとめよう．特徴 1 と特徴 2 は，さきに述べたべき級数の収束領域の議論から明らかであろう．

特徴 1.
$X(z)$ の収束領域は，一般に，z 平面上の原点を中心とする環となる（図 6.12）．

特徴 2.
$X(z)$ の収束領域は極を 1 つも含まない．極では $X(z)$ は無限大となる．

N_1 と N_2 を整数としたとき，z 変換が $X(z) = \sum_{n=N_1}^{N_2} x[n]z^{-n}$ で表わされる系列のことを**有限長系列**という．また，**両側系列**とは，$n = -\infty$ から $n = \infty$ まで値をとる系列であり，右側系列と左側系列の和に分解できる．

表6.1 代表的な信号の z 変換とその収束領域．$\delta[n]$ は単位インパルス信号で，$u_S[n]$ は単位ステップ信号である．また，α と γ と ω_0 は定数である．ただし $\gamma > 0$ とする

z 変換対

	$x[n]$	$X(z)$	収束領域
1	$\delta[n]$	1	z 平面全体
2	$u_S[n]$	$\dfrac{1}{1-z^{-1}}$	$|z| > 1$
3	$u_S[-n-1]$	$\dfrac{1}{1-z^{-1}}$	$|z| < 1$
4	$\delta[n-m]$	z^{-m}	z 平面全体
5	$\alpha^n u_S[n]$	$\dfrac{1}{1-\alpha z^{-1}}$	$|z| > |\alpha|$
6	$-\alpha^n u_S[-n-1]$	$\dfrac{1}{1-\alpha z^{-1}}$	$|z| < |\alpha|$
7	$n\alpha^n u_S[n]$	$\dfrac{\alpha z^{-1}}{(1-\alpha z^{-1})^2}$	$|z| > |\alpha|$
8	$-n\alpha^n u_S[-n-1]$	$\dfrac{\alpha z^{-1}}{(1-\alpha z^{-1})^2}$	$|z| < |\alpha|$
9	$(\cos\omega_0 n)\cdot u_S[n]$	$\dfrac{1-\cos\omega_0\cdot z^{-1}}{1-2\cos\omega_0\cdot z^{-1}+z^{-2}}$	$|z| > 1$
10	$(\sin\omega_0 n)\cdot u_S[n]$	$\dfrac{\sin\omega_0\cdot z^{-1}}{1-2\cos\omega_0\cdot z^{-1}+z^{-2}}$	$|z| > 1$
11	$r^n(\cos\omega_0 n)\cdot u_S[n]$	$\dfrac{1-r\cos\omega_0\cdot z^{-1}}{1-2r\cos\omega_0\cdot z^{-1}+r^2 z^{-2}}$	$|z| > r$
12	$r^n(\sin\omega_0 n)\cdot u_S[n]$	$\dfrac{r\sin\omega_0\cdot z^{-1}}{1-2r\cos\omega_0\cdot z^{-1}+r^2 z^{-2}}$	$|z| > r$

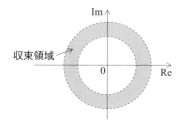

図 6.12 $X(z)$ の収束領域は，一般に，z 平面上の原点を中心とする環となる

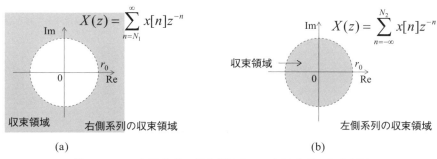

(a) (b)

図 6.13 (a) 右側系列の収束領域と (b) 左側系列の収束領域

$$X(z) = \sum_{n=-\infty}^{\infty} x[n]z^{-n} = \sum_{n=0}^{\infty} x[n]z^{-n} + \sum_{n=-\infty}^{-1} x[n]z^{-n}$$

特徴 3.

$x[n]$ が右側系列で，円 $|z| = r_0$ が収束領域内に存在するならば，$|z| > r_0$ であるすべての有限な z もまた収束領域に含まれる（図 6.13(a)）．とくに，因果系列は右側系列であり，この特徴 3 をもつことに注意してほしい．

［証明］　右側系列であるから，ある整数 N_1 があって $X(z) = \sum_{n=N_1}^{\infty} x[n]z^{-n}$ である．これは

$$X(z) = \sum_{n=N_1}^{-1} x[n]z^{-n} + \sum_{n=0}^{\infty} x[n]z^{-n}$$

とかくことができる．ただし，$N_1 > 0$ のときは右辺第 1 項は 0 とする．この第 1 項は有限個の和なので $|z| \geq r_0$ なる z に対してはある定数 C でおさえられる．よって

$$\left|X(z)\right| \leq \left|C\right| + \sum_{n=0}^{\infty} \left|x[n]\right|\left|z^{-n}\right| \leq \left|C\right| + \sum_{n=0}^{\infty} \left|x[n]\right|\left|r_0\right|^{-n} < \infty.$$

証明終わり．

同様に特徴 4 と特徴 5・特徴 6 が成り立つ．

特徴 4.

$x[n]$ が左側系列で，円 $|z| = r_0$ が収束領域内に存在するならば，$0 < |z| < r_0$ であるすべての z もまた収束領域に含まれる（図 6.13(b)）．

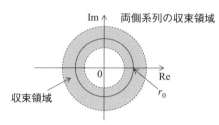

図 6.14 両側系列の収束領域. 円 $|z| = r_0$ が収束領域にあるとき

特徴 5.

$x[n]$ が両側系列で，円 $|z| = r_0$ が収束領域内に存在するならば，収束領域はこの円を含む z 平面上の環よりなる（図 6.14）.

特徴 6.

$x[n]$ が有限長系列であれば，その収束領域は z 平面全域である．ただし，$N_1 < 0$ のときは $z = \infty$ をのぞき，$N_2 > 0$ のときは $z = 0$ をのぞく．

6.1.3 逆 z 変換

z 変換の逆，すなわち，**逆 z 変換**（inverse z-transform）は，

$$x[n] = \frac{1}{2\pi j} \oint X(z) z^{n-1} dz$$

となることが知られている．ただし，$\oint$ は，$X(z)$ の収束領域内にある円で，原点を中心とする半径 r の円の周上を反時計方向にまわる周回積分である．すなわち，その円周をこまかくわけ，わけた各点 z_k での $X(z) z^{n-1}$ の値，つまり $X(z_k) z_k^{n-1}$ に素片 Δz_k をかけて円周一周分をくわえたものの $\Delta z_k \to 0$ の極限である（図 6.15）．逆 z 変換の証明は，本書の程度を超えるので割愛する．

上式は逆 z 変換の定義であるが，この積分を実行して逆 z 変換を求めることはほとんどない．実際の逆 z 変換の計算には以下の方法がとられる．すなわち，$X(z)$ が有理関数であれば，以下で説明するように部分分数展開，あるいは，べき級数展開を用いて逆変換を行なうことができる．ただし，$X(z)$ がおなじ形をしていても，収束領域によって $x[n]$ はことなるので，$X(z)$ とその収束領域の両方があたえられていないと逆 z 変換は行なえないことに注意が必要である．ここでは，部分分数展開を用いた逆 z 変換を例をとおしてみていこう．べき級数展開を用いた逆 z 変換は章末の付録

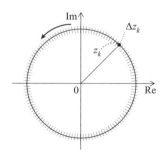

図 6.15 逆 z 変換における周回積分

6.A にあたえた.

例題 6.7.

部分分数展開を用いて, つぎの関数の逆 z 変換を計算せよ. ただし, 閉じた形の z 変換の式の右側にある z に関する不等式は z 変換の収束領域である.

(1) $X(z) = \dfrac{3 - 1.25z^{-1}}{(1 - 0.5z^{-1})(1 - 0.25z^{-1})}$,　　$|z| > 0.5$.

(2) $X(z) = \dfrac{3 - 1.25z^{-1}}{(1 - 0.5z^{-1})(1 - 0.25z^{-1})}$,　　$0.25 < |z| < 0.5$.

(3) $X(z) = \dfrac{3z^{-1} - 2}{(1 - 0.5z^{-1})(1 - z^{-1})^2}$,　　$|z| > 1$.

[解答例]

(1) と (2) は $X(z)$ の形がおなじであり, ともにつぎのように部分分数展開できる.

$$X(z) = X_1(z) + X_2(z),$$

ただし,　　　　　　　　$X_1(z) = \dfrac{2}{1 - 0.25z^{-1}}$,　　　$X_2(z) = \dfrac{1}{1 - 0.5z^{-1}}$.

よって $X(z)$ の極は $z = 0.25$ と $z = 0.5$ である.

(1) 収束領域は大きい極の外側になっているので, 収束領域の特徴 3 より右側系列であることがわかる. したがって, 表 6.1 より $\dfrac{1}{1 - \alpha z^{-1}}$, $|z| > |\alpha|$ の逆 z 変換を求めると

$$x[n] = (2 \cdot 0.25^n + 0.5^n)u_S[n].$$

(2) 収束領域の特徴 5 より両側系列であることがわかる. さらに, $X_1(z)$ と $X_2(z)$ の極の配置と特徴 2 から,

$$\frac{2}{1 - 0.25z^{-1}}, \quad |z| > 0.25 \text{ の逆 } z \text{ 変換を } x_1[n],$$

$$\frac{1}{1 - 0.5z^{-1}}, \quad |z| < 0.5 \text{ の逆 } z \text{ 変換を } x_2[n]$$

とすると, $x_1[n]$ は右側系列であり, $x_2[n]$ は左側系列である. よって, 表 6.1 から $x_1[n]$ と $x_2[n]$ が求まり次式が得られる.

$$x[n] = 2 \cdot 0.25^n u_S[n] - 0.5^n u_S[-n - 1].$$

(3) 重根の場合も同様に行なう. まず $X(z)$ を部分分数に展開すると

$$X(z) = \frac{4}{1 - 0.5z^{-1}} + \frac{2z^{-1}}{(1 - z^{-1})^2} - \frac{6}{1 - z^{-1}}.$$

したがって表 6.1 より

$$x[n] = (4 \cdot 0.5^n + 2n - 6)u_S[n].$$

112　第6章　離散時間線形時不変システム −周波数領域表現−

演習 6.3.

つぎの $X(z)$ を逆 z 変換せよ.

(1) $X(z) = \dfrac{z^2 + 3z}{(z-1)(z-2)}$,　　ただし, $x[n]$ は因果信号.

(2) $X(z) = \dfrac{1 - z^{-1} + z^{-2}}{(1 - 0.5z^{-1})(1 - 2z^{-1})(1 - z^{-1})}$,　　$1 < |z| < 2$.

(3) $X(z) = \dfrac{1}{1 - 0.5z^{-1}} + \dfrac{2}{1 - 2z^{-1}}$,　　ただし, $x[n]$ は因果信号.

(4) $X(z) = \dfrac{1}{1 - 0.5z^{-1}} + \dfrac{2}{1 - 2z^{-1}}$,　　ただし, $x[n]$ の離散時間フーリエ変換が存在する.

演習 6.4.

つぎの $X(z)$ の極と零点を求めよ.

$$X(z) = \frac{z^{-1} + 0.5z^{-2}}{1 - 1.5z^{-1} + 0.7z^{-2}}.$$

6.1.4　z 変換の性質

ここで, z 変換の重要な性質をまとめよう. 章末の付録 6.B にも z 変換の性質についてあげた. 以下では $x[n]$ の z 変換を $X(z)$ で表わし, その収束領域を ROC $= R_x$ とする. 証明をあげていないものは, z 変換の定義から簡単に導ける.

性質 1.（線形性）　2つの離散時間信号の z 変換をそれぞれ

$$X_1(z) = \mathcal{Z}\{x_1[n]\}, \quad \text{ROC} = R_1,$$
$$X_2(z) = \mathcal{Z}\{x_2[n]\}, \quad \text{ROC} = R_2$$

とするとき, 次式が成り立つ.

$$\mathcal{Z}\{ax_1[n] + bx_2[n]\} = aX_1(z) + bX_2(z),$$

ただし, a, b は定数である. このとき, 収束領域は R_1 と R_2 の交わりの部分である. また, $X_1(z)$ と $X_2(z)$ の間で極零相殺が存在する場合には（たとえば, $X_1(z)$ の極が, $aX_1(z) + bX_2(z)$ では約分ができて極ではなくなるとき）, 収束領域はさらに広くなる.

性質 2.（時間シフト）　m を整数とする. このとき,

$$\mathcal{Z}\{x[n-m]\} = z^{-m}X(z), \quad \text{ROC} = R_x.$$

（ただし, $z = 0$ と $z = \infty$ は除外されることがある.）

[証明]

$$\mathcal{Z}\{x[n-m]\} = \sum_{n=-\infty}^{\infty} x[n-m]z^{-n} = \sum_{n=-\infty}^{\infty} x[n-m]z^{-n+m-m} = z^{-m}\sum_{\hat{n}=-\infty}^{\infty} x[\hat{n}]z^{-\hat{n}} = z^{-m}X(z).$$

性質 3.（時間軸の反転）

$$\mathcal{Z}\{x[-n]\} = X\left(\frac{1}{z}\right), \quad \text{ROC} = R_x.$$

性質 4.（離散時間信号のたたみこみ）

$$X_1(z) = \mathcal{Z}\{x_1[n]\}, \quad \text{ROC} = R_1,$$

$$X_2(z) = \mathcal{Z}\{x_2[n]\}, \quad \text{ROC} = R_2$$

とするとき，次式が成り立つ．

$$\mathcal{Z}\{x_1[n] * x_2[n]\} = X_1(z)X_2(z), \quad \text{ROC} = R_1 \cap R_2,$$

ただし，

$$x_1[n] * x_2[n] = \sum_{k=-\infty}^{\infty} x_1[k]x_2[n-k].$$

［性質 4 の証明］

たたみこみの定義をそのまま用いて

$$\mathcal{Z}\{x_1[n] * x_2[n]\} = \mathcal{Z}\left\{\sum_{k=-\infty}^{\infty} x_1[k]x_2[n-k]\right\} = \sum_{k=-\infty}^{\infty} \mathcal{Z}\{x_1[k]x_2[n-k]\}$$

$$= \sum_{k=-\infty}^{\infty} x_1[k]\mathcal{Z}\{x_2[n-k]\} = \sum_{k=-\infty}^{\infty} x_1[k]z^{-k}X_2(z) = X_2(z)\sum_{k=-\infty}^{\infty} x_1[k]z^{-k} = X_1(z)X_2(z).$$

z 変換を用いて第 3 章演習 3.1 をといてみよう．その便利さがわかる．

例題 6.8.

インパルス応答 $h[n]$ が以下であたえられる離散時間線形時不変システムを考える．

$$h[n] = \begin{cases} 0, & n \le 0, \\ 3, & n = 1, \\ 1, & n = 2, \\ 2, & n = 3, \\ 0, & n > 3. \end{cases}$$

このシステムに信号

$$x[n] = \begin{cases} 0, & n < 0, \\ 1, & n = 0,\ 1,\ 2, \\ 0, & n > 2 \end{cases}$$

を入力したときの出力 $y[n]$ を求めよ．

［解答例］

z 変換の定義から $h[n]$ の z 変換 $H(z)$ は

$$H(z) = 3 \cdot z^{-1} + 1 \cdot z^{-2} + 2 \cdot z^{-3}.$$

また $x[n]$ の z 変換 $X(z)$ は $X(z) = 1 + 1 \cdot z^{-1} + 1 \cdot z^{-2}$. 出力 $y[n]$ の z 変換を $Y(z)$ とすると，$y[n] = h[n] * x[n]$ と z 変換の性質 4（離散時間信号のたたみこみ）より

$$Y(z) = H(z)X(z) = (3z^{-1} + z^{-2} + 2z^{-3})(1 + z^{-1} + z^{-2})$$
$$= 3z^{-1} + 4z^{-2} + 6z^{-3} + 3z^{-4} + 2z^{-5}.$$

z変換の線形性と表6.1を用いて，これを逆z変換して

$$y[n] = 3\delta[n-1] + 4\delta[n-2] + 6\delta[n-3] + 3\delta[n-4] + 2\delta[n-5].$$

6.2 伝達関数とz領域でのシステム表現

離散時間システムのインパルス応答$h[n]$のz変換は，そのシステムの**伝達関数**（transfer function）とよばれる．すなわち，インパルス応答が$h[n]$の伝達関数は，以下であたえられる．

$$H(z) = \sum_{k=-\infty}^{\infty} h[k]z^{-k}. \tag{6.2}$$

伝達関数は，離散時間LTIシステムのz領域における記述をあたえる．すなわち，$X(z)$を入力$x[n]$のz変換とし，$Y(z)$を出力$y[n]$のz変換とすると

$$Y(z) = H(z)X(z) \tag{6.3}$$

となる．なぜならば，システムは線形時不変と仮定しているので

$$y[n] = x[n] * h[n]$$

であり，この両辺をz変換すればz変換の性質4（離散時間信号のたたみこみ）より所望の式となるからである．一般に，信号のたたみこみは無限級数であり複雑なものとなる．それに対し，伝達関数$H(z)$と入力信号のz変換$X(z)$さえ求まれば，出力のz変換は$H(z)$と$X(z)$の積として簡単に求められることを式（6.3）は意味している．

逆に，システムの入出力のz変換$X(z)$と$Y(z)$がわかれば$Y(z)/X(z)$とそれらの比として伝達関数$H(z)$が求まる．これを逆z変換すればシステムのインパルス応答が求まる．システムの入出力とインパルス応答と，入出力のそれぞれのz変換ならびに伝達関数の関係を図6.16に示す．

第2章で定義した因果システムは，インパルス応答$h[n]$が$n<0$で$h[n]=0$となるシステムである．これは，$h[n]$が因果系列であることを意味する．それゆえ，そのz変換である$H(z)$の収束領域

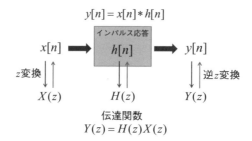

図6.16 システムの入出力とインパルス応答と，入出力のz変換と伝達関数の関係

6.2 伝達関数と z 領域でのシステム表現　115

について考えると，収束領域の特徴3により，円 $|z| = r_0$ が収束領域にあれば，$|z| > r_0$ であるすべての有限な z も収束領域に含まれることを注意しておく．

例題 6.9.

$u_S[n]$ を単位ステップ信号とする．インパルス応答 $h[n] = a^n u_S[n]$ をもつ離散時間 LTI システムの伝達関数を求めよ．ただし $a \neq 0$ は定数である．

［解答例］

例題6.1（あるいは z 変換対の表6.1）より，$h[n] = a^n u_S[n]$ の z 変換は，

$$H(z) = \frac{1}{1 - az^{-1}} = \frac{z}{z - a}, \quad |z| > |a|.$$

よって，これがこのシステムの伝達関数である．

例題 6.10.

つぎの伝達関数をもつ離散時間 LTI システムに対して，単位インパルス信号 $\delta[n]$ を入力したときの応答（出力）を求めよ．ただし $a \neq 0$ は定数である．

$$H(z) = \frac{1}{1 - az^{-1}} = \frac{z}{z - a}, \quad |z| > |a|.$$

［解答例］

例題6.1（あるいは z 変換対の表6.1）より，$H(z)$ の逆 z 変換は，$h[n] = a^n u_S[n]$ である．伝達関数の定義により，これが単位インパルス信号を入力としたときの出力である．

例題 6.11.

以下の再帰方程式で表現される離散時間 LTI 因果システムの伝達関数を求め，それを使ってインパルス応答を求めよ．ただし，$x[n]$ は入力を，$y[n]$ は出力を表わす．

(1) $\left(x[n] + y[n - 1] \right) \times \dfrac{1}{2} = y[n]$.

(2) $6y[n] - 5y[n - 1] + y[n - 2] = 30x[n] - 12x[n - 1]$.

［解答例］

(1) 入力 $x[n]$ の z 変換を $X(z)$，出力 $y[n]$ の z 変換を $Y(z)$ とかき，両辺を z 変換すると

$$(X(z) + z^{-1}Y(z)) \times \frac{1}{2} = Y(z).$$

このシステムの伝達関数は，$Y(z)$ と $X(z)$ との比であるから

$$H(z) = \frac{Y(z)}{X(z)} = \frac{z}{2z - 1} = \frac{1}{2} \cdot \frac{1}{1 - \dfrac{1}{2}z^{-1}}.$$

システムが因果であることの定義から，インパルス応答は右側系列であることがわかる．よって，この $H(z)$ を逆 z 変換すれば以下のインパルス応答が得られる（表6.1の5）．すなわち，

116　第6章　離散時間線形時不変システム －周波数領域表現－

$$h[n] = \frac{1}{2} \times \left(\frac{1}{2}\right)^n u_S[n] = \left(\frac{1}{2}\right)^{n+1} u_S[n].$$

（2）両辺を z 変換して

$$6Y(z) - 5z^{-1}Y(z) + z^{-2}Y(z) = 30X(z) - 12z^{-1}X(z).$$

この式からシステムの伝達関数は

$$H(z) = \frac{Y(z)}{X(z)} = \frac{30 - 12z^{-1}}{6 - 5z^{-1} + z^{-2}} = \frac{3}{1 - \frac{1}{2}z^{-1}} + \frac{2}{1 - \frac{1}{3}z^{-1}}.$$

システムが因果であることを考慮すると，インパルス応答は右側系列でなければならない．よって，上式を逆 z 変換して以下のインパルス応答が得られる．

$$h[n] = \left(3\left(\frac{1}{2}\right)^n + 2\left(\frac{1}{3}\right)^n\right)u_S[n].$$

演習 6.5.

$u_S[n]$ を単位ステップ信号とする．インパルス応答 $h[n] = na^n u_S[n]$ をもつ離散時間 LTI システムの伝達関数を求めよ．ただし，$a \neq 0$ は定数である．

演習 6.6.

つぎの伝達関数をもつ離散時間 LTI システムに対して，単位インパルス信号 $\delta[n]$ を入力したときの応答（出力）を求めよ．ただし，$a \neq 0$ は定数である．

$$H(z) = \frac{az^{-1}}{(1 - az^{-1})^2}, \quad |z| > |a|.$$

演習 6.7.

以下の再帰方程式で表現される離散時間 LTI 因果システム

$$y[n] - \frac{1}{2}y[n-1] = x[n] + \frac{1}{3}x[n-1]$$

の伝達関数を求めよ．

例題 6.11 と演習 6.7 では，再帰方程式で表現された離散時間 LTI システムの伝達関数を求めた．逆に，伝達関数があたえられた離散時間 LTI システムの再帰方程式表現を求めよう．ここでは，伝達関数が，z の有理関数，すなわち分母と分子が z の多項式で表現されるときを考える．

あたえられた伝達関数について，分母と分子の多項式の次数のうち大きいほうの次数を m として，分母と分子をそれぞれ z^m でわり，さらに分母の定数項 b_0（$\neq 0$ と仮定）で分母と分子をわった型を

$$H(z) = \frac{a_0 + a_1 z^{-1} + \cdots + a_M z^{-M}}{1 + b_1 z^{-1} + \cdots + b_N z^{-N}}$$

とする．

任意の信号 $x[n]$ の z 変換を $X(z)$ とすると，$x[n]$ をこのシステムに入力したときの出力 $y[n]$ の z 変換 $Y(z)$ は

$$Y(z) = H(z)X(z)$$

となる．これと上の $H(z)$ より

$$\left(1 + b_1 z^{-1} + \cdots + b_N z^{-N}\right) Y(z) = \left(a_0 + a_1 z^{-1} + \cdots + a_M z^{-M}\right) X(z)$$

が得られる．この式において分配法則で ( ) をはずしたときの，たとえば左辺の1つの項 $z^{-m} Y(z)$ を考えると，z 変換の性質2（時間シフト）より，これは，$y[n]$ を m だけ時間シフトした信号 $y[n-m]$ の z 変換である．同様に右辺の $z^{-k} X(z)$ は $x[n-k]$ の z 変換である．よって上式は，

$$y[n] + b_1 y[n-1] + \cdots + b_N y[n-N] = a_0 x[n] + a_1 x[n-1] + \cdots + a_M x[n-M]$$

の両辺を z 変換したものである．以上のように，システムの再帰方程式表現が得られる．とりわけ $N = 0$，すなわち $H(z)$ の分母が1で $H(z)$ が z^{-1} の多項式となる場合には，出力 $y[n]$ は，入力 $x[n]$，$x[n-1]$，$\cdots$，$x[n-M]$ の $M+1$ 個の値できまってしまい，このシステムが因果的な FIR であることがわかる．しかし，$N \geq 1$ の場合は，$y[n]$ の値が出力自身の「過去」の値 $y[n-1]$，$\cdots$，$y[n-N]$ によるため，一般にこれは因果的な IIR システムとなる．

伝達関数が z の有理関数で表わされる因果的な IIR システムの中で，$N = 1$ で $M = 0$，すなわち，

$$H(z) = \frac{a}{1 + b z^{-1}}$$

であるシステムを**1次システム**（あるいは**1次系**）とよぶ．この伝達関数をもつシステムを再帰表現すれば

$$y[n] + b \cdot y[n-1] = a \cdot x[n]$$

となり，現在の出力 $y[n]$ が1時刻前の出力 $y[n-1]$ と現在の入力 $x[n]$ の重みづけ和であることがわかる．また，やはり因果的な IIR システムの中で $N = 2$ で $M = 0$，すなわち，

$$H(z) = \frac{a}{1 + b_1 z^{-1} + b_2 z^{-2}}$$

であるシステムを**2次システム**（あるいは**2次系**）とよぶ．これを再帰表現すると

$$y[n] + b_1 \cdot y[n-1] + b_2 \cdot y[n-2] = a \cdot x[n]$$

である．現在の出力 $y[n]$ は，直前の2つの時刻の出力 $y[n-1]$ と $y[n-2]$ と，現在の入力 $x[n]$ の重みづけ和となっている．

また，z の有理型伝達関数を，その分子と分母を z の1次式の因数に分解した形で表現したものを**零点・極・ゲインによるシステムの表現**とよび，その一般形は次式であたえられる．

$$H(z) = K \frac{(z - q_1)(z - q_2) \cdots (z - q_\mu)}{(z - p_1)(z - p_2) \cdots (z - p_\nu)} = K \frac{Q(z)}{P(z)}. \tag{6.4}$$

ここで，q_i，$i = 1$，$\cdots$，μ，は零点で，p_j，$j = 1$，$\cdots$，ν，は極である．また，K はゲインとよばれる．

118　第6章　離散時間線形時不変システム −周波数領域表現−

例題 6.12.

伝達関数

$$H(z) = \frac{2 + 3z^{-1} + 4z^{-2}}{1 + 3z^{-1} + 3z^{-2} + z^{-3}}$$

であたえられる離散時間 LTI システムを零点・極・ゲイン表現せよ.

[解答例]

$H(z)$ の分母と分子に z^3 をかけ変形して, 零点・極・ゲイン表現すると,

$$H(z) = 2\frac{z(z + 0.75 - j1.199)(z + 0.75 + j1.199)}{(z + 1)^3}.$$

このとき, $K = 2$ であり, 零点は q_1, $q_2 = -0.75 \pm j1.199$, $q_3 = 0$, 極は $z = -1$（3重極）である.

因果システムが, 零点・極・ゲイン表現されている場合には, その安定性を簡単に判定できる.

定理 6.3

いま, 離散時間 LTI 因果システムの零点・極・ゲイン表現が式（6.4）であたえられたとする. このとき, このシステムが安定であるための必要十分条件は, 方程式

$$P(z) = 0$$

のすべての根が複素平面の単位円内に存在することである. すなわち, すべての p_i, $i = 1$, $\cdots$, ν, の絶対値 $|p_i|$ が 1 より小さいことが, システムが安定であるための必要十分条件である.

[証明]

はじめに, システムが因果であることから, z 変換の収束領域の特徴 2 と特徴 3 より, $H(z)$ の収束領域は, 原点からもっとも遠い極の外側であることを注意しておこう.

まず, システムが安定だとする. そのとき, 第 3 章定理 3.1 よりこのシステムのインパルス応答 $h[n]$ は絶対総和可能, すなわち

$$\sum_{k=-\infty}^{\infty} \left| h[k] \right| < \infty$$

である. この条件は, $|z| = 1$ に対して

$$\sum_{k=-\infty}^{\infty} \left| h(k)z^{-k} \right| < \infty$$

と同値である. すなわち, システムが安定であれば, $H(z)$ の収束領域は単位円を含む. よって, $H(z)$ の収束領域は, 単位円を含み, かつはじめに注意したことにより, 原点からもっとも遠い極の外側となる. ゆえに, すべての極は単位円の内側にある.

逆に, すべての極が単位円の内側にあるとしよう. $H(z)$ が零点・極・ゲイン表現されているということは, $H(z)$ が極以外のすべての点で収束していることを意味する. よって, 原点からもっとも遠い極の外側が $H(z)$ の収束領域となり, これは単位円を含む. それゆえ, $|z| = 1$ に対し, $\sum_{k=-\infty}^{\infty} \left| h(k)z^{-k} \right| < \infty$, すなわち

$\sum_{k=-\infty}^{\infty} \left| h(k) \right| < \infty$ となり, このシステムは安定となる. 証明終わり.

注意.

(1) 定理 6.3 の証明からわかるように，LTI システムが安定であるための必要十分条件は，その
システムの伝達関数の収束領域が単位円を含むことである．

(2) 定理 6.3 が成り立つためにはシステムが因果であることが必要である．たとえば，伝達関
数が

$$H(z) = \frac{1}{\left(1 - \frac{1}{2}z^{-1}\right)\left(1 - 3z^{-1}\right)}$$

で，その収束領域が $\frac{1}{2} < |z| < 3$ であたえられるシステムを考えよう．このシステムは，収
束領域が環なので非因果であり，また，$H(z)$ の収束領域が単位円を含むので安定である．し
かし，このシステムの 1 つの極 $z = 3$ は単位円の外にある．

式 $P(z) = 0$ は**特性方程式**（characteristic equation）とよばれ，特性方程式の根は**特性根**（characteristic
root）とよばれる．

> **例題 6.13.**
>
> つぎの伝達関数をもつ離散時間 LTI 因果システムの安定性を調べよ．
>
> $$H(z) = \frac{z^{-1} + 0.8z^{-2}}{1 - 1.5z^{-1} - z^{-2}}.$$

［解答例］

特性方程式は，$z^2 - 1.5z - 1 = 0$ なので，特性根は $z = -0.5, 2$ となる．根 z は単位円の外にあ
るのでこのシステムは不安定であることがわかる．

6.3　周波数伝達関数と周波数領域でのシステム表現

z 平面上の単位円上 $|z| = 1$ に制限した伝達関数を，そのシステムの**周波数伝達関数**（frequency
transfer function）あるいは**周波数応答関数**（frequency response function）という．すなわち，

$$H(\omega) = \sum_{k=-\infty}^{\infty} h[k]e^{-jk\omega}. \tag{6.5}$$

周波数伝達関数は，システムのインパルス応答の離散時間フーリエ変換である．$H(\omega)$ は $H(e^{j\omega})$ と
もかかれる．周波数伝達関数は，離散時間 LTI システムの周波数領域における記述をあたえる．す
なわち，$X(\omega)$ を入力 $x[n]$ の離散時間フーリエ変換とし，$Y(\omega)$ を出力 $y[n]$ の離散時間フーリエ変換
とすると，

$$Y(\omega) = H(\omega)X(\omega) \tag{6.6}$$

なる関係がある．これは，離散時間フーリエ変換が，単位円上での z 変換であることと，式（6.3）
から明らかであろう．システムの入出力とインパルス応答と，入出力の離散時間フーリエ変換と周
波数伝達関数の関係を図 6.17 に示す．

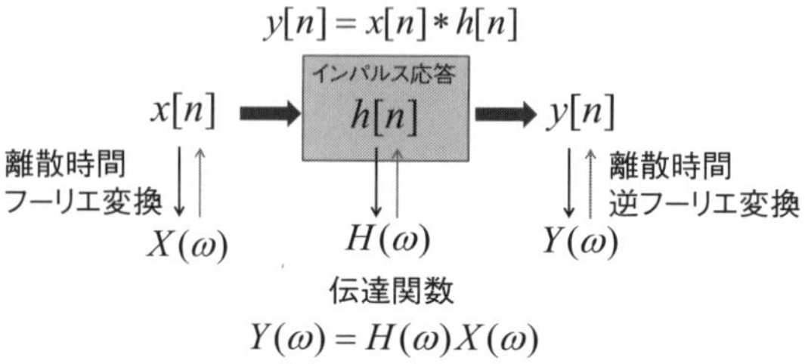

120　第6章　離散時間線形時不変システム －周波数領域表現－

$$y[n] = x[n] * h[n]$$

インパルス応答

$$x[n] \quad h[n] \quad y[n]$$

離散時間　　　　　　　　　　　　　　　　　離散時間
フーリエ変換　　　　　　　　　　　　　　　逆フーリエ変換

$$X(\omega) \qquad H(\omega) \qquad Y(\omega)$$

伝達関数

$$Y(\omega) = H(\omega)X(\omega)$$

図6.17　システムの入出力とインパルス応答と，入出力の離散時間フーリエ変換と周波数伝達関数の関係

　一般に，$H(\omega)$ は周波数 ω の複素関数となる．$\bigl|H(\omega)\bigr|$ をシステムの**ゲイン特性**（gain characteristics）といい，$\angle H(\omega)$ を**位相特性**（phase characteristics）という．また，システムの**周波数特性**（frequency characteristics）とは，ゲイン特性と位相特性の両者をさす表現である．なお，$\angle H(\omega)$ と $\angle$ をつけてかくとわずらわしいので，本節以降では，しばしば $\theta(\omega) = \angle H(\omega)$ である ω の関数 θ で位相特性を表わす．

　周波数伝達関数とゲイン特性・位相特性のもつ性質を特徴づけてみよう．システムのインパルス応答が $h[n]$ である線形時不変システムにおいて，複素指数信号

$$x[n] = e^{j\omega n} = \cos(\omega n) + j\sin(\omega n) \tag{6.7}$$

を入力し，それに対する出力 $y[n]$ を考える．たたみこみの式（3.2）に（6.7）を代入すると，

$$y[n] = \sum_{k=-\infty}^{\infty} h[k]x[n-k] = \sum_{k=-\infty}^{\infty} h[k]e^{j\omega(n-k)} = e^{j\omega n}\sum_{k=-\infty}^{\infty} h[k]e^{-j\omega k} \tag{6.8}$$

となる．式（6.8）の最右辺の $\displaystyle\sum_{k=-\infty}^{\infty} h[k]e^{-j\omega k}$ は，インパルス応答の離散時間フーリエ変換なので周波数伝達関数である．よって

$$H(\omega) = \sum_{k=-\infty}^{\infty} h[k]e^{-j\omega k} \tag{6.9}$$

とおく．この $H(\omega)$ は複素数であり，ゲイン $\bigl|H(\omega)\bigr|$ と偏角 $\theta(\omega) = \angle H(\omega)$ を用いたその極座標表現は

$$H(\omega) = \bigl|H(\omega)\bigr|e^{j\theta(\omega)}. \tag{6.10}$$

式（6.10）を式（6.8）に代入すると，

$$y[n] = e^{j\omega n}H(\omega) = e^{j\omega n}\bigl|H(\omega)\bigr|e^{j\theta(\omega)} = \bigl|H(\omega)\bigr|e^{j(\omega n+\theta(\omega))}$$

$$= \bigl|H(\omega)\bigr|\cos(\omega n + \theta(\omega)) + j\bigl|H(\omega)\bigr|\sin(\omega n + \theta(\omega)) \tag{6.11}$$

となる．以上から，システムのゲイン特性と位相特性の役割りを示す重要なつぎの定理を得る．

定理6.4

　周波数伝達関数が $H(\omega)$ であたえられる離散時間線形時不変システムを考える．このとき

　（1）離散時間複素指数信号 $x[n] = e^{j\omega n}$ に対する出力信号は，

$$y[n] = H(\omega)e^{j\omega n} = \bigl|H(\omega)\bigr|e^{j(\omega n+\theta(\omega))}$$

　　　となる．すなわち，出力信号は，その周波数が入力信号の周波数とおなじで，絶対
　　　値と位相だけが入力信号とことなる指数信号となる．ただし $\theta(\omega) = \angle H(\omega)$ である．

6.3 周波数伝達関数と周波数領域でのシステム表現　121

(2) 実部だけを考えれば，正弦波信号 $x[n] = \cos(\omega n)$ を入力したとき，出力信号は
$y[n] = |H(\omega)|\cos(\omega n + \theta(\omega))$ であたえられることがわかる．ただし $\theta(\omega) = \angle H(\omega)$
である．

　すなわち，周波数伝達関数が $H(\omega)$ であたえられる線形システムに，正弦波を入力とすると，その正弦波の振幅を $|H(\omega)|$ 倍し，位相を $\angle H(\omega)$ だけずらした正弦波が出力される．ここで，定理 6.4 は，システムの線形性と時不変性から得られたことに注意してほしい．一般に信号は正弦波の重みつき和（線形性）で表現されるので，周波数伝達関数が $H(\omega)$ の LTI システムの出力は，入力の成分であるそれぞれの正弦波の振幅を $|H(\omega)|$ 倍し，位相を $\angle H(\omega)$ だけずらした正弦波の重みつき和となる．この性質は，第 9 章で述べるフィルタの理論で重要となる．

例題 6.14.
　つぎの伝達関数をもつ離散時間 LTI システムの周波数伝達関数を求めよ．ただし $a \neq 0$ は定数である．また，$a = \dfrac{1}{4}$ として，このシステムに正弦波 $x[n] = \cos(\omega n)$ を入力したときの出力を求めよ．

$$H(z) = \frac{1}{1 - az^{-1}} = \frac{z}{z - a}, \quad |z| > |a|.$$

［解答例］

　（i）まず，z 平面上の単位円 $|z| = 1$ が収束領域に含まれると仮定する．すなわち，$|a| < 1$ と仮定する．このときは，周波数伝達関数は，$H(z)$ に $z = e^{j\omega}$ を代入して

$$H(\omega) = \frac{1}{1 - ae^{-j\omega}}.$$

である．また，$a = \dfrac{1}{4}$ のとき

$$H(\omega) = \frac{1}{1 - \dfrac{1}{4}e^{-j\omega}} = \frac{1}{\left(1 - \dfrac{1}{4}\cos\omega\right) + \dfrac{j}{4}\sin\omega} = \frac{\left(1 - \dfrac{1}{4}\cos\omega\right) - \dfrac{j}{4}\sin\omega}{\left(1 - \dfrac{1}{4}\cos\omega\right)^2 + \dfrac{1}{16}\sin^2\omega}$$

だから，$H(\omega)$ の極座標表現は

$$H(\omega) = \sqrt{\frac{\left(1 - \dfrac{1}{4}\cos\omega\right)^2 + \dfrac{1}{16}\sin^2\omega}{\left(\left(1 - \dfrac{1}{4}\cos\omega\right)^2 + \dfrac{1}{16}\sin^2\omega\right)^2}}e^{j\theta(\omega)} = \frac{1}{\sqrt{\left(1 - \dfrac{1}{4}\cos\omega\right)^2 + \dfrac{1}{16}\sin^2\omega}}e^{j\theta(\omega)},$$

ただし，$\theta(\omega) = \tan^{-1}\left(\dfrac{\dfrac{1}{4}\sin\omega}{1 - \dfrac{1}{4}\cos\omega}\right)$．定理 6.4 から，複素正弦波 $e^{j\omega n}$ をこのシステムに入力したときの出力は

$$\frac{1}{\sqrt{\left(1 - \dfrac{1}{4}\cos\omega\right)^2 + \dfrac{1}{16}\sin^2\omega}}e^{j\left(\omega n + \theta(\omega)\right)}$$

となる．よって，この実部をとることにより，$x[n] = \cos(\omega n)$ を入力したときの出力は

$$\frac{1}{\sqrt{\left(1 - \dfrac{1}{4}\cos\omega\right)^2 + \dfrac{1}{16}\sin^2\omega}}\cos\left(\omega n + \theta(\omega)\right),$$

ただし，

$$\theta(\omega) = \tan^{-1}\left(\frac{\dfrac{1}{4}\sin\omega}{1 - \dfrac{1}{4}\cos\omega}\right).$$

(ii) 単位円 $|z| = 1$ が伝達関数の収束円に含まれないとき，すなわち $|a| \geq 1$ のときは，$H(z)$ に $z = e^{j\omega}$ を代入して $H(\omega)$ を求めることはできない．たとえば，$a = 1$ のときの伝達関数 $H(z) = \dfrac{1}{1 - z^{-1}}$ の収束領域は題意から $|z| > 1$ である．この収束領域に単位円は含まれておらず，このシステムのインパルス応答 $u_S[n]$ のフーリエ変換である周波数伝達関数 $H(e^{j\omega})$ は発散することに注意してほしい．

演習 6.8.

つぎの伝達関数をもつ離散時間 LTI システムの周波数伝達関数を求めよ．ただし a は $0 < |a| < 1$ なる定数である．さらに，(2) については，正弦波信号 $x[n] = \cos(\omega n)$ を入力したときの出力も求めよ．

(1) $H(z) = \dfrac{az^{-1}}{(1 - az^{-1})^2}, \quad |z| > |a|.$　(2) $H(z) = \dfrac{1}{1 - \dfrac{1}{2}z^{-1}}, \quad |z| > \dfrac{1}{2}.$

例題 6.15.

3 点平均を算出するシステム $y[n] = \dfrac{1}{3}\big(x[n] + x[n-1] + x[n-2]\big)$ のゲイン特性と位相特性を求めよ．

［解答例］

まずこのシステムのインパルス応答を求めよう．3 点平均システムは，入力が $x[n]$ のとき出力 $y[n]$ が $\dfrac{1}{3}\big(x[n] + x[n-1] + x[n-2]\big)$ であたえられることを意味している．それゆえ，入力が $\delta[n]$ であればその出力は

$$\frac{1}{3}\big(\delta[n] + \delta[n-1] + \delta[n-2]\big)$$

となり，これがこのシステムのインパルス応答である．

あるいはまた，$y[n] = \dfrac{1}{3}\big(x[n] + x[n-1] + x[n-2]\big)$ の両辺を z 変換して

$$Y(z) = \frac{1}{3}\big(X(z) + z^{-1}X(z) + z^{-2}X(z)\big) = \frac{1}{3}\big(1 + z^{-1} + z^{-2}\big)X(z),$$

ただし，$Y(z) = \mathcal{Z}(y[n])$, $X(z) = \mathcal{Z}(x[n])$ である．このシステムの伝達関数を $H(z)$ とすると $Y(z) = H(z)X(z)$ より

$$H(z) = \frac{Y(z)}{X(z)} = \frac{1}{3}\big(1 + z^{-1} + z^{-2}\big)$$

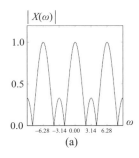 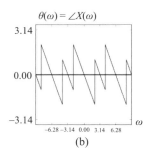

図6.18 3点平均を算出するシステムの (a) ゲイン特性と (b) 位相特性

となる．これを逆 z 変換して，インパルス応答

$$h[n] = \frac{1}{3}\bigl(\delta[n] + \delta[n-1] + \delta[n-2]\bigr)$$

が得られる．

インパルス応答を式（6.9）に代入し，オイラーの公式を用い，$H(\omega)$ の大きさ $|H(\omega)|$ は 0 以上であることから，

$$H(\omega) = \sum_{k=0}^{2} \frac{1}{3} e^{-j\omega k} = \frac{1}{3}\bigl(e^{j\omega} + 1 + e^{-j\omega}\bigr)e^{-j\omega} = \frac{1}{3}\bigl(2\cos\omega + 1\bigr)e^{-j\omega}$$

$$= \begin{cases} \dfrac{1}{3}\bigl(2\cos\omega + 1\bigr)e^{-j\omega}, & 2\cos\omega + 1 \geq 0, \\[6pt] -\dfrac{1}{3}\bigl(2\cos\omega + 1\bigr)e^{-j(\omega-\pi)}, & 2\cos\omega + 1 < 0 \end{cases}$$

と周波数伝達関数の極座標表現を得る．最後の等式では，$|H(\omega)|$ は正（または 0）しかとりえないので，$2\cos\omega + 1$ が負のときは，位相に π をくわえて $e^{-j\omega+j\pi} = e^{-j\omega} \cdot e^{j\pi} = -e^{-j\omega}$ と負の符号を出している．ゆえに，ゲイン特性と位相特性は

$$|H(\omega)| = \frac{1}{3}\bigl|2\cos\omega + 1\bigr|, \quad \theta(\omega) = \begin{cases} -\omega, & 2\cos\omega + 1 \geq 0, \\ -\omega + \pi, & 2\cos\omega + 1 < 0 \end{cases}$$

となる．これらを ω を横軸にかくと図 6.18(a) と (b) を得る．位相は周期が 2π なので，位相特性は $-\pi \leq \theta(\omega) < \pi$ としてかいている．位相特性の図には，いくとおりかのかき方があり，それについてはあとで述べる．

周波数伝達関数の計算法をより具体的に説明しよう．例題 6.15 のように，周波数伝達関数はインパルス応答を用いて計算できる．すなわち，インパルス応答 $h[n]$ が既知であるとき，式（6.9）にそれを直接代入することにより，周波数伝達関数を求めることができる．しかし IIR システムでは，この方法は，無限個のインパルス応答をあつかう必要があり簡単ではない．

伝達関数から求めることもできる．伝達関数 $H(z)$ が既知であるとき，その z に $e^{j\omega}$ を代入する．すなわち $H(\omega) = H(z)\bigr|_{z=e^{j\omega}}$ により，周波数伝達関数を求めることができる．$e^{j\omega}$ の値は，複素平面

上の単位円周上の値に対応する．

演習 6.9.
入力信号の現在の値と 1 時刻前の値の平均を出力とする移動平均システム
$$y[n] = \frac{1}{2}(x[n] + x[n-1])$$
のインパルス応答と，伝達関数・周波数伝達関数・ゲイン特性・位相特性を求めよ．またゲイン特性と位相特性を図示せよ．

例題 6.16.
伝達関数が $H(z) = 1/(1 - bz^{-1})$ である LTI システムの周波数伝達関数を求め，ゲイン特性と位相特性を図示せよ．ただし $b \neq 0$ とする．

[解答例]
z に $e^{j\omega}$ を代入し，極座標表現すると
$$H(\omega) = \frac{1}{1 - be^{-j\omega}} = \frac{1}{1 - b\cos\omega + jb\sin\omega} = \frac{1}{\sqrt{(1 - b\cos\omega)^2 + (b\sin\omega)^2}} e^{j\theta(\omega)}$$
となり，ゲイン特性と位相特性は，それぞれ
$$|H(\omega)| = \frac{1}{\sqrt{(1 - b\cos\omega)^2 + (b\sin\omega)^2}}, \quad \theta(\omega) = \tan^{-1}\left(\frac{-b\sin\omega}{1 - b\cos\omega}\right)$$
となる．これを図 6.19 に示す．

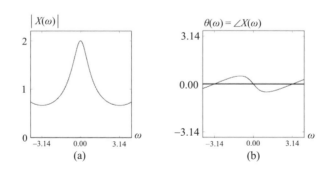

図 6.19 例題 6.16 のシステム $H(z) = 1/(1 - bz^{-1})$ の (a) ゲイン特性と (b) 位相特性．$b = 0.5$ の場合

以下では，ゲイン特性と位相特性を図示するときに役立つ性質をいくつかあげよう．まず，位相特性のかき方には自由度があり，その自由度について説明する．図 6.18 の 3 点平均のシステムを例にしよう．このシステムの周波数伝達関数のゲイン特性と位相特性は
$$|H(\omega)| = \frac{1}{3}|2\cos\omega + 1|, \quad \theta(\omega) = \begin{cases} -\omega, & 2\cos\omega + 1 \geq 0, \\ -\omega + \pi, & 2\cos\omega + 1 < 0 \end{cases}$$
であり，それらをかいたのが図 6.18 である．とりわけ位相特性は $-\pi \leq \theta(\omega) < \pi$ としてかいてい

る．$\omega = 0$ で $2\cos\omega + 1 = 3 > 0$ なので，位相特性の $\theta(\omega) = -\omega$ は原点をとおる傾き -1 の直線である．$e^{-j\omega} = e^{-j(\omega+2\pi)}$ が成立するので，(a) この図では $-\pi < \theta(\omega) \leqq \pi$ の範囲で特性をかいているが，区間長が 2π であればどこでもよく，また，(b) $\theta(\omega)$ がとる値についても，

$$\theta(\omega) = \begin{cases} -\omega + 2\pi, & 2\cos\omega + 1 \geq 0, \\ -\omega - \pi, & 2\cos\omega + 1 < 0 \end{cases}$$

といったように，$2\cos\omega + 1$ の正負の場合それぞれ独立に，$\theta(\omega)$ のとる値に 2π の整数倍をくわえてもよい．

一般に，線形時不変システムにおいて，ゲイン特性と位相特性ともに，$\omega = 2\pi$ で周期的な特性となることがわかる．この性質は，$e^{j\omega} = e^{j(\omega+2\pi)}$ から

$$H(\omega) = H(\omega + 2\pi)$$

が成立するためである．

周波数に関する特性を図示する際に，しばしば $\omega < 0$，すなわち負の周波数範囲でも記述する．正弦波信号 $x(t) = \cos(\Omega t)$ の周波数は 1 秒間の周期数に相当する．したがって，負の周波数は現実にはありえない．しかしオイラーの公式から，この信号は，複素指数信号を用いて

$$\cos(\Omega t) = (e^{j\Omega t} + e^{-j\Omega t})/2$$

と表現される．そのため，正弦波信号の周波数が正の値であっても，対応する複素指数信号は負の周波数 $-\Omega$ をもつ．ゲイン特性や位相特性は，複素指数信号の表現にもとづいているので，特性図では負の周波数には意味がある．

また，例題 6.16 からもわかるように，ゲイン特性は $\omega = 0$ で偶対称，すなわち

$$\left| H(\omega) \right| = \left| H(-\omega) \right|$$

である．一方，位相特性は奇対称

$$\theta(\omega) = -\theta(-\omega)$$

である．この性質は，インパルス応答が実数値をとるときつねに成立する．したがって，周期性とこの対称性から，インパルス応答が実数のシステムの周波数伝達関数は，$0 \leqq \omega < \pi$ の範囲でのみ独立であることがわかる．

> ### 例題 6.17.
> N 点平均システム $y[n] = \dfrac{1}{N}\big(x[n] + x[n-1] + \cdots + x[n-N+1]\big)$ の周波数伝達関数を求め，ゲイン特性と位相特性を求めよ．

［解答例］

伝達関数は

$$H(z) = \frac{1}{N}(1 + z^{-1} + z^{-2} + \cdots + z^{-(N-1)}) = \frac{1}{N}(1 - z^{-N})/(1 - z^{-1})$$

である．周波数伝達関数は，z に $e^{j\omega}$ を代入し，オイラーの公式を用いると

126　第6章　離散時間線形時不変システム －周波数領域表現－

$$H(\omega) = \frac{1}{N} \cdot \frac{1 - e^{-j\omega N}}{1 - e^{-j\omega}} = \frac{1}{N} \cdot \frac{(e^{j\omega N/2} - e^{-j\omega N/2})e^{-j\omega N/2}}{(e^{j\omega/2} - e^{-j\omega/2})e^{-j\omega/2}} = \frac{1}{N} \cdot \frac{\sin(\omega N/2)e^{-j\omega(N-1)/2}}{\sin(\omega/2)}$$

となる．よってゲイン特性 $\left|H(\omega)\right|$ と位相特性 $\theta(\omega) = \angle H(\omega)$ は

$$\left|H(\omega)\right| = \frac{1}{N}\left|\frac{\sin\left(\dfrac{\omega N}{2}\right)}{\sin\left(\dfrac{\omega}{2}\right)}\right|, \qquad \theta(\omega) = \begin{cases} -\omega(N-1)/2, & \sin(\omega N/2)/\sin(\omega/2) \geq 0, \\[2mm] -\omega(N-1)/2 + \pi, & \sin(\omega N/2)/\sin(\omega/2) < 0 \end{cases}$$

となる．

付録6.A　べき級数展開による逆 z 変換の計算

べき級数展開を用いた逆 z 変換を例をとおしてみていこう．

例題6A.1

べき級数展開を用いて，つぎの関数の逆 z 変換を計算せよ．

(1) $X(z) = \dfrac{1}{1 - bz^{-1}}, \quad |z| > |b|.$　　　(2) $X(z) = \dfrac{1}{1 - bz^{-1}}, \quad |z| < |b|.$

(3) $X(z) = \log(1 + az^{-1}), \quad |z| > |a|.$

［解答例］

(1) この系列は右側系列であるので z^{-1} のべきの級数が得られるように分子を分母でわるわり算を行なうと（図6A.1），$X(z) = 1 + bz^{-1} + b^2 z^{-2} + \cdots$ となる．この式の右辺の逆 z 変換を考えると，表6.1より $\delta[n-m] \overset{z}{\longleftrightarrow} z^{-m}$ であるからそれは $\delta[n] + b\delta[n-1] + b^2\delta[n-2] + \cdots$ となる．これは $b^n u_S[n]$ に等しい．よって $x[n] = b^n u_S[n]$.

$$1 - bz^{-1} \overline{\smash{\big)}\, \begin{array}{l} 1 + bz^{-1} + \cdots \\ \overline{1 } \\ \underline{1 - bz^{-1}} \\ bz^{-1} \end{array}}$$

図6A.1　右側系列の場合の z 変換の分子を分母でわる計算

(2) (1) と $X(z)$ の形式がおなじであるが，この系列は収束領域より左側系列なので，z のべき級数になるようにわり算を行なう（図6A.2）と

$$X(z) = -b^{-1}z - b^{-2}z^2 - \cdots$$

となる．表6.1より，$\delta[n+m] \overset{z}{\longleftrightarrow} z^m$ で，また，$-b^{-1}\delta[n+1] - b^2\delta[n+2] + \cdots = -b^n u_S[-n-1]$ なので，

$$x[n] = -b^n u_S[-n-1]$$

となる．

$$-bz^{-1} + 1 \overline{\smash{\big)}\, \begin{array}{l} -b^{-1}z - b^{-2}z^2 - \cdots \\ \overline{1 } \\ \underline{1 - b^{-1}z} \\ b^{-1}z \end{array}}$$

図6A.2　左側系列の場合の z 変換の分子を分母でわる計算

(3) $\left|az^{-1}\right| < 1$ であるので，次式のようにテイラー展開を行なうことができる．

$$X(z) = \log\left(1 + az^{-1}\right) = az^{-1} - \frac{(az^{-1})^2}{2} + \frac{(az^{-1})^3}{3} - \cdots = \sum_{n=1}^{\infty} \frac{(-1)^{n+1} a^n z^{-n}}{n}, \quad \left|az^{-1}\right| < 1.$$

したがって，表6.1より，$\delta[n-m] \xleftrightarrow{\ z\ } z^{-m}$ であるから，

$$x[n] = \begin{cases} (-1)^{n+1} \dfrac{a^n}{n}, & n \geq 1, \\ 0, & n < 0 \end{cases} = \frac{-(-a)^n}{n} u_S[n-1]$$

となる．なお，これをz変換すると上の$X(z)$の式になる．

付録6.B　z変換の性質

本文中で述べなかったz変換の性質を2つあげておく．

性質5.（周波数シフト）

$$\mathcal{Z}\left\{e^{j\omega_0 n} x[n]\right\} = X\left(e^{-j\omega_0} z\right), \quad \text{ROC} = R_x.$$

一般的には次式であたえられる．

$$\mathcal{Z}\left\{z_0^n x[n]\right\} = X\left(\frac{z}{z_0}\right).$$

性質6.（z領域における微分）

$$\mathcal{Z}\left\{n x[n]\right\} = -z\frac{dX(z)}{dz}, \quad \text{ROC} = R_x.$$

■第7章

連続時間線形時不変システム

離散時間の線形時不変システムについて，第3章でその時間領域表現を，また第6章で周波数領域表現を解説した．そこでは連続時間のシステムについてまったくふれなかった．連続時間の線形時不変システムの特徴づけのためには，離散時間のシステムの記述にはなかった「道具」が必要となる．本章では，その道具，ディラックのデルタ関数とラプラス変換，を導入しつつ，連続時間線形時不変システムについて詳述する．連続時間システムにおけるディラックのデルタ関数の役割りは，離散時間システムにおける単位インパルス信号の役割りにあたる．また，連続時間システムにおけるラプラス変換は，離散時間システムのz変換に相当する．

7.1　連続時間信号の短冊関数近似

まず，連続時間システムの線形性と時不変性は，離散時間システムのものとおなじ定義であることを注意しておく．すなわち，

(a) **線形性**：信号 $x_1(t)$ と $x_2(t)$ を別々に入力したときの出力がそれぞれ $y_1(t)$ と $y_2(t)$ であるとき，入力 $ax_1(t) + bx_2(t)$ に対する出力は $ay_1(t) + by_2(t)$ である．ただし，a と b は定数である．

(b) **時不変性**：信号 $x(t)$ を入力したときの出力が $y(t)$ であるとき，任意の実数 ξ について，$x(t-\xi)$ を入力としたときの出力が $y(t-\xi)$ となる．

さて，離散時間システムの理論を，連続時間システムの特徴づけに援用するために，連続時間信号を細分化された時間区分で一定の値をとる信号で近似することを考えよう．そのために，まず連続時間関数 $\delta_{\Delta t}(t)$ を導入する（図7.1と図7.2(a)）．すなわち

$$\delta_{\Delta t}(t) = \begin{cases} \dfrac{1}{\Delta t}, & 0 \le t < \Delta t, \\ 0, & t < 0,\ \Delta t \le t. \end{cases} \tag{7.1}$$

この関数 $\delta_{\Delta t}(t)$ は，幅 Δt が小さければ小さいほど区間 $0 \le t < \Delta t$ で大きな値 $1/\Delta t$ をとる．あたえられた連続時間信号 $x(t)$ を $\delta_{\Delta t}(t)$ を使って区分的に一定の信号として近似する．この $\delta_{\Delta t}(t)$ を，たとえば時間軸方向に $2\Delta t$ だけ平行移動すると $\delta_{\Delta t}(t-2\Delta t)$ となる（図7.2(b)）．信号 $x(t)$ に $\delta_{\Delta t}(t-2\Delta t)\Delta t$ をかけた信号をつくると，$2\Delta t \le t < 3\Delta t$ だけ値 $x(2\Delta t)$ をもち，そのほかの時間は0となる信号ができる（図7.2(c)と(d)）．このようにしてつくられた信号を $x(t)$ の時刻 $2\Delta t$ における局所短冊関数とよぼう．この関数は $2\Delta t \le t < 3\Delta t$ における $x(t)$ の近似である．

130　第7章　連続時間線形時不変システム

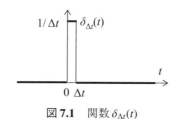

図 7.1　関数 $\delta_{\Delta t}(t)$

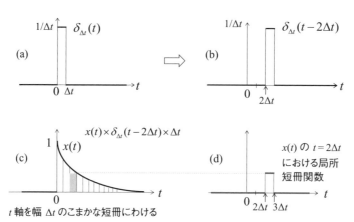

図 7.2　連続関数 $x(t)$ からつくられた時刻 $2\Delta t$ における局所短冊関数

　同様に，時刻 $k\Delta t$ における $x(t)$ の局所短冊関数は，$x(k\Delta t) \times \delta_{\Delta t}(t - k\Delta t) \times \Delta t$ となる．ゆえに，$x(t)$ 全体は，局所短冊関数により近似的に

$$\sum_{k=-\infty}^{\infty} x(k\Delta t)\delta_{\Delta t}(t - k\Delta t)\Delta t \tag{7.2}$$

と表現される（図7.3）．$\delta_{\Delta t}(t)\Delta t$ は，$0 \leq t < \Delta t$ で 1 をとり，そのほかの時刻では 0 となるので，離散時間信号における離散時間インパルス信号に相当する．そのため式 (7.2) は，Δt を単位時間と考えたときの離散時間信号 $x[n]$ と $\delta[n]$ のたたみこみとみなせる．

　さて，システムが時不変であれば，信号 $\delta_{\Delta t}(t)$ を入力したときのシステムの応答を $h_{\Delta t}(t)$ としたとき（図7.4），$\delta_{\Delta t}(t - k\Delta t)$ を入力したときのシステムの応答は $h_{\Delta t}(t - k\Delta t)$ となる（図7.5）．それゆえ，$x(t)$ の短冊関数近似

$$\sum_{k=-\infty}^{\infty} x(k\Delta t)\delta_{\Delta t}(t - k\Delta t)\Delta t$$

の各項 $x(k\Delta t)\delta_{\Delta t}(t - k\Delta t)\Delta t$ を線形システムに入力すると，その出力は $x(k\Delta t)h_{\Delta t}(t - k\Delta t)\Delta t$ となる（図7.6）．信号 $x(t)$ の短冊関数近似を入力したときの出力は，システムが線形時不変であれば，入力 $x(k\Delta t)\delta_{\Delta t}(t - k\Delta t)\Delta t$ に対する出力 $x(k\Delta t)h_{\Delta t}(t - k\Delta t)\Delta t$ をすべてたしたものになるから

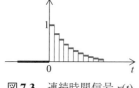

図 7.3　連続時間信号 $x(t)$ の短冊関数近似

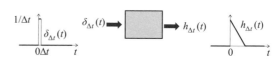

図 7.4　信号 $\delta_{\Delta t}(t)$ を入力したときのシステムの応答 $h_{\Delta t}(t)$

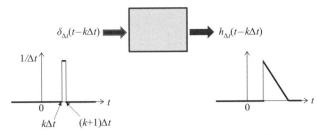

図 7.5 信号 $\delta_{\Delta t}(t - k\Delta t)$ を図 7.4 と同一のシステムに入力したときの応答は，システム時不変であれば $h_{\Delta t}(t - k\Delta t)$ となる

図 7.6 信号 $x(k\Delta t)\delta_{\Delta t}(t - k\Delta t)\Delta t$ を入力したときの出力は $x(k\Delta t)h_{\Delta t}(t - k\Delta t)\Delta t$ となる

$$y_{\Delta t}(t) = \sum_{k=-\infty}^{\infty} x(k\Delta t)h_{\Delta t}(t - k\Delta t)\Delta t \tag{7.3}$$

となる．

7.2 ディラックのデルタ関数

近似の精度を高めるため，$\delta_{\Delta t}(t)$ の $\Delta t \to 0$ の極限を考える（図 7.7）．信号 $\delta_{\Delta t}(t)$ の $\Delta t \to 0$ とした極限では，$t = 0$ だけで無限大となり，そのほかの時刻では 0 であるような「信号」となる．この極限の「信号」を $\delta(t)$ とかこう．$\delta_{\Delta t}(t)$ が x 軸と囲む面積は $\Delta t \times 1/\Delta t = 1$ であり，この性質が極限においても成り立つとすると，$\int_{-\infty}^{\infty} \delta(\tau)d\tau = 1$ である．

信号 $x(t)$ の短冊関数近似 $\sum_{k=-\infty}^{\infty} x(k\Delta t)\delta_{\Delta t}(t - k\Delta t)\Delta t$ の $\Delta t \to \infty$ の極限を考えると，$\delta(t)$ を使って

$$x(t) = x(t) * \delta(t) = \int_{-\infty}^{\infty} x(\tau)\delta(t - \tau)\,d\tau \tag{7.4}$$

となる．この式は連続時間信号の **δ 関数を使った分解表現** となっている．とくに $t = 0$ で，

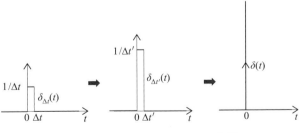

図 7.7 信号 $\delta_{\Delta t}(t)$ の $\Delta t \to 0$ の極限

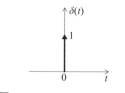
図**7.8** ディラックのデルタ関数の図表示

図**7.9** 関数 $a\delta(t)$

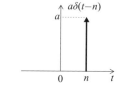
図**7.10** 関数 $a\delta(t-n)$, a, n は定数

$$x(0) = \sum_{k=-\infty}^{\infty} x(k\Delta t)\delta_{\Delta t}(-k\Delta t)\Delta t = \sum_{k=-\infty}^{\infty} x(k\Delta t)\delta_{\Delta t}(k\Delta t)\Delta t.$$

ここで，$k\Delta t = \tau$ とおき，$\Delta t \to 0$ とすると

$$\int_{-\infty}^{\infty} \delta(\tau)x(\tau)d\tau = x(0) \tag{7.5}$$

となる．

ここで導入した $\delta(t)$ はディラックのデルタ関数（Dirac delta function）とよばれるもので，以上の議論をふまえて以下で定義される．

$$\delta(t) = \begin{cases} 0, & t \neq 0, \\ \infty, & t = 0. \end{cases} \tag{7.6}$$

ただし，

$$\int_{-\infty}^{\infty} \delta(t)dt = 1 \tag{7.7}$$

で，任意の連続関数 $f(t)$ に対し

$$\int_{-\infty}^{\infty} \delta(t)f(t)dt = f(0) \tag{7.8}$$

を満たす．

本書では，ディラックのデルタ関数 $\delta(t)$ を図 7.8 のように原点から上方へのばした長さ 1 の矢印で表わす．なお，ディラックのデルタ関数は，数学的には超関数とよばれるものの仲間で厳密には関数ではない．

上の定義のもとでは a を定数（関数）とすると，$a\delta(t)$ という関数は

$$\int_{-\infty}^{\infty} a\delta(t)dt = a$$

を満たす．関数 $a\delta(t)$ を図 7.9 のように原点から上へのばした長さ a の矢印で表わす．また，(7.8) の $\int_{-\infty}^{\infty} \delta(t)f(t)dt = f(0)$ から，任意の連続関数 $f(t)$ に対して，ξ を実数とすると

$$\int_{-\infty}^{\infty} \delta(t-\xi)f(t)dt = f(\xi) \tag{7.9}$$

となる．とくに，a と n を定数としたとき，$a\delta(t-n)$ は

$$\int_{-\infty}^{\infty} a\delta(t-n)dt = a$$

を満たす．この関数を図示したものが図 7.10 である．

例題 7.1.

$\delta(t)$ をディラックのデルタ関数とし，$h(t)$ を任意の連続関数とする．このとき

$$h(t)\delta(t) = h(0)\delta(t)$$

が成り立つことを示せ．

[解答例]

$\varphi(t)$ を任意の連続関数として，

$$\int_{-\infty}^{\infty} \{h(t)\delta(t)\}\varphi(t)\,dt = \int_{-\infty}^{\infty} \delta(t)\{h(t)\varphi(t)\}dt = h(0)\varphi(0)$$

$$= h(0)\int_{-\infty}^{\infty} \delta(t)\varphi(t)\,dt = \int_{-\infty}^{\infty} \{h(0)\delta(t)\}\varphi(t)\,dt.$$

よって

$$h(t)\delta(t) = h(0)\delta(t).$$

演習 7.1.

$\delta(t)$ をディラックのデルタ関数とし，$h(t)$ を任意の関数とする．

(1) $\delta(t)$ は偶関数，すなわち $\delta(t) = \delta(-t)$，を示せ．
(2) $t\delta(t) = 0$ を示せ．
(3) $h(t)\delta(t-\tau) = h(\tau)\delta(t-\tau)$ を示せ．
(4) $\delta(at) = |a|^{-1}\delta(t)$ を示せ．ただし，$a \neq 0$ は定数とする．

7.3 連続時間LTIシステムのたたみこみによる表現

さて，信号 $\delta_{\Delta t}(t)$ を入力したときのシステムの応答を $h_{\Delta t}(t)$ としたとき，$h_{\Delta t}(t)$ の $\Delta t \to 0$ の極限をインパルス応答 $h(t)$ と定義しよう．信号 $\delta_{\Delta t}(t)$ は，$t \to \infty$ の極限で $\delta(t)$ となるので，これはすなわち，ディラックのデルタ関数を入力したときの出力が連続時間システムの**インパルス応答**であると解釈できる（図 7.11）．

すると，信号 $x(t)$ を入力したときのシステムの応答を $y(t)$ としたとき（図 7.12），出力 $y(t)$ の短冊関数近似 $y_{\Delta t}(t) = \sum_{k=-\infty}^{\infty} x(k\,\Delta t)h_{\Delta t}(t-k\,\Delta t)\Delta t$ は $\Delta t \to 0$ の極限で，$y(t) = \int_{-\infty}^{\infty} x(\tau)h(t-\tau)d\tau$ となり，$y(t)$ が，入力信号 $x(t)$ とシステムのインパルス応答 $h(t)$ とで表現される．

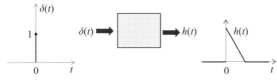

図 7.11 連続時間システムのインパルス応答

134　第7章　連続時間線形時不変システム

図7.12　入力 $x(t)$ のとき出力が $y(t)$ となる連続時間システム

ここで，連続時間信号 $x(t)$ と $h(t)$ とのたたみこみを以下で定義しよう．

$$x(t) * h(t) = \int_{-\infty}^{\infty} x(\tau) h(t - \tau) d\tau.$$

連続時間信号のたたみこみの定義のもとで上記の結果を求めたものがつぎの定理である．

定理7.1

連続時間線形時不変システムの入力信号 $x(t)$ に対する出力 $y(t)$ は，システムのインパルス応答 $h(t)$ と入力 $x(t)$ のたたみこみとなる．すなわち，

$$y(t) = x(t) * h(t) = \int_{-\infty}^{\infty} x(\tau) h(t - \tau) \, d\tau.$$

例題7.2.

連続時間の**単位ステップ信号**（ヘビサイドの階段関数ともいう）は

$$u_S(t) = \begin{cases} 0, & t < 0, \\ 1, & t \geq 0 \end{cases}$$

で定義される．単位インパルス応答 $h(t)$ が $u_S(t)$ であるような線形時不変システムに，入力 $x(t) = e^{-t} u_S(t)$ を入力したときの出力を求めよ．

［解答例］

（1）$t \geq 0$ のとき，τ を変数とし，t を固定して考えると，$\tau < 0$ で $x(\tau) = 0$ であり，$\tau > t$ で $t - \tau < 0$ だから $h(t - \tau) = u_S(t - \tau) = 0$ である．よって

$$x(\tau) h(t - \tau) = \begin{cases} e^{-\tau}, & 0 < \tau < t, \\ 0, & \tau < 0 \text{ または } t < \tau \end{cases}$$

となる．定理7.1 から出力は

$$y(\tau) = \int_{-\infty}^{\infty} x(\tau) h(t - \tau) \, d\tau = \int_{0}^{t} e^{-\tau} d\tau = \left[-e^{-\tau} \right]_{0}^{t} = 1 - e^{-t}.$$

（2）$t < 0$ のとき，$\tau < t$ なら $x(\tau) = 0$．$\tau \geq t$ ならば $h(t - \tau) = 0$．いずれにしろ

$$y(\tau) = \int_{-\infty}^{\infty} x(\tau) h(t - \tau) \, dt = \int_{-\infty}^{\infty} 0 \, dt = 0.$$

以上をまとめると

$$y(t) = (1 - e^{-t}) u_S(t).$$

演習 7.2.

連続時間単位ステップ信号を

$$u_S(t) = \begin{cases} 0, & t < 0, \\ 1, & t \geq 0 \end{cases}$$

とする. $h(t)$ を線形時不変システムのインパルス応答とする.

(1) $h(t) = u_S(t)$ であるシステムに, $x(t) = e^{-at}u_S(t)$ を入力したときの出力を求めよ. ただし a は正の定数である.

(2) $h(t) = e^{-bt}u_S(t)$ であるシステムに, $x(t) = e^{-at}u_S(t)$ を入力したときの出力を求めよ. ただし, a, b は正の実数である.

(3) $h(t) = u_S(t-1)$ であるシステムに $x(t) = e^{-3t}u_S(t)$ を入力したときの出力を求めよ.

(4) $h(t) = e^{2t}u_S(1-t)$ であるシステムに, $x(t) = u_S(t-2)$ を入力したときの出力を求めよ.

本節の最後に, 次章で必要となる公式を導いておく. すなわち, (7.4) の信号 $x(t)$ のディラックのデルタ関数による分解表現 $x(t) = \delta(t) * x(t) = \int_{-\infty}^{\infty} x(\tau)\delta(t-\tau)d\tau$ から

$$\delta(t - nT) * x(t) = \int_{-\infty}^{\infty} x(\tau)\delta(t - nT - \tau)d\tau = x(t - nT) \tag{7.10}$$

が得られ, これは, 信号 $x(t)$ のディラックのデルタ関数による**時間シフト**を表わしている. 式 (7.10) は, 時間の関数とディラックのデルタ関数をたたみこんだものであるが, 時間の関数だけでなく, ディラックのデルタ関数を用いると, たとえば, 周波数の関数 $X(\Omega)$ を

$$\delta(\Omega - \Omega_0) * X(\Omega) = X(\Omega - \Omega_0) \tag{7.10'}$$

というように周波軸方向に Ω_0 だけシフトすることができる. すなわち, この (7.10') は, $X(\Omega)$ の**周波数シフト**を表わしている.

7.4　ラプラス変換

実数 σ に対し, 連続時間信号 $x(t)$ は

$$\int_{-\infty}^{\infty} |x(\tau)| e^{-\sigma\tau} d\tau < \infty \tag{7.11}$$

を満たすとする. このとき, $x(t)$ の**ラプラス変換**（Laplace transform）を以下で定義する. すなわち, s を σ を実部とする複素数 $s = \sigma + j\omega$ であるとして,

$$X(s) = \int_{-\infty}^{\infty} x(\tau)e^{-s\tau}d\tau. \tag{7.12}$$

信号 $x(t)$ が, ある実数 σ に対して式 (7.11) を満たすとき, $\mathrm{Re}(s) \leq \sigma$ なる任意の s に対して, $|e^{-st}| = |e^{-(\sigma+j\omega)t}| = |e^{-\sigma t}| \cdot |e^{-j\omega t}| = e^{-\sigma t}$ を考慮すると

$$|X(s)| = \left| \int_{-\infty}^{\infty} x(\tau)e^{-s\tau}d\tau \right| \leq \int_{-\infty}^{\infty} |x(\tau)e^{-s\tau}| d\tau \leq \int_{-\infty}^{\infty} |x(\tau)| e^{-\sigma t} st < \infty$$

であるから $X(s)$ は確定する.

信号 $x(t)$ に対するラプラス変換 $X(s)$ に対し，以下の**逆ラプラス変換**（inverse Laplace transform）あるいは**ラプラス逆変換**が成り立つ．

$$x(t) = \frac{1}{2\pi j} \int_{\sigma-j\infty}^{\sigma+j\infty} X(s)e^{st}ds. \tag{7.13}$$

この（7.13）を**ラプラス変換の反転公式**（inversion formulas for Laplace transform）という．ただし，σ は（7.11）が満たされるようにとる．ラプラス変換 $X(s)$ が確定することと反転公式の証明は，すぐ下で述べるように $x(t)$ のラプラス変換が $x(t)e^{-\sigma t}$ のフーリエ変換であることを考慮して，第 5.1 節で述べたフーリエ変換の反転公式（5.7）を $x(t)e^{-\sigma t}$ に適用すればよい．

第 5 章で述べたように，絶対積分可能でない関数 $x(t)$，すなわち（5.5）を満たさない関数は，一般にはフーリエ変換をもたない．そのような $x(t)$ に対しても，$|x|$ が大きくなるにつれて急激に減衰し 0 に近づく指数関数 $e^{-\sigma t}$, $\sigma > 0$, をかけた $x(t)e^{-\sigma t}$ が絶対積分可能であれば，その $x(t)e^{-\sigma t}$ にはフーリエ変換が存在する．関数 $x(t)$ のラプラス変換（s は複素数 $\sigma + j\omega$ であることに注意）は，

$$X(s) = \int_{-\infty}^{\infty} x(\tau)e^{-s\tau}d\tau = \int_{-\infty}^{\infty} x(\tau)e^{-(\sigma+j\omega)\tau}d\tau = \underbrace{\int_{-\infty}^{\infty} (x(\tau)e^{-\sigma\tau})e^{-j\omega\tau}d\tau}_{x(\tau)e^{-\sigma\tau}\text{のフーリエ変換！}}$$

であり，$x(t)e^{-\sigma t}$ のフーリエ変換なので，$x(t)e^{-\sigma t}$ が絶対積分可能であれば $x(t)$ のラプラス変換は存在する．その意味で，ラプラス変換はフーリエ変換よりも適用範囲が広い．

信号 $x(t)$ のラプラス変換が $X(s)$ であるとき

$$X(s) = \mathcal{L}\{x(t)\} \quad \text{または} \quad x(t) \overset{\mathcal{L}}{\longleftrightarrow} X(s)$$

とかく．

ラプラス変換が用いられる多くの連続時間信号 $x(t)$ は因果，すなわち $t < 0$ で $x(t) = 0$，である．この場合，$x(t)$ のラプラス変換は

$$X(s) = \int_0^{\infty} x(\tau)e^{-s\tau}d\tau \tag{7.14}$$

となる．一般に，式（7.14）を**片側ラプラス変換**とよぶ．因果信号の場合は，片側ラプラス変換は通常のラプラス変換と一致する．片側ラプラス変換の逆変換はかならず因果信号となる．なお，ラプラス変換の変数を s としたとき，複素平面のことを **s 平面**という．

例題 7.3.

単位ステップ信号

$$u_S(t) = \begin{cases} 0, & t < 0, \\ 1, & 0 \leq t \end{cases}$$

のラプラス変換を求めよ．

［解答例］

単位ステップ信号は因果信号なので片側ラプラス変換を求めればよい．まず，$\sigma > 0$ なる実数 σ に対して，$\lim_{\tau \to \infty} e^{-\sigma\tau} = 0$ なので

$$\int_0^{\infty} e^{-\sigma\tau}1d\tau = \left[-\frac{1}{\sigma}e^{-\sigma\tau} \right]_0^{\infty} = 1 < \infty.$$

よって, $s = \sigma + j\omega$ を考えたとき, $\left|e^{-s\tau}\right| = \left|e^{-(\sigma+j\omega)\tau}\right| = \left|e^{-\sigma\tau}\right| \cdot \left|e^{-j\omega\tau}\right| = e^{-\sigma\tau}$ だから $\sigma = \mathrm{Re}(s) > 0$ なる s に対してラプラス変換は存在する. そのような s に対して,

$$\int_0^\infty 1 \cdot e^{-st}dt = \left[-\frac{1}{s}e^{-st}\right]_0^\infty = \frac{1}{s}.$$

z 変換のときと同様に収束領域も明示すると

$$X(s) = \mathcal{L}\{u_S(t)\} = \frac{1}{s}, \qquad \mathrm{Re}(s) > 0.$$

演習 7.3.

（1）片側指数信号

$$x(t) = \begin{cases} e^{at}, & t \geq 0, \\ 0, & t < 0 \end{cases}$$

の片側ラプラス変換を求めよ. ただし, a は定数とする.

（2）片側正弦波

$$x(t) = \begin{cases} \cos(\omega t), & t \geq 0, \\ 0, & t < 0 \end{cases}$$

の片側ラプラス変換を求めよ. ただし $\omega\,(\neq 0)$ は実定数とする.

（3）片側減衰正弦波

$$x(t) = \begin{cases} e^{-at}\sin(\omega t), & t \geq 0, \\ 0, & t < 0 \end{cases}$$

の片側ラプラス変換を求めよ. ただし a は定数で $\omega\,(\neq 0)$ は実定数とする.

（4）片側べき関数

$$x(t) = \begin{cases} t^n, & t \geq 0, \\ 0, & t < 0 \end{cases}$$

の片側ラプラス変換を求めよ. ただし n は正の整数とする.

z 変換と同様に, 信号のラプラス変換が存在する複素平面上の点と, ラプラス変換が存在しない点とがある. また, 存在する場合に, 積分により求めた閉じた形がおなじで, 変換が存在する領域がことなる 2 つの信号が存在する場合がある. 例を示そう.

例題 7.4.

信号 $x(t) = e^{-at}u_S(t)$ を考える. ただし, a は実定数で, $u_S(t)$ は連続時間の単位ステップ信号とする. この信号をラプラス変換し, その収束領域を求めよ.

［解答例］

式（7.12）からラプラス変換は

$$X(s) = \int_{-\infty}^\infty e^{-at}e^{-st}u_S(t)dt = \int_0^\infty e^{-(s+a)t}dt$$

である. または $s = \sigma + j\omega$ として

$$X(\sigma + j\omega) = \int_0^\infty e^{-(\sigma+a)t}e^{-j\omega t}dt$$

である．この式は，$e^{-(\sigma+a)t}u_S(t)$ のフーリエ変換であり，そのフーリエ変換が存在するためには $\sigma + a > 0$ でなければならない．この条件のもとで

$$X(\sigma + j\omega) = \frac{1}{(\sigma+a)+j\omega}, \quad \sigma + a > 0$$

を得る．よって

$$X(s) = \frac{1}{s+a}, \quad \text{Re}(s) > -a$$

である．なお，$a = 0$ のときは，$x(t)$ は，ラプラス変換 $X(s) = 1/s$，$\text{Re}(s) > 0$ をもつ連続時間単位ステップ信号である．この例題においては，$\text{Re}(s) > -a$ のときのみ収束する．

例題 7.5.
信号 $x(t) = -e^{-at}u_S(-t)$ を考えよう．ただし，a は実定数で，$u_S(t)$ は連続時間単位ステップ信号とする．この信号をラプラス変換し，その収束領域を求めよ．

［解答例］
式（7.12）より

$$X(s) = -\int_{-\infty}^{\infty} e^{-at}e^{-st}u_S(-t)dt = -\int_{-\infty}^{0} e^{-(s+a)t}dt.$$

または

$$X(s) = \frac{1}{s+a}$$

である．しかし，収束のために $\text{Re}(s+a) < 0$，すなわち $\text{Re}(s) < -a$ である必要がある．すなわち

$$-e^{-at}u_S(-t) \overset{\mathcal{L}}{\longleftrightarrow} \frac{1}{s+a}, \quad \text{Re}(s) < -a$$

である．

例題 7.4 と 7.5 において，ラプラス変換の閉じた形の表現は等しい．しかし，この表現が有効である s の値の集合は 2 つの例題でことなっている．このことは，ある信号のラプラス変換を特定する場合に，閉じた形の表現と，その表現が有効である s の値の範囲との両者が必要になるという事実を示している．一般に，式（7.12）の積分が収束する s の値の範囲を，ラプラス変換の**収束領域**（Region of Convergence：ROC）とよぶ．ROC は $x(t)e^{-\sigma t}$ のフーリエ変換が収束する $s = \sigma + j\omega$ の値からなっている．

図 7.13 (a) 例題 7.4 の ROC．(b) 例題 7.5 の ROC．灰色の部分が ROC を示す

7.4 ラプラス変換　139

ROC を示す方法を図 7.13 に示した．ただし s は複素数をとる変数である．図 7.13 では，この複素数が存在する s 平面を示している．座標軸は，水平軸が $\mathrm{Re}(s)$ で，垂直軸が $\mathrm{Im}(s)$ である．水平軸と垂直軸をときに σ 軸，$j\omega$ 軸とよぶこともある．図 7.13(a) の灰色の部分は，例題 7.4 の収束領域に対応する s 平面内の点の集合を表わす．同様に，図 7.13(b) の灰色の部分は，例題 7.5 の収束領域を表わしている．

例題 7.6.

2 個の実指数関数の和の信号

$$x(t) = e^{-t}u_S(t) + e^{-3t}u_S(t)$$

を考える．ただし，$u_S(t)$ は連続時間単位ステップ信号である．この信号のラプラス変換とその収束領域を求めよ．

［解答例］

ラプラス変換の代数的表現は

$$X(s) = \int_{-\infty}^{\infty} (e^{-t}u_S(t) + e^{-3t}u_S(t))e^{-st}dt = \int_{-\infty}^{\infty} e^{-t}e^{-st}u_S(t)dt + \int_{-\infty}^{\infty} e^{-3t}e^{-st}u_S(t)dt.$$

または

$$X(s) = \frac{1}{s+1} + \frac{1}{s+3}$$

となる．

この ROC を定めるために，$x(t)$ が 2 個の実指数関数の和であること，ラプラス変換が線形であることに注意しよう．第 1 項は $e^{-t}u_S(t)$ のラプラス変換であり，第 2 項は $e^{-3t}u_S(t)$ のラプラス変換である．例題 7.4 から

$$e^{-t}u_S(t) \overset{\mathcal{L}}{\longleftrightarrow} \frac{1}{s+1}, \quad \mathrm{Re}(s) > -1,$$

$$e^{-3t}u_S(t) \overset{\mathcal{L}}{\longleftrightarrow} \frac{1}{s+3}, \quad \mathrm{Re}(s) > -3$$

であることがわかっている．したがって，両方の項の和のラプラス変換が収束するのは $\mathrm{Re}(s) > -1$ であり，よって

$$e^{-t}u_S(t) + e^{-3t}u_S(t) \overset{\mathcal{L}}{\longleftrightarrow} \frac{1}{s+1} + \frac{1}{s+3}, \quad \mathrm{Re}(s) > -1$$

を得る．または，右辺の 2 項を通分して次式を得る．

$$e^{-t}u_S(t) + e^{-3t}u_S(t) \overset{\mathcal{L}}{\longleftrightarrow} \frac{2s+4}{s^2+4s+3}, \quad \mathrm{Re}(s) > -1.$$

上述の 3 つの例では，ラプラス変換は複素変数 s の有理関数である．すなわち

$$X(s) = K\frac{N(s)}{D(s)}$$

という形をしている．ここで $N(s)$ と $D(s)$ はそれぞれ分子多項式と分母多項式である．比例定数項

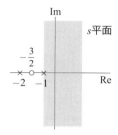

図 7.14 例題 7.6 のラプラス変換の s 平面表現．×と○は分母および分子の根の位置をそれぞれ記したものである．灰色の領域は ROC を示す

をのぞけば，有理関数形のラプラス変換の分子および分母多項式はその根で定まる．したがって，s 平面上に $N(s)$ と $D(s)$ の根の位置を記入すれば，ラプラス変換を図的に示す便利な方法になる．図 7.14 に例題 7.6 のラプラス変換の s 平面表示を示した．図では，式の分母多項式の各根の位置を ×で，分子多項式の根の位置を○で示した．この例の収束領域は灰色をほどこした領域で示してある．有理関数形のラプラス変換では，分子多項式の根は $X(s)$ の**零点**とよばれ，分母多項式の根は $X(s)$ の**極**とよばれる．また比例定数は**ゲイン**とよばれる．s 平面内の極と零点・ゲインを用いて $X(s)$ を表わすことを**極・零点・ゲインによる表現**とよぶ．この表現では，ROC とあわせて，ラプラス変換を完全に定める．代表的な関数のラプラス変換を章末の付録 7.A にあげた．

7.5　伝達関数と s 領域でのシステム記述

連続時間 LTI システムのインパルス応答 $h(t)$ をラプラス変換したものを連続時間システムの**伝達関数**（transfer function）とよぶ．すなわち，

$$H(s) = \int_{-\infty}^{\infty} h(\tau) e^{-s\tau} d\tau. \tag{7.15}$$

伝達関数は，以下のように，連続時間線形時不変システムの s 領域における記述をあたえる．すなわち，$X(s)$ を入力 $x(t)$ のラプラス変換とし，$Y(s)$ を出力 $y(t)$ のラプラス変換とすると

$$Y(s) = H(s)X(s). \tag{7.16}$$

仮定によりシステムは線形時不変で，第 7.3 節で示したように

$$y(t) = x(t) * h(t)$$

であり，フーリエ変換と同様に，たたみこみのラプラス変換はラプラス変換の積になるので，この両辺をラプラス変換すれば (7.15) が得られる．図 7.15 に，入出力信号とインパルス応答，また入出力のラプラス変換と伝達関数の関係を示す．

離散時間システムのときと同様に，連続時間システムについても BIBO（Bounded Input, Bounded Output）安定が定義できる．すなわち，有界な連続時間信号 $x(t)$（任意の時刻 t において $|x(t)| < \infty$）を入力したときの出力 $y(t)$ がやはり有界（$|y(t)| < \infty$）であれば，そのシステムを **BIBO 安定**という．この安定性について以下の定理が成り立つ．

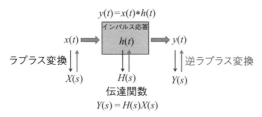

図 **7.15** 連続時間 LTI システムにおける入出力とインパルス応答，さらに入出力のラプラス変換と伝達関数の関係

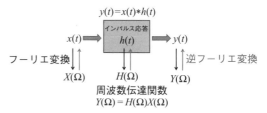

図 **7.16** 連続時間 LTI システムの入出力とインパルス応答，さらに入出力のフーリエ変換と周波数伝達関数の関係

定理 7.2
連続時間線形時不変システムの周波数伝達関数 $H(s)$ が，複素変数 s の有理関数として表現されるとき，その極を $\alpha_1, \alpha_2, \cdots, \alpha_n$ とする．このときすべての極の実部が負であればこのシステムは BIBO 安定である．

[証明] 簡単のため，$H(s)$ が以下のように部分分数に分解されるときを考える．

$$H(s) = \frac{A_1}{s - \alpha_1} + \frac{A_2}{s - \alpha_2} + \cdots + \frac{A_n}{s - \alpha_n},$$

ただし，$A_1, \cdots, A_n$ は定数である．A を実数とし，α を複素定数としたとき，$\dfrac{A}{s - \alpha}$ の逆ラプラス変換は $e^{\alpha t} u_S(t)$ である．ここで $u_S(t)$ は連続時間単位ステップ信号である．$\alpha = a + ib$, a, b は実数，とすると，

$$\left| e^{\alpha t} \right| = \left| e^{at} \cdot e^{ibt} \right| = \left| e^{at} \right| \cdot \left| e^{ibt} \right| = \left| e^{at} \right|$$

である．よって $a < 0$ であれば $t \to \infty$ で $e^{\alpha t} \to 0$ となる．これと，ラプラス変換の線形性により，$\alpha_1, \cdots, \alpha_n$ の実部がすべて負であればこのシステムは安定であることがわかる．証明終わり．

7.6 周波数領域でのシステム記述

$s = \sigma + j\omega$ を $\sigma = 0$ に制限した伝達関数を連続時間システムの**周波数伝達関数**あるいは**周波数応答関数**という．すなわち，連続時間システムの周波数伝達関数 $H(\Omega)$ は以下で定義される．

$$H(\Omega) = \int_{-\infty}^{\infty} h(\tau) e^{-j\Omega \tau} d\tau. \tag{7.17}$$

周波数伝達関数は，連続時間システムのインパルス応答の連続時間フーリエ変換であり，システムの周波数領域における以下の記述をあたえる．

$$Y(\Omega) = H(\Omega) X(\Omega).$$

図 7.16 に，連続時間 LTI システムの入出力とインパルス応答，さらに入出力のフーリエ変換と周波数伝達関数の関係を示す．

なお，連続時間の場合，s 平面上の虚軸上，すなわち，$s = j\Omega$（周波数軸）としたラプラス変換がフーリエ変換に対応する．それに対し，第 6 章で述べたように，離散時間では，$z = e^{j\omega}$ とした z

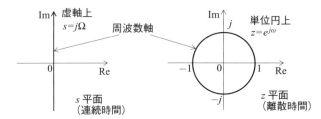

図 7.17 連続時間におけるラプラス変換とフーリエ変換の関係と，離散時間における z 変換と離散時間フーリエ変換の関係

変換が離散時間フーリエ変換であり，z 平面上の単位円が周波数軸（離散時間フーリエ変換）になる（図 7.17）．また，連続時間信号のラプラス変換と，その信号からサンプリングによってつくった離散時間信号の z 変換の関係を述べるにはすこしばかり道具だてが必要であり，その道具がそろう第 8 章の付録 8.B で簡単にまとめる．

本章のここまでで，連続時間 LTI システムのインパルス応答による表現と，伝達関数による表現・周波数伝達関数による表現を示した．第 3 章と第 6 章で解説したように，離散時間 LTI システムにも同様の表現があった．そのほかに，離散時間 LTI システムの時間領域表現として**差分方程式（再帰方程式）による表現**を第 3.3 節で述べた．連続時間システムでこれに相当するのは**微分方程式による表現**であるが，それについては省略する．

7.7　フーリエ変換の拡張

ディラックのデルタ関数を用いると，フーリエ変換が存在する関数の範囲を広げることができる．第 5 章で述べたように正弦波にはフーリエ変換が存在しない．同様に，連続時間周期信号である複素指数信号（図 7.18）

$$x(t) = e^{j\Omega_0 t} = \cos \Omega_0 t + j \sin \Omega_0 t \tag{7.18}$$

は，$\int_{-\infty}^{\infty} |e^{j\Omega_0 t}| dt = \int_{-\infty}^{\infty} 1 \, dt$ が発散するので，(5.5) が満たされず，本来の意味でのフーリエ変換は存在しない．そこでフーリエ変換の拡張を考える．この拡張にはディラックのデルタ関数を用いる．すなわち，複素指数信号 $e^{j\Omega_0 t}$ のフーリエ変換は

$$2\pi \delta(\Omega - \Omega_0) \tag{7.19}$$

（図 7.19）であると定義する．このとき，$X(\Omega) = 2\pi \delta(\Omega - \Omega_0)$ の逆フーリエ変換を行なうと

$$x(t) = \frac{1}{2\pi} \int_{-\infty}^{\infty} X(\Omega) e^{j\Omega t} d\Omega = \frac{1}{2\pi} \int_{-\infty}^{\infty} 2\pi \delta(\Omega - \Omega_0) e^{j\Omega t} d\Omega = e^{j\Omega_0 t}$$

が得られ，もとの信号 $x(t)$ が $e^{j\Omega_0 t}$ であることが導かれて，上の定義は整合的であることがわかる．また，信号 $e^{j\Omega_0 t}$ は正弦波であり，その角周波数は Ω である．それゆえ，$e^{j\Omega_0 t}$ は角周波数 Ω_0 のフーリエ成分だけをもつ信号とみなせ，その「フーリエ変換」が $\delta(\Omega - \Omega_0)$ であると考えるのは自然である．

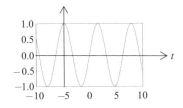

図7.18 連続時間複素指数信号．この図はその実部を示す

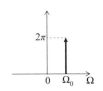

図7.19 関数 $2\pi\delta(\Omega - \Omega_0)$

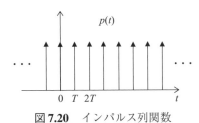

図7.20 インパルス列関数

以上の議論のとおり，信号 $e^{j\Omega_0 t}$ のフーリエ変換は $2\pi\delta(\Omega - \Omega_0)$ で定義され，$2\pi\delta(\Omega - \Omega_0)$ の逆フーリエ変換は $e^{j\Omega_0 t}$ である．これを使うと，フーリエ変換が

$$X(\Omega) = \sum_{k=-\infty}^{\infty} 2\pi a_k \delta(\Omega - k\Omega_0)$$

で表わされる信号 $x(t)$ を求めることができる．それは，$X(\Omega)$ の逆フーリエ変換により，

$$x(t) = \sum_{k=-\infty}^{\infty} a_k e^{jk\Omega_0 t}$$

となる．これは，$x(t)$ のフーリエ級数である．

そこで，ふつうの意味でのフーリエ変換が存在しない周期信号に対してフーリエ変換の拡張を行なおう．信号 $x(t)$ を，基本周期が T の周期信号とする．このとき，$x(t)$ のフーリエ変換を，$x(t)$ のフーリエ級数展開におけるフーリエ係数 c_k を用いて

$$X(\Omega) = \sum_{k=-\infty}^{\infty} 2\pi c_k \delta(\Omega - k\Omega_0) \tag{7.20}$$

と定義する．ただし，$\Omega_0 = \dfrac{2\pi}{T}$ は $x(t)$ の基本角周波数である．このように周期信号に対してフーリエ変換を拡張すれば，矛盾なく数学を演用できる．

さらに，ディラックのデルタ関数を含む周期関数に対しても（7.20）のフーリエ変換を定義することができる．そのような例として，ディラックのデルタ関数が周期 T でならんだ**インパルス列関数（サンプリング関数）**

$$p(t) = \sum_{k=-\infty}^{\infty} \delta(t - kT) \tag{7.21}$$

を考えよう（図7.20）．インパルス列関数のフーリエ変換は

$$P(\Omega) = \mathcal{F}[p(t)] = \frac{2\pi}{T} \sum_{k=-\infty}^{\infty} \delta(\Omega - k\Omega_s), \quad \Omega_s = \frac{2\pi}{T} \tag{7.22}$$

144　第7章　連続時間線形時不変システム

となる.

［証明］　基本周期 T（基本角周波数 Ω_0）の信号 $p(t) = \displaystyle\sum_{k=-\infty}^{\infty} \delta(t - kT)$ のフーリエ級数展開を考えると，$p(t)$ を構成する $\delta(t - nT)$ のうち，区間 $\left[-\dfrac{T}{2}, \dfrac{T}{2}\right]$ に 0 以外の値をもつのは $\delta(t)$ だけであり，それゆえフーリエ係数は複素フーリエの公式により

$$c_k = \frac{1}{T} \int_{-\frac{T}{2}}^{\frac{T}{2}} \delta(t) e^{-jk2\pi t/T} dt = \frac{1}{T}$$

となる．よって，さきに定義した周期信号のフーリエ変換（7.21）により $p(t)$ のフーリエ変換は（7.22）の $P(\Omega)$ となる.

式（7.20）のフーリエ変換が式（7.22）であるということを次章で用いる．なお，離散時間周期信号のフーリエ変換について，章末の付録 7.B に簡単にまとめた.

付録 7.A　ラプラス変換対の代表例

表 7A.1: 代表的な連続時間信号のラプラス変換とその収束領域. $\delta(t)$ はディラックのデルタ関数で，$u_S(t)$ は連続時間ステップ信号，α と ω_0 は定数である

ラプラス変換対

	$x(t)$	$X(s)$	収束領域
1	$\delta(t)$	1	すべての s
2	$u_S(t)$	$\dfrac{1}{s}$	$\mathrm{Re}(s) > 0$
3	$-u_S(-t)$	$\dfrac{1}{s}$	$\mathrm{Re}(s) < 0$
4	$\delta(t - T)$	e^{sT}	すべての s
5	$\dfrac{t^{n-1}}{(n-1)!}u_S(t)$	$\dfrac{1}{s^n}$	$\mathrm{Re}(s) > 0$
6	$-\dfrac{t^{n-1}}{(n-1)!}u_S(-t)$	$\dfrac{1}{s^n}$	$\mathrm{Re}(s) < 0$
7	$e^{-\alpha t}u_S(t)$	$\dfrac{1}{s + \alpha}$	$\mathrm{Re}(s) > \alpha$
8	$e^{-\alpha t}u_S(-t)$	$\dfrac{1}{s + \alpha}$	$\mathrm{Re}(s) < -\alpha$
9	$\dfrac{t^{n-1}}{(n-1)!}e^{\alpha t}u_S(t)$	$\dfrac{1}{(s + \alpha)^n}$	$\mathrm{Re}(s) > -\alpha$
10	$-\dfrac{t^{n-1}}{(n-1)!}e^{-\alpha t}u_S(-t)$	$\dfrac{1}{(s + \alpha)^n}$	$\mathrm{Re}(s) < -\alpha$
11	$(\cos \omega_0 t)u_S(t)$	$\dfrac{s}{s^2 + \omega_0^2}$	$\mathrm{Re}(s) > 0$
12	$(\sin \omega_0 t)u_S(t)$	$\dfrac{\omega_0}{s^2 + \omega_0^2}$	$\mathrm{Re}(s) > 0$
13	$(e^{-\alpha t}\cos \omega_0 t)u_S(t)$	$\dfrac{s + \alpha}{(s + \alpha)^2 + \omega_0^2}$	$\mathrm{Re}(s) > -\alpha$
14	$(e^{-\alpha t}\sin \omega_0 t)u_S(t)$	$\dfrac{\omega_0}{(s + \alpha)^2 + \omega_0^2}$	$\mathrm{Re}(s) > -\alpha$

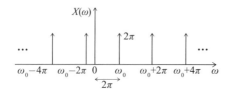

図 7B.1 離散時間複素指数信号 $e^{j\omega_0 n}$ のフーリエ変換

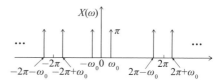

図 7B.2 離散時間正弦波 $x[n]=\cos(\omega_0 n)$ のフーリエ変換

付録 7.B 離散時間周期信号のフーリエ変換

離散時間複素指数信号 $x[n] = e^{j\omega_0 n}$ のフーリエ変換を以下で定義する（図 7B.1）．

$$X(\omega) = \mathcal{F}\{e^{j\omega_0 n}\} = \sum_{r=-\infty}^{\infty} 2\pi\delta(\omega - \omega_0 - 2\pi r). \tag{7B.1}$$

この定義の妥当性は，(1) 離散時間信号の（通常の意味での）フーリエ変換と同様に，$X(\omega)$ は周期 2π となることと，(2) 以下のように，$X(\omega)$ に対する逆変換が，積分範囲が 1 周期分であることを考慮すると

$$\frac{1}{2\pi}\int_0^{2\pi} \sum_{r=-\infty}^{\infty} 2\pi\delta(\omega - \omega_0 - 2\pi r)e^{j\omega n}d\omega = e^{j\omega_0 n}$$

となることからいえる．

この定義をもとにして，たとえば，離散時間周期信号

$$x[n] = \cos(\omega_0 n) \tag{7B.2}$$

のフーリエ変換が以下のように求まる．すなわち，$x[n] = \frac{1}{2}e^{j\omega_0 n} + \frac{1}{2}e^{-j\omega_0 n}$ であるから (7B.2) のフーリエ変換は

$$X(\omega) = \sum_{r=-\infty}^{\infty} \pi\{\delta(\omega - \omega_0 - 2\pi r) + \delta(\omega + \omega_0 - 2\pi r)\} \tag{7B.3}$$

となる（図 7B.2）．

この例のように，ディラックのデルタ関数の和で表わされるフーリエ変換をもつ信号は，**線スペクトル** (line spectrum) をもつといわれる．

一般の周期信号 $x[n]$ に対しては，その離散時間フーリエ級数展開を

$$x[n] = \sum_{k=0}^{N-1} a_k e^{j(2\pi/N)kn}$$

とすると，$x[n]$ のフーリエ変換は

$$X(\omega) = \sum_{r=-\infty}^{\infty}\sum_{k=0}^{N-1} 2\pi a_k \delta\left(\omega - \frac{2\pi k}{N} + 2\pi r\right)$$

となる．ただし，N は $x[n]$ の周期である．

第8章

サンプリング定理

本章では，これまでに述べてきたことがらを総動員した応用の1つをあたえる．すなわち本章の目的は，有名なサンプリング定理：「$x(t)$は，f_M[Hz] 以上の周波数成分を含まない連続時間帯域制限信号とする．このとき，サンプリング周期

$$T_s = \frac{1}{2f_M} \text{ [sec]}$$

かそれよりも短い周期でサンプリングを行なえば，$x(t)$ は，そのサンプル値 $x(nT)$, $n = \cdots, -2, -1, 0, 1, 2, \cdots$，より完全に決定できる」を証明し，その意味するところを明らかにすることにある．一定時間間隔 T でサンプリングされたデータ，すなわち，飛びとびの時刻，$\cdots, -2T, -T, 0, T, 2T, \cdots$ における信号の値から連続時間信号 $x(t)$ 全体を復元する，というのがここでの課題である．もちろんもとの信号 $x(t)$ はわからず，その有限の間隔でとったサンプル値だけがあたえられる状況で連続時間信号の $x(t)$ を特定するのである．ところが，図 8.1 に示したように，飛びとびのサンプル点をとおる連続時間信号は無数にある．サンプル点からもとの信号を一意に特定するためには，復元すべき信号に制約を課し，候補となる信号を限定しなければならない．

8.1 帯域制限信号

その制約とは，$x(t)$ が**帯域制限信号**（band-limited signal），すなわち，そのフーリエ変換 $X(\Omega)$ が，ある定数 Ω_M に対して，

$$|\Omega| \geq |\Omega_M| \text{ で } X(\Omega) = 0 \tag{8.1}$$

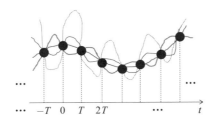

図 **8.1** 時間的に飛びとびのサンプル値をとおる連続時間信号は一般には無数に存在する

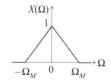 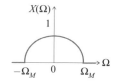 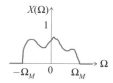

図 **8.2** 帯域制限信号のフーリエ変換の例

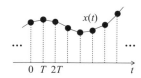

図 **8.3** 連続時間信号から得られたサンプル列

を満たす信号にかぎることである（図8.2）．誤解を恐れずにいえば，高周波成分をもたずこまかな振動をしない信号だけを対象とすることを意味する．

前章で導いた公式を復習しておこう．まず，$X(\Omega)$ のディラックのデルタ関数による周波数シフトである．すなわち，$\delta(\Omega - \Omega_0) * X(\Omega) = X(\Omega - \Omega_0)$．また，インパルス列関数（サンプリング関数）$p(t) = \sum_{k=-\infty}^{\infty} \delta(t - kT)$ のフーリエ変換は

$$P(\Omega) = \mathcal{F}[p(t)] = \frac{2\pi}{T} \sum_{k=-\infty}^{\infty} \delta(\Omega - k\Omega_s), \quad \Omega_s = \frac{2\pi}{T}$$

である．

8.2 サンプリング定理

連続時間信号 $x(t)$ を一定時間間隔 T[sec] でサンプリングすると，サンプル列 $x(nT)$, $n = \cdots, -2, -1, 0, 1, 2, \cdots,$ が得られる（図8.3）．このとき，T を**サンプリング周期**（sampling period）といい，$f_s = 1/T$[Hz] を**サンプリング周波数**（sampling frequency），$\Omega_s = 2\pi/T$[rad/sec] を**サンプリング角周波数**（sampling angular frequency）という．

以下では，角周波数の定数としてつぎの3つの Ω_X があらわれる．簡単のためこれらはすべて正とする．

(a) $\Omega_s = 2\pi/T$[rad/sec]．これはサンプリング角周波数である．
(b) Ω_M．これは帯域制限された信号の最大角周波数である．
(c) Ω_c．これは，理想化された低域通過フィルタの最大角周波数を表わす．

さて，本章の冒頭で述べたサンプリング定理をここでも示しておこう．

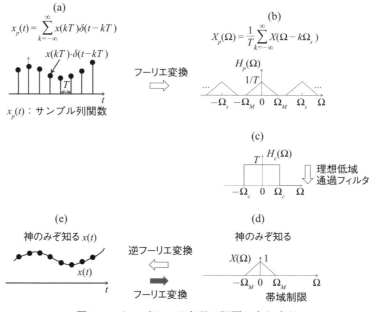

図 8.4 サンプリング定理の証明のあらすじ

サンプリング定理.

「$x(t)$ は，f_M[Hz] 以上の周波数成分を含まない連続時間帯域制限信号とする．このとき，サンプリング周期

$$T_s = \frac{1}{2f_M} \ [\text{sec}]$$

かそれよりも短い周期でサンプリングを行なえば，$x(t)$ は，そのサンプル値 $x(nT)$, $n = \cdots$, $-2, -1, 0, 1, 2, \cdots$, より完全に決定できる．」

以下でこの定理の証明をあたえるが，長く少しばかり複雑なので，まず証明のあらすじを述べよう．最初にあたえられるものを確認しておく．それは，未知である復元する信号 $x(t)$ から，間隔 T でサンプルされた**サンプル列** $x(nT)$, $n = \cdots$, $-2, -1, 0, 1, 2, \cdots$, と，もちろんサンプリング周期 T と，信号 $x(t)$ の最大角周波数 Ω_M である．まず，図 8.3 のサンプル列 $x(nT)$ から連続時間信号の**サンプル列関数** $x_p(t)$ というものをつくる（図 8.4(a)）．このサンプル列関数は，サンプル列 $x(nT)$ とディラックのデルタ関数を使って $x_p(t) = \sum_{k=-\infty}^{\infty} x(kT)\delta(t-kT)$ と表現されるが，これはインパルス列関数 $p(t)$ と，復元したい $x(t)$ との信号としての積 $p(t)x(t)$ である．信号 $x(t)$ のフーリエ変換を $X(\Omega)$ とすると，$x_p(t) = p(t)x(t)$ のフーリエ変換 $X_p(\Omega)$ は $X_p(\Omega) = \frac{1}{T}\sum_{k=-\infty}^{\infty} X(\Omega - k\Omega_s)$, $\Omega_s = \frac{2\pi}{T}$, と求まる（図 8.4(b)）．$X_p(\Omega)$ の式の右辺の $k=0$ の項が $X(\Omega)$ が求めたい $x(t)$ のフーリエ変換である．そこで $X(\Omega)$ だけをぬきだす（図 8.4(d)）．それを逆フーリエ変換すればほしかった $x(t)$ が求まる（図 8.4(e)）．

以上のあらすじを詳細化しよう．まず，サンプル列から出発する（図 8.5）．時刻 kT, $k = \cdots$, $-1, 0, 1$, $2, \cdots$, での値 $x(kT)$ と $\delta(t-kT)$ を使って連続時間信号 $x_p(t)$：サンプル列関数をつくる（図 8.6）．これを式でかくと

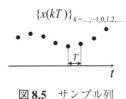

図 **8.5** サンプル列

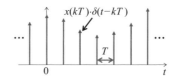

図 **8.6** サンプル列関数 $x_p(t) = \sum_{k=-\infty}^{\infty} x(kT)\delta(t-kT)$

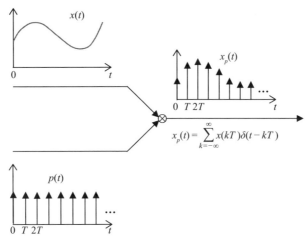

図 **8.7** インパルス列関数 $p(t)$ と信号 $x(t)$ の積としてのサンプル列関数 $x_p(t)$

$$x_p(t) = \sum_{k=-\infty}^{\infty} x(kT)\delta(t-kT) \tag{8.2}$$

である.このサンプル列関数 $x_p(t)$ は,インパルス列関数 $p(t)$ と復元したい $x(t)$ との積として表現できる (図 8.7).すなわち,$x_p(t)$ は,インパルス列関数 $p(t) = \sum_{k=-\infty}^{\infty} \delta(t-kT)$ と $x(t)$ の積として $x_p(t) = x(t)p(t)$ とかける.

さて,$x_p(t)$ のフーリエ変換を考えよう.これは,$x_p(t) = x(t)p(t)$ と,フーリエ変換の性質 6'(積)の「信号 $x(t)$ と $y(t)$ の積のフーリエ変換は,それぞれの信号のフーリエ変換のたたみこみに等しい」により,

$$X_p(\Omega) = \mathcal{F}[x_p(t)] = \frac{1}{2\pi}\bigl[X(\Omega) * P(\Omega)\bigr] \tag{8.3}$$

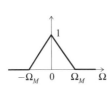

図 **8.8** 帯域制限された信号 $x(t)$ のフーリエ変換 $X(\Omega)$ の例

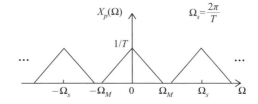

図 **8.9** 図 8.8 に示されたフーリエ変換をもつ信号 $x(t)$ からつくったサンプル列関数 $x_p(t)$ のフーリエ変換

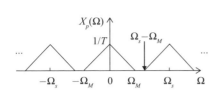
図 8.10 $\Omega_s - \Omega_M \geq \Omega_M$，すなわち $\Omega_s \geq 2\Omega_M$ のときの $X_p(\Omega)$．$X_p(\Omega)$ を構成する和の各項は重ならない

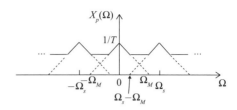
図 8.11 $\Omega_s < 2\Omega_M$ のときの $X_p(\Omega)$．$X_p(\Omega)$ を構成する和の隣りどうしが重なる

となる．ここで，
$$X(\Omega) = \mathcal{F}[x(t)], \qquad P(\Omega) = \mathcal{F}[p(t)] = \frac{2\pi}{T}\sum_{k=-\infty}^{\infty}\delta(\Omega - k\Omega_s)$$
である．$X(\Omega)$ のディラックのデルタ関数による周波数シフト $X(\Omega) * \delta(\Omega - \Omega_0) = X(\Omega - \Omega_0)$ よりたたみこみを計算すると
$$X_p(\Omega) = \frac{1}{T}\sum_{k=-\infty}^{\infty} X(\Omega - k\Omega_s), \qquad \Omega_s = \frac{2\pi}{T} \tag{8.4}$$
となる．すなわち，$X_p(\Omega)$ は，信号 $x(t)$ のスペクトル（フーリエ変換）$X(\Omega)$ を $\pm k\Omega_s$，$k = 0, 1, 2, \cdots$ だけシフトし，$1/T$ 倍したものの総和である（図 8.8 と図 8.9）．この $X_p(\Omega)$ は，$X_p(\Omega + \Omega_s) = X_p(\Omega)$ となるので，周波数軸上でサンプリング角周波数 Ω_s の周期関数であることがわかる．式（8.4）の右辺の和の項をみると，$k = 0$ のときの項が $X(\Omega)$ であり，それ以外の項は，$\cdots$，$X(\Omega + 2\Omega_s)$，$X(\Omega + \Omega_s)$，$X(\Omega - \Omega_s)$，$X(\Omega - 2\Omega_s)$，$\cdots$ と，すべて $X(\Omega)$ を Ω_s の整数倍だけシフトしたものである．よって，(8.4) であたえられる $X_p(\Omega)$ は，図 8.9 に示すように，$\frac{1}{T}X(\Omega)$ のコピーが Ω 軸の正負の両方向に Ω_s ごとにあらわれたものである．

ここで，サンプリング角周波数 Ω_s と，帯域制限の最大角周波数 Ω_M の関係により場合わけする必要がある．

1. $\Omega_s - \Omega_M \geq \Omega_M$，すなわち $\Omega_s \geq 2\Omega_M$ のとき，図 8.10 に示すようにこのときは，$X_p(\Omega)$ の (8.4) の右辺の各項は重ならない．
2. $\Omega_s - \Omega_M < \Omega_M$，すなわち $\Omega_s < 2\Omega_M$ のとき．このときは，図 8.11 に示すように，$X_p(\Omega)$ の (8.4) の右辺の隣りどうしが重なる．以下の議論で明らかになるが，この場合はサンプリング定理の前提を満たさない．

よって，1 のときを考えよう．すなわち，Ω_M に帯域制限された信号 $x(t)$ のサンプリングにおいてサンプリング角周波数 Ω_s が条件 $\Omega_s \geq 2\Omega_M$ を満たすとしよう．このとき，$X_p(\Omega)$ から，$-\Omega_M$ から Ω_M の範囲の周波数のスペクトルをとりだせばもとのスペクトル $X(\Omega)$ を完全に復元することができる．その範囲のスペクトルは復元したい信号 $x(t)$ のフーリエ変換そのものであり，とりだしたスペクトルを逆フーリエ変換すれば $x(t)$ が得られるからである（図 8.12）．この逆フーリエ変換が $x(t)$ となることは，フーリエ変換と逆変換の 1 対 1 対応から保証される．

条件 $\Omega_s \geq 2\Omega_M$ についてみてみよう．帯域制限の最大角周波数 Ω_M に対して最大周波数 f_M を $f_M = \frac{\Omega_M}{2\pi}$ で定義しよう．Ω_s はサンプリング角周波数であり，$\Omega_s = \frac{2\pi}{T_s} = 2\pi f_s$ であるので，$\Omega_s \geq 2\Omega_M$ は，$f_s \geq 2f_M$ と等価である．すなわち $\frac{1}{T_s} \geq 2f_M \leftrightarrow T_s \leq \frac{1}{2f_M}$ を満たすようにサンプル列をとれば $x(t)$ が復元できる．これで証明が終わった．

なお，$f_s = 1/T_s$[Hz] を**ナイキスト速度**（Nyquist rate）という．また，f_M は**ナイキスト周波数**

152　第8章　サンプリング定理

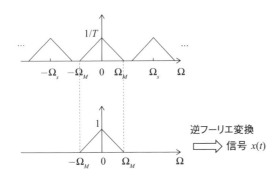

図 8.12　$X_p(\Omega)$ から $-\Omega_M$ から Ω_M の範囲のスペクトルをとりだし，それを逆フーリエ変換すると $x(t)$ が得られる

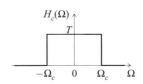

図 8.13　理想的な低域通過フィルタの周波数伝達関数

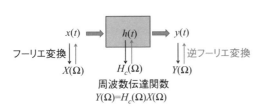

図 8.14　理想的な低域通過フィルタ

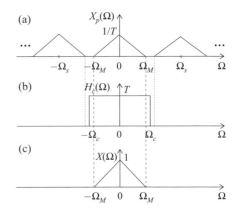

図 8.15　$X_p(\Omega)$ と $H_c(\Omega)$，さらには $X(\Omega)$ の関係

（Nyquist frequency）とよばれる．

8.3　帯域制限補間

あたえられたサンプル列 $\{x(kT)\}_{k=\cdots,-1,0,1,\cdots}$ に対し，実際に $x(t)$ を復元するシステムを構成してみよう．信号 $x(t)$ は，

$$x(t) = \frac{T\Omega_c}{\pi} \sum_{k=-\infty}^{\infty} x(kT)\mathrm{sinc}\{\Omega_c(t-kT)\}$$

というように復元できる．ただし，

$$\mathrm{sinc}(\Omega_c t) = \frac{\sin(\Omega_c t)}{\Omega_c t}$$

である．この sinc 関数を用いた補間は**帯域制限補間**（band-limited interpolation）とよばれる．以下これを示そう．

まず，$X_p(\Omega)$ から $-\Omega_M$ から Ω_M の範囲の周波数のスペクトルをとりだすために，周波数伝達関数 $H_c(\Omega)$ が，$-\Omega_c$ 以上 Ω_c で値 T をとり，それ以外では 0 をとる連続時間システム（図 8.13）を考え

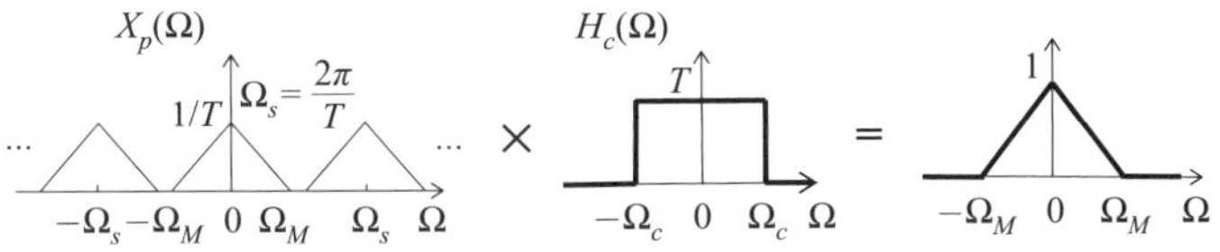

8.3 帯域制限補間 153

図 8.16　$X(\Omega) = H_c(\Omega)X_p(\Omega)$

る．第9章で詳しく述べるが，このシステムは，**理想的な低域通過フィルタ**とよばれ，角周波数 Ω_c 以下の信号はとおし，それ以上の角周波数の信号は完全に阻止するシステムである．ここで Ω_c を $\Omega_M \leq \Omega_c \leq \Omega_s - \Omega_M$ を満たすようにとり，通過フィルタをとおすと，入力のフーリエ変換を $X(\Omega)$ とするときの出力のフーリエ変換が $Y(\Omega) = H_c(\Omega)X(\Omega)$ となる（図 8.14）．

このフィルタへ，フーリエ変換が $X_p(\Omega)$ であるインパルス列信号を入力すると，出力のフーリエ変換は $H_c(\Omega)X_p(\Omega)$ であり，これは $H_c(\Omega)$ と $X_p(\Omega)$ から $X(\Omega)$ となる（図 8.15）．すなわち，

$$\frac{1}{T} \sum_{k=-\infty}^{\infty} X_p(\Omega - k\Omega_s) \times H_c(\Omega) = X(\Omega)$$

となる（図 8.16）．

さらに，$H_c(\Omega)$ を逆フーリエ変換したものが理想的な低域通過フィルタのインパルス応答であり，それは第5章例題 5.3 で示したように

$$h(t) = \frac{T\Omega_c}{\pi} \mathrm{sinc}(\Omega_c t)$$

である．信号 $x(t)$ は，この $h(t)$ とインパルス列関数 $x_p(t)$ とのたたみこみであるから

$$x(t) = x_p(t) * h(t) = \int_{-\infty}^{\infty} x_p(\tau)h(t-\tau)d\tau$$

$$= \int_{-\infty}^{\infty} \sum_{n=-\infty}^{\infty} x(nT)\delta(\tau - nT) \cdot \frac{T\Omega_c}{\pi} \mathrm{sinc}(\Omega_c(t-\tau))d\tau$$

$$= \frac{T\Omega_c}{\pi} \sum_{n=-\infty}^{\infty} x(nT) \int_{-\infty}^{\infty} \mathrm{sinc}(\Omega_c(t-\tau))\delta(\tau - nT)d\tau$$

$$= \frac{T\Omega_c}{\pi} \sum_{n=-\infty}^{\infty} x(nT)\mathrm{sinc}(\Omega_c(t-nT))$$

となる．

例題 8.1.

連続時間信号

$$x(t) = \frac{\sin(20\pi t)}{\pi t}$$

を離散時間信号 $x[n] = x(nT)$ から完全に復元するために必要なサンプリング周期 T の条件を導け．

［解答例］

第 5 章例題 5.4 より，信号
$$x(t) = \frac{\sin(Wt)}{\pi t}$$
のフーリエ変換は
$$X(\omega) = \begin{cases} 1, & |\omega| \leq W, \\ 0, & |\omega| > W \end{cases}$$
である．すなわち，$x(t)$ には W 以上の角周波数成分は含まれない．本例題では角周波数は $W = 20\pi$ であり，よってサンプリング定理によりきまる
$$T_s = \frac{\pi}{W} = \frac{1}{20} = 0.05$$
より小さい周期でサンプルしてやればよい．

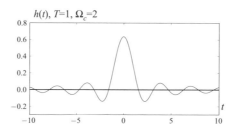

図 8.17　理想的低域通過フィルタのインパルス応答

さて，$\Omega_s < 2\Omega_M$ のときは，理想的な低域通過フィルタを用いたとしても，もとの連続時間信号を復元することはできない．サンプリング周期 T_s よりも長いサンプリング周期を用いた場合に，$X_p(\Omega)$ がオーバーラップするからである．この現象を **エリアシング**（aliasing）という（図 8.11）．

ここで注意してほしいことは，さきに述べた証明にそっての帯域制限補間は，現実の物理的なシステム（ソフトウェアを含む）では実現不可能であるということである．すなわち，sinc 関数を用いた帯域制限補間は理論上のものであり，現実的には，理想的低域通過フィルタを用いることはできない．理想的低域通過フィルタのインパルス応答式は sinc 関数で表現され（図 8.17），sinc 関数は $-\infty$ から $+\infty$ まで連続的に広がっている関数であり，それは工学的にはつくりえない．

8.4　AD 変換と DA 変換

計算機などの信号をあつかうときは，アナログ信号よりもデジタル信号のほうがあつかいやすい．デジタル信号には，正確にかつ簡単に複製できることや雑音に強いなど，多くの利点がある．そのため，計算機で信号を処理するときにはアナログ信号をデジタル信号に変換する．アナログ信号をデジタル信号に変換することを **AD 変換**（analog to digital conversion）という．また逆にデジタル信号をアナログ信号に変換することを **DA 変換**（digital to analog conversion）という．

アナログ信号に対し，AD 変換は以下の処理を行なう．

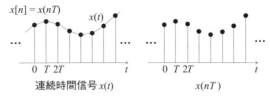

図8.18 サンプル列をもとにつくった離散時間信号

(1) 不要と考えられる高周波成分をとりのぞくため，第9章付録9.Aで述べるようなアナログフィルタを用いて帯域制限された信号をつくる．
(2) この帯域制限信号に対して，サンプリング定理を満たすサンプリング周波数を選び，サンプル列からなる離散時間信号をつくる．
(3) この離散時間信号に対し，値の離散化（量子化）を行なう．

とりわけ(2)の処理では，サンプル列を正しくとりだすために，とりだす時刻の信号値をある期間一定にしておく必要がある．そのため，サンプル&ホールドシステム（章末付録8.A）を用いて信号を階段関数で表現することなどが行なわれる．

ここでは，アナログ信号からつくったサンプル列関数と量子化を行なわない離散時間信号との周波数関係を求めてみよう．すなわち，アナログ信号 $x(t)$ からつくられる連続時間信号サンプル列関数 $x_p(t)$ と，その $t=nT$, $n=\cdots,-1,0,1,2,\cdots$, における値を数列として表わした離散時間信号 $x[n]$ とのフーリエ変換の関係を求める（図8.18）．

サンプル列関数 $x_p(t) = \sum_{k=-\infty}^{\infty} x(kT)\delta(t-kT)$ をフーリエ変換すると，

$$X_p(\Omega) = \sum_{k=-\infty}^{\infty} x(kT) e^{-j\Omega kT}$$

となる．一方，$x(t)$ をAD変換したあとの離散時間信号 $x[n]$ の離散時間フーリエ変換は，

$$X(\omega) = \sum_{k=-\infty}^{\infty} x[k] e^{-j\omega k} = \sum_{k=-\infty}^{\infty} x(kT) e^{-j\omega k}$$

である．ここで $\Omega = \dfrac{\omega}{T}$ とおくと，

$$X(\omega) = X_p\left(\frac{\omega}{T}\right) = X_p(\Omega)$$

となり，$X(\omega)$ の値は $X_p(\Omega)$ の $\Omega = \dfrac{\omega}{T}$ における値に等しい．すなわち，$X(\omega)$ は $X_p(\Omega)$ を周波数スケーリングしたものになっていることがわかる．この関係を，サンプリング周期 T_1 と $T_2 = 2T_1$ に対するAD変換に対して示したのが図8.19である．上段は連続時間信号 $x(t)$ の振幅スペクトル $|X(\Omega)|$ であり，中段はインパルス列を用いてサンプリングされた連続時間信号 $x_p(t)$ の振幅スペクトル $|X_p(\Omega)|$，下段は離散時間信号 $x[n]$ の振幅スペクトル $|X(\omega)|$ である．

DA変換は，AD変換を逆にしたもので，原理的には，サンプル列からつくられた離散時間信号からインパルス列関数をつくり，それを理想的な低域通過フィルタをとおすことによって $x(t)$ を復

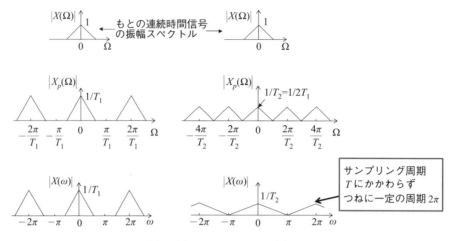

図 8.19 周波数領域における AD 変換の処理過程

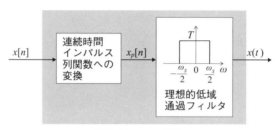

図 8.20 DA 変換

元する（図 8.20）．実際には，理想的な低域通過フィルタは実現不可能であり，近似的な手法が用いられる．

演習 8.1.

連続時間信号

$$x(t) = \frac{\sin(10\pi t)}{\pi t}$$

を離散時間信号 $x[n] = x(nT)$ から完全に復元するために必要なサンプリング周期 T の条件を導け．

付録 8.A　サンプル&ホールドとゼロ次ホールダ

サンプル&ホールド（sample and hold）とは，時刻 kT における信号 $x(t)$ のサンプル値 $x(kT)$ をそのサンプリング周期間中，一定値に保持することである．サンプル&ホールドを行なうシステムをサンプル&ホールドシステムという（図 8A.1）．サンプル&ホールドシステムは，$x(t)$ を入力としたときに，時刻 $±kT$，$k = \cdots, -2, -1, 0, 1, 2, \cdots,$ のときの $x(t)$ の値 $x(kT)$ を，$t = kT$ から $t = k(T+1)$ まで出力するシステムである．以下では，入力信号 $x(t)$ に対するサンプル&ホールドシステムの出力を $x_0(t)$ とする．

理想的低域通過フィルタの代わりとしてサンプル&ホールドシステムを用いるので，サンプル&ホールドシステムの周波数特性が知りたい．しかし，サンプル&ホールドシステムの伝達関数は存在しないことが知られている．そのためここではサンプル&ホールドシステムの「近似」としてゼロ次ホールダを導入する．ディラックのデルタ関数 $\delta(t)$ を入力したとき，その出力であるインパルス応答 $h_0(t)$ が，$0 \leq t < T$ で 1 をと

付録 8.A サンプル&ホールドとゼロ次ホールダ　157

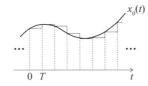

図 8A.1 サンプル&ホールドによるサンプリング

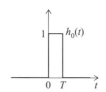

図 8A.2 ゼロ次ホールダのインパルス応答

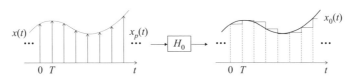

図 8A.3 インパルス応答が $h_0(t)$ であるゼロ次ホールダ H_0 に, $x(t)$ のインパルス列関数を入力すると出力は $x_0(t)$ となる

り, それ以外では 0 をとる方形（図 8A.2）である線形時不変システム H_0 を考えよう. このシステム H_0 に, $x(t)$ からつくったインパルス列関数

$$x_p(t) = \sum_{k=-\infty}^{\infty} x(hT)\delta(t-kT)$$

を入力すると, H_0 の線形性と時不変性より出力は $x_0(t)$ となる（図 8A.3）. すなわち,

$$x_0(t) = h_0(t) * x_p(t)$$

となる. このシステム H_0 を**ゼロ次ホールダ**という.

ここで, $x(t)$ を $x_p(t)$ に変換するシステム P を考えると, P と H_0 を合成したシステム S_H は, 入力 $x(t)$ に対して $x_0(t)$ を出力する（図 8A.4）. すなわち S_H はサンプル&ホールドシステムである. ただし S_H は線形であるが時不変ではない. システム P が時不変でないからである. 伝達関数が定義できるのは線形時不変なシステムにかぎられ, そのためサンプル&ホールドシステムには伝達関数が存在しない.

ゼロ次ホールダの周波数特性を調べよう. まず, ゼロ次ホールダのインパルス応答をラプラス変換すると,

$$H_0(s) = \mathcal{L}\{h_0(t)\} = \frac{1-e^{-Ts}}{s}$$

となり, これがゼロ次ホールダの伝達関数である. ここで, $s = j\Omega$ とおくと, ゼロ次ホールダの周波数伝達関数

$$H_0(\Omega) = \frac{1-e^{-j\Omega T}}{j\Omega} = T\frac{\sin\left(\frac{\Omega T}{2}\right)}{\frac{\Omega T}{2}}e^{-j\frac{\Omega T}{2}} = T\mathrm{sinc}\left(\frac{\Omega T}{2}\right)e^{-j\frac{\Omega T}{2}}$$

が得られる. この周波数伝達関数の絶対値（振幅スペクトル）を図 8A.5 に示す. 同図には, 理想的な低域通過フィルタのスペクトルもあわせて示しておいた. ゼロ次ホールダが理想低域通過フィルタの近似となっていることがわかる.

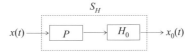

図 8A.4 入力のインパルス列関数をつくるシステム P と, ゼロ次ホールダ H_0 の合成システム S_H

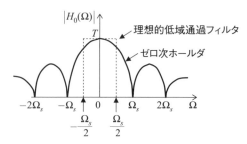

図**8A.5** ゼロ次ホールダの振幅スペクトル

付録8.B　ラプラス変換とz変換の関係

この付録では，連続時間信号からつくったサンプル列関数のラプラス変換から離散時間信号の z 変換を導こう．帯域制限された連続時間信号 $x(t)$ を考え，T を，$x(t)$ のナイキスト周波数よりも $\frac{1}{T}$ が大きい正数とする．このとき，まず $x(t)$ のサンプル列 $x(nT)$ からサンプル列関数 $x_p(t) = \sum_{k=-\infty}^{\infty} x(kT)\delta(t-kT)$ をつくる．これをラプラス変換すると，

$$\mathcal{L}\{x_p(t)\} = X_p(s) = \int_{-\infty}^{\infty} x_p(t)e^{-st}dt = \int_{-\infty}^{\infty} \sum_{k=-\infty}^{\infty} x(kT)\delta(t-kT)e^{-st}dt$$
$$= \sum_{k=-\infty}^{\infty} x(kT) \int_{-\infty}^{\infty} \delta(t-kT)e^{-st}dt = \sum_{k=-\infty}^{\infty} x(kT)e^{-ksT}$$
(8B.1)

となる．ここで複素変数を導入して $z = e^{sT}$，すなわち $s = \frac{1}{T}\log_e z$ とおく．すると (8B.1) は $X_p\left(\frac{1}{T}\log_e z\right) = \sum_{k=-\infty}^{\infty} x(kT)z^{-n}$ となる．これは $x(nT)$ からつくった離散時間信号 $x[n]$ の z 変換である．

第9章

フィルタ初歩

フィルタは，あたえられた信号を所望の性質をもつ信号にかえるシステムである．本章では，時間領域におけるフィルタとしてよく利用される窓関数を用いた信号の切り出しと，周波数領域におけるフィルタの入門的事項をあつかう．ただし，時間領域における処理についてはあまりフィルタとよばないようであり，フィルタといったときには，周波数領域において信号を加工するシステムをさすことが多い．

信号の切り出しは，時間的に長く続く信号の解析を行なうために，できるだけもとの信号の性質を保持したまま，計算機であつかえる長さに信号を「分割」する時間領域における処理である．また，本章でおもにあつかう周波数領域におけるデジタルフィルタは，雑音の除去や信号の帯域制限などの多くの応用をもつ重要なシステムである．

9.1　信号の切り出し：時間領域におけるフィルタ

有限長の信号であれば，DFTにより周波数分析を行なうことができ，FFTアルゴリズムを使用できる．しかし，音声信号や，歩行などの日常生活行動にともなうセンサー信号など，信号の多くは時間的に長く継続する．このような信号の全体を一度に処理することは一般に困難である．信号のある時間区間を切り出し，切り出された信号に対して周波数分析を行なう必要がある．ここでは，信号の切り出しの方法と，切り出しの影響について解説しよう．

9.1.1　窓関数

図9.1(a)に示す信号 $x[n]$ の有限区間を切り出すために窓関数を用いる．次節で詳しく述べるが，いくつもの種類の窓関数があり，それらは，時間的にひと続きの有限な範囲で0以外の値をとり，それ以外の範囲で0をとる $w[n]$ である．これに信号 $x[n]$ をかけることにより，信号の切り出しを行なう．すなわち

$$x_w[n] = x[n]w[n] \tag{9.1}$$

とし，$x[n]$ と $w[n]$ の積 $x_w[n]$ を切り出された信号という．図9.1(b)は，窓関数として方形窓を用いたときの切り出された信号である．方形窓とは，第5章で導入した箱型関数を窓として利用したも

160   第9章 フィルタ初歩

図 9.1　窓関数 $w[n]$ による信号の切り出し

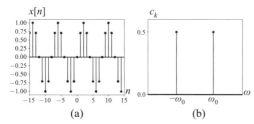

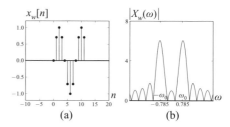

図 9.2　離散時間正弦波信号とそのスペクトル　　**図 9.3**　方形窓により切り出された離散時間正弦波信号とその振幅スペクトル（窓長 12）

のである．切り出しに用いた有限長の信号 $w[n]$ を **窓関数**（window function）といい，0 ではない値をとる区間の長さを $w[n]$ の **長さ** という．離散時間の場合，窓の長さは時点の数で表わされ，たとえば，窓長 16 点とか 32 点というように表現される．ふつう，窓関数が 0 ではない値をとる区間のはじめは時刻 0 とする．

窓関数 $w[n]$ の長さを適当に選べば，$x_w[n]$ の長さを自由に調節することができる．しかし，$x_w[n]$ のスペクトルは，$x[n]$ のスペクトルとことなる．そのため，信号を切り出すと，スペクトルがどのようにかわってしまうのかをよく理解しておくことが重要となる．

切り出しのスペクトルへの影響

図 9.2(a) の離散時間正弦波信号を例にしよう．この信号は，周波数 $F = 4$[Hz]，すなわち角周波数 $\Omega = 8\pi$[rad]，の連続時間正弦波信号を，32[Hz] のサンプリング周波数 F_s（$= 1/T_s$，T_s はサンプリング周期）でサンプリングした離散時間信号である．すなわち，

$$x[n] = \cos(\omega_0 n) = \frac{1}{2}e^{-j\omega_0 n} + \frac{1}{2}e^{j\omega_0 n} \tag{9.2}$$

である．ただし，第 2.1.5 節で示したように，連続信号をサンプリングしてつくった離散時間信号の正規化角周波数は $\omega_0 = \Omega T_s = 2\pi F/F_s = \pi/4$ である．

この信号は，周期的な離散時間信号であり，式（9.2）は，その離散時間フーリエ級数展開が

$$x[n] = c_{-1}e^{-j\omega_0 n} + c_1 e^{j\omega_0 n} \tag{9.3}$$

の形にかくことができ，そのフーリエ係数 c_{-1} と c_1 が $c_{-1} = c_1 = \frac{1}{2}$ であることを示している．したがってこの $x[n]$ の周波数表示，すなわち，スペクトルは図 9.2(b) となる．

式（9.2）で表わされる信号 $x[n]$ に対し，窓関数 $w[n]$ をかけて信号を切り出す．図 9.3(a) は，長さ 12 の方形窓を用いて切り出された信号である．つぎに，この $x_w[n] = x[n]w[n]$ の離散時間フーリエ変換により求めたスペクトルと $x[n]$ のスペクトルのちがいを調べる．方形窓により切り出さ

れた $x_w[n]$ の振幅スペクトルを表示したものが図 9.3(b) であり，もとの信号 $x[n]$ のスペクトル（図 9.2(b)）とは大きくことなる．一般に，窓関数を用いて切り出された信号のスペクトルは，もとの信号のスペクトルとはことなる．以下で，信号を切り出したためにスペクトルにどのようなちがいが起こるのかを説明しよう．

用いる窓関数を $w[n]$ とする．まず，$x_w[n] = x[n]w[n]$ は，式（9.2）から

$$x_w[n] = \frac{1}{2}w[n]e^{-j\omega_0 n} + \frac{1}{2}w[n]e^{j\omega_0 n} \tag{9.4}$$

となる．ゆえに，非周期信号 $x_w[n]$ の離散時間フーリエ変換 $X_w(\omega)$ は，フーリエ変換の性質 1（線形性）と性質 4（周波数シフト）から

$$X_w(\omega) = \frac{1}{2}W(\omega + \omega_0) + \frac{1}{2}W(\omega - \omega_0) \tag{9.5}$$

となる．ただし，$W(\omega)$ は，$w[n]$ の離散時間フーリエ変換である．ゼロとはことなる値を時刻 0 からとりはじめた箱型関数のフーリエ変換 $W(\omega)$ は，第 5 章例題 5.5 で求めたものに，$\frac{N-1}{2}$ 時刻，ただし N は窓長，だけの時間シフト $e^{-j\frac{N-1}{2}\omega}$ をかけた

$$W(\omega) = \frac{\sin\left(\dfrac{N}{2}\omega\right)}{\sin\left(\dfrac{\omega}{2}\right)} \cdot e^{-j\frac{N-1}{2}\omega}$$

である．このように，窓関数 $w[n]$ の離散時間フーリエ変換 $W(\omega)$ が周波数シフトされた形で信号切り出しの影響があらわれる．

メインローブとサイドローブ

さらに詳しく切り出しの影響を調べるため，窓関数のフーリエ変換 $W(\omega)$ に着目しよう．図 9.4(a) は，図 9.3 の例で用いた窓関数とそのフーリエ変換である．$\omega = 0$ を中心に存在するスペクトルの主部をメインローブ（main lobe）といい，メインローブ以外のスペクトル部分をサイドローブ（side lobe）という．

図 9.2 と図 9.3 の比較から，切り出しの影響をおさえるためには，すなわち，切り出し前後でスペクトルをできるだけかえないためには，窓関数は以下の条件を満たすことが望ましい．

- メインローブが急峻であること．
- サイドローブが小さいこと．

しかし，かぎられた長さの窓関数では，両者を同時に満たすことができず，これらはたがいにトレードオフの関係にある．

また，窓関数の長さに自由度がある場合には，メインローブを改善するために，許容できる最大の長さの窓関数を使用すべきである．たとえば，図 9.4(b) に示すように，窓関数の長さを 2 倍にすると，スペクトルは周波数上で半分に縮小し，メインローブは急峻となる．メインローブの急峻さは，近接した周波数スペクトルをもつ信号を分析する場合に重要となり，サイドローブは，大きさのことなるスペクトルを解析する場合に重要となる．

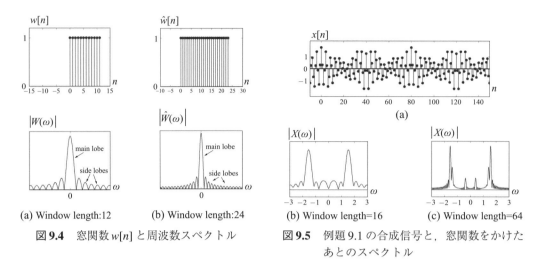

(a) Window length:12　(b) Window length:24

図 9.4　窓関数 $w[n]$ と周波数スペクトル

(b) Window length=16　(c) Window length=64

図 9.5　例題 9.1 の合成信号と，窓関数をかけたあとのスペクトル

例題 9.1.

図 9.5(a) の信号は，周波数が 4[Hz] と 3.6[Hz] および 1[Hz] の連続時間正弦波信号を合成した信号

$$x(t) = \cos(8\pi t) + 0.5\cos(7.2\pi t) + 0.25\cos(2\pi t)$$

に対し，F_s=16[Hz] でサンプリングした離散時間信号 $x[n]$ である．窓長 16 点と 64 点の窓関数を用いてスペクトルを求めよ．

［解答例］

連続時間信号 $x(t)$ を離散化した信号 $x[n]$ は，$8\pi/16 = \pi/2$ と $7.2\pi/16 = 1.8\pi/4$ ならびに $2\pi/16 = \pi/8$ をそれぞれの基本角周波数とする 3 つの正弦波の和である．すなわち，

$$x[n] = \cos\left(\frac{\pi}{2}n\right) + 0.5\cos\left(\frac{1.8\pi}{4}n\right) + 0.25\cos\left(\frac{\pi}{8}n\right)$$

である．フーリエ変換の性質 1（線形性）により，$x[n]$ のフーリエ変換は，その 3 つの正弦波のフーリエ変換の重みつき和となり，それぞれのフーリエ変換は，式（9.2）から式（9.5）を求めたのと同様である．その結果，窓長 16 と 64 のそれぞれに対し振幅スペクトルを示したものが図 9.5(b) と (c) である．窓長が短いと，3 つの正弦波のそれぞれのスペクトルのメインローブとサイドローブが横に広がってしまいスペクトルの分離ができないことがわかる．

9.1.2　代表的な窓関数

以上に述べたように，窓関数のメインローブとサイドローブが，周波数解析において重要な役割りをはたす．メインローブとサイドローブがことなるさまざまな窓関数が知られている．以下では，代表的な窓関数をあげる．

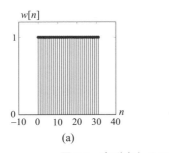
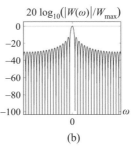

図 9.6 方形窓とその振幅スペクトル

方形窓

長さ M の方形窓（rectangular window）は，

$$w[n] = \begin{cases} 1, & 0 \leq n < M, \\ 0, & n < 0 \text{ または } M \leq n \end{cases} \quad (9.6)$$

である．図 9.6 に，長さ $M = 32$ の場合の方形窓 $w[n]$ とその振幅スペクトル $|W(\omega)|$ を示す．ただし，振幅スペクトルの最大値で正規化し，すなわち，振幅スペクトルの各値をその最大値でわり，さらに，小さな値を明確に示すために常用対数を用いて

$$20 \log_{10}\left(\frac{|W(\omega)|}{W_{\max}}\right)$$

の値を図示した．ここで $W_{\max}$ は $|W(\omega)|$ の最大値である．常用対数をとりその値に 20 をかけたときの単位を **dB**（デシベル）という．信号のゲイン特性などを表現するとき，単位としてデシベルがよく用いられる．この窓関数は，信号のひずみが少なく基本的で単純な窓である．ほかの窓関数と比較したとき，メインローブは急峻であるのに対し，サイドローブの最大値は大きくなる．

ハニング窓

長さ M のハニング窓（Hanning window）は，

$$w[n] = \begin{cases} \dfrac{1}{2}\left(1 - \cos\left(\dfrac{2\pi n}{M}\right)\right), & 0 \leq n < M, \\ 0, & n < 0 \text{ または } M \leq n \end{cases} \quad (9.7)$$

である．長さ M の方形窓を $w_r[n]$ とすると，オイラーの公式を使って式 (9.7) は

$$w[n] = \frac{1}{2} w_r[n] - \frac{1}{4} e^{j\frac{2\pi n}{M}} w_r[n] - \frac{1}{4} e^{-j\frac{2\pi n}{M}} w_r[n]$$

とかけるので，方形波のスペクトル（フーリエ変換）を $W_r(\omega)$ とすると，フーリエ変換の性質 1（線形性）と性質 4（周波数シフト）によりハニング窓のスペクトルは

$$W(\omega) = \frac{1}{2} W_r(\omega) - \frac{1}{4} W_r\left(\omega + \frac{2\pi}{M}\right) - \frac{1}{4} W_r\left(\omega - \frac{2\pi}{M}\right)$$

となる．図 9.7 は，長さ $M = 32$ の場合のハニング窓とその振幅スペクトルを示している．この窓関数は，メインローブは方形窓にくらべて広いが，サイドローブは急速に小さくなる．

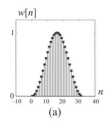 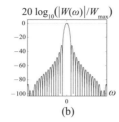 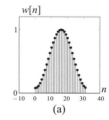 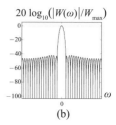

図 9.7　ハニング窓とその振幅スペクトル　　　図 9.8　ハミング窓とその振幅スペクトル

ハミング窓

長さ M のハミング窓（Hamming window）は，

$$w[n] = \begin{cases} 0.54 - 0.46\cos\left(\dfrac{2\pi n}{M}\right), & 0 \leq n < M, \\ 0, & n < 0 \text{ または } M \leq n \end{cases} \tag{9.8}$$

である．ハニング窓のスペクトル計算とおなじように考えると，ハミング窓のスペクトルは，

$$W(\omega) = 0.54\, W_r(\omega) - 0.23 W_r\!\left(\omega + \frac{2\pi}{M}\right) - 0.23 W_r\!\left(\omega - \frac{2\pi}{M}\right)$$

となる．ここで $W_r(\omega)$ は方形窓のスペクトルである．図 9.8 に，長さ $M = 32$ の場合のハミング窓とその振幅スペクトルを示す．ハミング窓関数のメインローブは，ハニング窓のそれとほぼおなじであるのに対し，サイドローブはメインローブの近くの値が小さい．

ハニング窓とハミング窓のように，メインローブとサイドローブがそれぞれわずかにちがう多くの窓関数が知られている．

例題 9.2.

例題 9.1 の信号 $x(t)$ に対し，窓長 64 のハニング窓とハミング窓とをそれぞれ用いてスペクトルを求め，振幅スペクトルを図示せよ．

［解答例］

窓関数のスペクトルを $W(\omega)$ としたとき，基本角周波数 ω_0 の正弦波に対し，窓関数をかけた信号に対するスペクトルは式 (9.5)，すなわち，

$$\frac{1}{2}W(\omega + \omega_0) + \frac{1}{2}W(\omega - \omega_0)$$

であたえられる．フーリエ変換の性質 1（線形性）と性質 4（周波数シフト）により，$x(t)$ の 3 つの正弦波成分それぞれについて，上式によりスペクトルを求めてそれらをくわえあわせばよい．ハニング窓で切り出された信号の振幅スペクトルを図 9.9(c) に，図 9.9(d) にハミング窓のそれを示す．

9.2　デジタルフィルタ

本節では，あつかう信号に対してフーリエ変換が存在すると仮定する．単にフィルタといった場

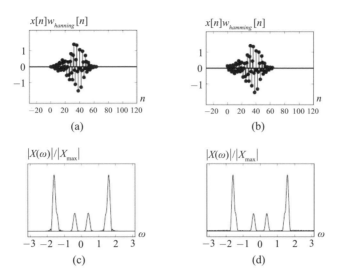

図 9.9 例題 9.2 の信号の切り出された信号とその振幅スペクトル．(a) と (c) は窓長 64 のハニング窓の場合で，(b) と (d) は窓長 64 のハミング窓の場合

合には，信号を周波数領域において加工処理するシステムをさすことが多い．それゆえ本節以降では，フィルタという用語は周波数領域におけるフィルタのこととする．とりわけ本節で解説するデジタルフィルタは，アナログ信号を AD 変換したデジタル信号を入力とし，おもにその周波数になんらかの処理をくわえたデジタル信号を出力するシステムである．本書ではそのうちの線形時不変なフィルタをあつかう．第 6 章で示したように，線形時不変なシステムでは，周波数領域において $Y(\omega) = H(\omega)X(\omega)$ という関係が成り立つ．ここで，$X(\omega)$ は入力の，$Y(\omega)$ は出力のフーリエ変換であり，$H(\omega)$ はシステム（フィルタ）の周波数伝達関数である．デジタルフィルタのかなめは，$X(\omega)$ にかけることによって，所望の $Y(\omega)$ が，あるいはそれに近い $\widetilde{Y}(\omega)$ が得られるように，できるだけ簡単に実現できるフィルタの周波数伝達関数 $H(\omega)$ を定めるところにある．

9.2.1 周波数に関する制約

デジタルフィルタは，一般に，連続時間信号 $x(t)$ がサンプリング周波数 F_s で AD 変換された離散時間信号 $x[n]$ をあつかう．第 5.2 節と第 5.3 節で説明したように，$x[n]$ の離散時間フーリエ変換 $X(\omega)$ は，周期 2π であり，これとフーリエ変換の性質 2（対称性）あるいは性質 2'（振幅スペクトルの対称性と位相スペクトルの反対称性）から，$0 \leq \omega < \pi$ での値がきまれば $\pi \leq \omega < 2\pi$ における値はきまってしまう．それゆえ，$X(\omega)$ が独立して値をとるのは $0 \leq \omega < \pi$ の範囲だけである．また，第 2.1.5 節で述べたように，角周波数 Ω の正弦波と，サンプリング周波数 F_s でその正弦波をサンプリングしてつくられた離散時間信号の角周波数 ω には $\omega = \dfrac{\Omega}{F_s}$ という関係がある．角周波数 Ω の正弦波の周波数は $F = \dfrac{\Omega}{2\pi}$ だから，F が独立した値をとるのは $0 \leq F < \dfrac{F_s}{2}$ となる．一般の連続時間信号 $x(t)$ は，正弦波の重みつき「和」で表現されるから，サンプリング周波数 F_s で $x(t)$ からサンプリングしてつくられた離散時間信号 $x[n]$ に対しても同様の事実が成り立つ．すなわち，デジタルフィ

166　第9章　フィルタ初歩

ルタがあつかう信号の独立な周波数帯域は F_s の半分までとなる．そのため，デジタルフィルタは，F_s の半分で帯域制限された信号を処理の対象とする．

9.2.2　デジタルフィルタの分類

デジタルフィルタにはさまざまな分類法がある．それらのいくつかを紹介しよう．

インパルス応答長による分類：IIR フィルタと FIR フィルタ

線形時不変システムは，有限インパルス応答（FIR）システムと，無限インパルス応答（IIR）システムに分類できることはさきに述べた．同様に，デジタルフィルタも両者に分類される．

因果的な FIR システムの伝達関数は z^{-1} の多項式として表現される．すなわち，因果的 FIR フィルタの伝達関数は，N をある正の整数として，

$$H(z) = \sum_{n=0}^{N-1} h[n] z^{-n}$$

とかくことができる．$N-1$ をフィルタの**次数**（order）という．それに対し，z の有理型伝達関数をもつ因果的な IIR フィルタを考えると，その伝達関数は

$$H(z) = \frac{a_0 + a_1 z^{-1} + \cdots + a_M z^{-M}}{1 + b_1 z^{-1} + \cdots + b_N z^{-N}}$$

となり，分母は 1 ではない z^{-1} の多項式となる．ただし，M と N は正の整数である．IIR フィルタの場合は，伝達関数の分母の z^{-1} の多項式の次数 N をフィルタの**次数**とよぶ．

とくに $N = 1$ の**1 次フィルタ**（first-order filter）では，

$$H(z) = \frac{a}{1 + b z^{-1}}, \quad b \neq 0$$

という形の伝達関数がしばしば用いられる．1 次フィルタは，現在の出力 $y[n]$ をきめるのに，1 時刻前の出力 $y[n-1]$ と入力とを重みづけてくわえるという処理を行なう．また $N = 2$ の**2 次フィルタ**（second-order filter）のうち，

$$H(z) = \frac{a_0 + a_1 z^{-1} + a_2 z^{-2}}{1 + b_1 z^{-1} + b_2 z^{-2}}, \quad a_2 \neq 0, \ b_2 \neq 0$$

という伝達関数をもつ IIR フィルタを**双 2 次フィルタ**（biquadratic filter）とよぶ．2 次フィルタは，現在の出力値 $y[n]$ を定めるのに，直前の 2 時刻の出力値，$y[n-1]$，$y[n-2]$，と入力を重みづけてくわえる処理を行なう．双 2 次フィルタの「双」は，分子分母とも z の 2 次式で，出力も入力も，2 時刻前の値が現在の値に影響するところからきているのであろう．第 6 章例題 6.16 では，$H(z) = \dfrac{1}{1 - b z^{-1}}$ である 1 次フィルタのゲイン特性と位相特性を求めた．そのゲイン特性をみると，後述する低域通過フィルタであることがわかる．

デジタルフィルタを，FIR システムとして実現するか，IIR システムとして実現するかによりフィルタの特徴がことなる．FIR フィルタを使用するとつねに安定性が保証され，簡単に後述する直線位相特性を実現できる．一方，IIR フィルタを用いると，おなじゲイン特性を実現するときに，FIR フィルタよりも伝達関数の次数を低くでき，フィルタ処理にともなう演算量を低減できる．

実際の応用では，以上の特徴を考慮して，最初にどちらのフィルタを使用するのかをきめる必要がある．

ゲイン特性による分類

デジタルフィルタの周波数伝達関数 $H(\omega)$ は，第 6 章で述べたように，その伝達関数 $H(z)$ に $z = e^{j\omega}$ を代入したものであり，

$$H(\omega) = |H(\omega)|e^{j\theta(\omega)} \tag{9.9}$$

と，ゲイン特性 $|H(\omega)|$ と位相特性 $\theta(\omega)$ の積として表現される．フィルタは，それらのうちのどちらかの特性のちがいとして分類することができる．ここでは，ゲイン特性のちがいによる分類をとりあげよう．フィルタの用語として，角周波数を単に周波数とよぶことが多いので以下でもそうする．

まず，フィルタに関して**帯域**（あるいはバンド帯）といえば**周波数帯域**のことで，それは周波数の範囲のことを示す．一般に，信号をとおす帯域を**通過域**（pass band）といい，信号を遮断する帯域を**阻止域**（stop band）という．通過域は，正のゲイン値，すなわち $|H(\omega)| > 0$ となる周波数 ω の領域であり，阻止域は，ゲイン値 $|H(\omega)| = 0$ の周波数 ω の領域である．通過域と阻止域のちがいによりフィルタは，以下の 4 つに分類される（図 9.10）．

- **低域通過フィルタ**（low pass filter，LPF，図 9.10(a)），ローパスフィルタともいう．
    - 周波数の低い成分をとおし，高い成分を遮断（カット）する．
- **高域通過フィルタ**（high pass filter，HPF，図 9.10(b)），ハイパスフィルタともいう．
    - 周波数の高い成分をとおし，低い成分を遮断（カット）する．
- **帯域通過フィルタ**（band pass filter，BPF，図 9.10(c)），バンドパスフィルタともいう．
    - 周波数の低い成分と高い成分を遮断（カット）し，その間の成分をとおす．
- **帯域阻止フィルタ**（band reject filter，BRF，図 9.10(d)），バンドリジェクトフィルタともいう．

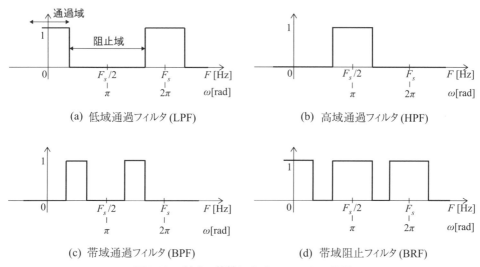

図 **9.10** ゲイン特性によるフィルタの分類

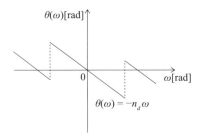

図 9.11 直線位相特性．第 6.3 節で述べたように，位相特性にはかき方にいくつかのバリエーションがある

― 周波数の低い成分と高い成分をとおし，その間を遮断（カット）する．

第 9.2.1 節で述べたように，サンプリング周波数を F_s としたとき，デジタルフィルタがあつかえる信号の最高周波数は $F_s/2$ であることに注意しよう．低域通過フィルタは，ある周波数 ω_c 以上の ω では $|H(\omega)| = 0$ であり，出力のフーリエ変換も $Y(\omega) = H(\omega)X(\omega) = |H(\omega)|e^{-j\angle H(\omega)}X(\omega) = 0$ となる．よって出力は ω_c 以上の周波数成分をもたない．つまり，低域通過フィルタをとおすと，いかなる入力に対しても高周波成分がカットされる．高域通過フィルタは $F_s/2$ を含む通過域をもつ．帯域通過フィルタでは，$F = F_s/2$ と直流成分 $F = 0$ とは通過域にはいらない．帯域阻止フィルタはその逆でその通過域は $F = F_s/2$ と $F = 0$ とを含んでいる．

以上の振幅特性はいずれも，IIR フィルタと FIR フィルタのどちらでも実現できる．

位相特性による分類

実際の応用では，ゲイン特性だけでなく，位相特性 $\theta(\omega)$ も重要であることが多い．あとで述べるように，フィルタは直線位相特性をもつ必要がある．**直線位相特性**とは，位相特性を角周波数 ω で微分した

$$n_d = -\frac{d\theta(\omega)}{d\omega} \tag{9.10}$$

が定数となる特性である．これは，位相特性の傾き n_d が一定であることを意味する．また，n_d を**群遅延量**（group delay）という．たとえば，図 9.11 に示された位相特性は直線位相である．位相特性は ω に関する 1 次関数

$$\theta(\omega) = -n_d\omega - \theta_0 \tag{9.11}$$

となり，ω に関して直線的な特性である．ただし，θ_0 は任意の定数である．

直線位相特性をもつデジタルフィルタを，とくに**直線位相フィルタ**（linear phase filter）という．この特性の実現には，一般に FIR フィルタを用いる必要がある．

> **例題 9.3.**
> 第 6 章例題 6.15 の 3 点平均を計算するシステムは，FIR フィルタか，それとも IIR フィルタか．また，帯域通過フィルタとして分類すると 4 つのタイプのフィルタのどれになるか．このシステムは直線位相フィルタか．さらに，このシステムの群遅延量を求めよ．
> ［解答例］
> 伝達関数から FIR フィルタであることがわかる．また，そのゲイン特性と位相特性を示した

図6.18より,低域通過フィルタであり,直線位相フィルタであることがわかる.$\theta(\omega) = -\omega$ より,群遅延量は $n_d = 1$ である.

9.2.3 実現可能なフィルタ

図9.10の(a)から(d)のゲイン特性をもつフィルタはいずれも厳密には実現することができない.ここでは,まず理論上の理想フィルタについて説明し,それから実現可能なフィルタを説明しよう.

理想フィルタ

理想フィルタは,ゲイン特性と位相特性に関してつぎの特徴をもつ.

- 通過域のゲインは一定の正値をとる.
- 阻止域のゲインはゼロである.
- 通過域から阻止域に,あるいは阻止域から通過域に,ゲインが階段状に不連続に変化する.
- 直線位相特性をもつ.

これら4つの条件をすべて満たすフィルタを**理想フィルタ**という.すなわち,図9.10のようなゲイン特性をもち,図9.11の位相特性のような直線位相をもつフィルタである.現実のシステムにおいては,ゲイン特性に関する条件を満たすことができないため理想フィルタは実現できない.

つぎに,図9.12のゲイン特性を例として,現実のフィルタ特性を説明しよう.現実のフィルタは,理想フィルタとことなって以下の特性をもつ.

- 通過域のゲインは,一定ではなく,**通過域誤差** δ_p の幅で変化する.
- 阻止域のゲインは,つねにゼロということはなく,ゼロのあたりを**阻止域誤差** δ_s の幅で変化する.
- 通過域と阻止域の間に,ゲインがなめらかにかわる**過渡域**(あるいは**遷移域**)という帯域をもつ.

通過域の端の周波数を**通過域端周波数** F_p といい,阻止域の端の周波数を**阻止域端周波数** F_r とい

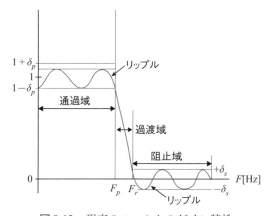

図9.12 現実のフィルタのゲイン特性

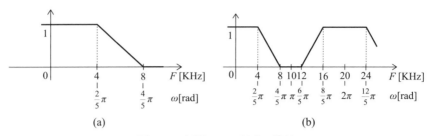

図 9.13 例題 9.4 のゲイン特性

う．なお，現実のフィルタでは，図 9.12 の通過域にみられるように，通過域や阻止域でゲインは波をうつ．一般に，これは，理想フィルタにおける不連続点を連続なフーリエ級数で近似するときにあらわれるもので，**ギブズの現象**とよばれる．通過域や阻止域で起こる波をリップルといい，そのため，通過域誤差 δ_p のことを**通過域リップル**ともいい，また，阻止域誤差 δ_s のことを**阻止域リップル**ともいう．

理想フィルタに近いほど現実のフィルタは，通過域誤差と阻止域誤差が小さくなる．また，過渡域がせまいほど高次の伝達関数が必要となり実現が複雑となる．また，特性を規定するためには，帯域通過フィルタおよび帯域阻止フィルタでは，通過域端周波数として通過域のはじまりと終わりの 2 点を，阻止域端周波数も阻止域のはじまりと終わりの 2 点を指定する必要がある．それに対し，低域通過フィルタと高域通過フィルタでは，通過域周波数も阻止域周波数も領域のはじまりか終わりのどちらか 1 点で領域が定まる．

> **例題 9.4.**
> サンプリング周波数 $F_s = 20$[KHz] で動作するデジタルフィルタを考える．このフィルタは，通過域端周波数が $F_p = 4$[KHz] で，阻止域端周波数が $F_r = 8$[KHz]，通過域誤差が $\delta_p = 0$，および阻止域誤差が $\delta_s = 0$ であり，**通過域のゲインが 1** の低域通過フィルタとする．このフィルタのゲイン特性を，周波数 F と正規化角周波数 ω をそれぞれ横軸にして図示せよ．
>
> [解答例]
> 周波数 F の信号成分のサンプリング後の離散時間信号の角周波数（正規化角周波数）は $\omega = 2\pi F/F_s$ である．これと，(1) $\delta_p = \delta_s = 0$ であることより通過域と阻止域でフィルタの出力は一定であること，(2) 通過域端から阻止域端への過渡域のフィルタ出力がなめらかに減少するように，(3) 通過域のゲインが 1 の低域通過フィルタであること，を考慮すると図 9.13(a) を得る．あるいは，デジタルフィルタは周期 2π であり，また，直線 $x = \pi$ に関して対称であることも含めて表現すると，図 9.13(b) となる．

演習 9.1.
サンプリング周波数 $F_s = 40$[KHz] で動作するデジタルフィルタを考える．以下のフィルタのゲイン特性を，周波数 F と正規化角周波数 ω をそれぞれ横軸にして図示せよ．

(a) 通過域端周波数が $F_p = 8$[KHz] で，阻止域端周波数が $F_r = 12$[KHz]，通過域誤差 $\delta_p = 0$，阻

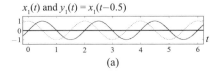
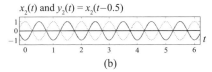
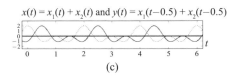

図 9.14　もとの信号（(a) と (b)・(c) の点線）に対し，おなじ時間だけ位相がずれた 2 つの信号（(a) と (b) の実線）と，それらの合成信号（(c) の実線）

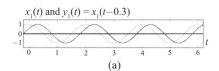
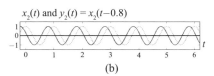
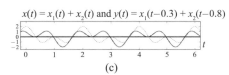

図 9.15　もとの信号（(a) と (b)・(c) の点線）に対し，ことなる時間ずれた 2 つの信号（(a) と (b) の実線）と，それらの合成信号（(c) の実線）

止域誤差 $\delta_s = 0$，通過域のゲインが 1 の低域通過フィルタ．

(b) 通過域端周波数が $F_p = 12$[KHz] で，阻止域端周波数が $F_r = 8$[KHz]，通過域誤差 $\delta_p = 0$，阻止域誤差 $\delta_s = 0$，通過域のゲインが 1 の高域通過フィルタ．

(c) 通過域端周波数が $F_{p1} = 8$[KHz]，$F_{p2} = 12$[KHz] で，阻止域端周波数が $F_{r1} = 4$[KHz]，$F_{r2} = 16$[KHz]，通過域誤差 $\delta_p = 0$，阻止域誤差 $\delta_s = 0$，通過域のゲインが 1 の帯域通過フィルタ．

(d) 通過域端周波数が $F_{p1} = 4$[KHz]，$F_{p2} = 10$[KHz] で，阻止域端周波数が $F_{r1} = 8$[KHz]，$F_{r2} = 12$[KHz]，通過域誤差 $\delta_p = 0$，阻止域誤差 $\delta_s = 0$，通過域のゲインが 1 の帯域阻止フィルタ．

9.2.4　直線位相フィルタ

多くの応用では，直線位相特性をもつフィルタを用いなければならない．ここでは，まず直線位相特性がどうして必要となるかについて述べ，それから FIR フィルタを用いることで直線位相フィルタが簡単に実現できることを示す．

直線位相特性の重要性

第 5 章で述べたように，一般の信号は，正弦波信号の重みつき和として表現される．また，フィルタの位相特性は，正弦波信号を入力した場合の周波数ごとの位相のずれを表わしており，一般の信号に対してフィルタをとおしたあとの信号の位相は，一般には周波数の複雑な関数となる．いま，たとえば，図 9.14 の (a) と (b) の点線で表わされた 2 つの正弦波信号 $x_1(t)$ と $x_2(t)$ を考えよう．図 9.14(c) の点線で表わされた信号 $x(t)$ は，$x_1(t)$ と $x_2(t)$ を合成した信号 $x(t) = x_1(t) + x_2(t)$ である．

172　第9章　フィルタ初歩

A. 位相ひずみ

図 9.14(a) と (b) それぞれの実線は，点線で表わされた $x_1(t)$ と $x_2(t)$ の 2 つの正弦波信号が，フィルタ処理によりおなじ時間だけずれた信号を表わしている．同図 (c) の実線は，$x_1(t)$ も $x_2(t)$ も 0.5 秒だけずれたときの合成信号 $x(t) = x_1(t) + x_2(t)$ に対するフィルタの出力である．時刻ずれした実線の信号は，点線のもとの信号とおなじ形をしている．それに対し，図 9.15 には，(a) と (b) でことなる時間のずれが生じた信号が表わされている．図 9.15(a) の信号 $x_1(t)$ は 0.3 秒ずれ，図 9.15(b) の信号 $x_2(t)$ は 0.8 秒ずれたとき，合成信号 $x(t) = x_1(t) + x_2(t)$ に対するフィルタの出力が同図 (c) の実線である．実線の形と点線の形が大きくことなる．これらの例は，

- 2 つの正弦波の位相のずれのちがいにより，合成される信号の形が大きくことなる，
- 2 つの正弦波がおなじ時間だけずれた場合には，それらの合成信号には，時間シフト以外のひずみは生じない，

ことを示している．もとの信号に対してなんらかの処理をほどこしてできる信号がもとの信号と相似にならないとき，処理により信号に**ひずみ**（distortion）が生じるという．図 9.15 の例のように，位相のずれが原因で起こるひずみを**位相ひずみ**（phase distortion）という．直線位相特性をもつフィルタでは位相ひずみが起こらない．つぎにこれを説明する．

B. 直線位相特性による位相ひずみの回避

直線位相特性をもつフィルタには，位相ひずみが起こらないことを解説しよう．いま，信号 $x_1[n] = \cos(\omega_1 n)$ を，ゲイン特性が 1 である周波数特性 $H(\omega) = e^{j\theta(\omega)}$ をもつシステムに入力しよう．このとき，出力信号 $y_1[n]$ は

$$y_1[n] = \cos\bigl(\omega_1 n + \theta(\omega_1)\bigr) \tag{9.12}$$

となる（第 6.3 節の定理 6.4 (2) 参照）．直線位相特性の式（9.11）を（9.12）に代入すると，

$$y_1[n] = \cos(\omega_1 n - n_d \omega_1 - \theta_0) \tag{9.13}$$

となる．

いま，簡単のため，$\theta_0 = 0$ とし $\theta(\omega) = -n_d \omega$ と仮定しよう．このとき，（9.13）は

$$y_1[n] = \cos(\omega_1 n - n_d \omega_1) = \cos\bigl(\omega_1(n - n_d)\bigr) = x_1[n - n_d] \tag{9.14}$$

となる．式（9.14）は，フィルタの出力 $y_1[n]$ が入力 $x_1[n]$ に対する n_d の時間シフトであることを示す．これは，任意の周波数の正弦波信号に対して成り立つ．ゆえに，正弦波信号の「重みつき和」としてあたえられる出力信号 $y[n]$ は，

$$y[n] = x[n - n_d] \tag{9.15}$$

となり，これは，入力信号 $x[n]$ を時間シフトしたもので，位相ひずみをともなわない．なお，フィルタの周波数伝達関数が $H(\omega) = e^{-jn_d\omega}$ であるとき，式（9.15）はつぎのようにしても得られる．すなわち，入出力のフーリエ変換をそれぞれ $X(\omega)$，$Y(\omega)$ とすると，$Y(\omega) = H(\omega)X(\omega) = e^{-jn_d\omega}X(\omega)$ が成り立つことと，フーリエ変換の性質 3（時間シフト）から $Y(\omega) = \mathcal{F}\bigl\{x[n - n_d]\bigr\}$ がいえ，これを

9.2 デジタルフィルタ 173

逆フーリエ変換すればよい.

さて，平均処理の雑音除去フィルタの例を考えよう．第6章例題6.17で示したように，N 点の平均処理は，直線位相特性をもち，群遅延量 $n_d = (N-1)/2$ をもつ．したがって，時間のずれは，$(N-1)/2$ となる．たとえば，$N = 3$ のときは，$n_d = 1$ で，$N = 9$ では $n_d = 4$ である．

> ## 例題 9.5.
>
> 式（9.12）において $\theta(\omega) = -n_d\omega + \pi k$, k は整数，を仮定し，$x_1[n]$ と $y_1[n]$ の関係を導け.
>
> ［解答例］
>
> このとき，式（9.12）は $y_1[n] = \cos(\omega_1 n - n_d\omega_1 - \pi k)$ となる．k が偶数の場合，$\cos(\omega_1 n - n_d\omega_1 - k\pi) = \cos(\omega_1 n - n_d\omega_1)$ だから，$y_1[n] = x_1[n - n_d]$ となる．k が奇数の場合には，$\cos(\omega_1 n - n_d\omega_1 - k\pi) = -\cos(\omega_1 n - n_d\omega_1)$ であるから $y_1[n] = -x_1[n - n_d]$ となる．よっていずれの場合にも位相ひずみは生じない.

直線位相フィルタの実現

FIR フィルタを用いると，直線位相特性を簡単に実現できる．いま，N を正の整数として，因果的な FIR フィルタの伝達関数 $H(z)$ を

$$H(z) = \sum_{n=0}^{N-1} h[n]z^{-n} \tag{9.16}$$

と表現する．ここで，$h[n]$ はフィルタのインパルス応答である．このように表現された FIR フィルタに対し，$N-1$ をその FIR フィルタの**次数**といい，N を**タップ数**または**インパルス応答の個数**という.

A. 軸対称なインパルス応答

式（9.16）の FIR システムが直線位相をもつには，そのインパルス応答が図9.16の4つのタイプのいずれかの対称性をもつことが必要十分である．すなわち

タイプ I. 個数 N が奇数であり，かつ偶対称：$h[n] = h[N-n-1]$.
タイプ II. 個数 N が偶数であり，かつ偶対称：$h[n] = h[N-n-1]$.
タイプ III. 個数 N が奇数であり，かつ奇対称：$h[n] = -h[N-n-1]$.
タイプ IV. 個数 N が偶数であり，かつ奇対称：$h[n] = -h[N-n-1]$.

直線位相をもつことを，タイプ I について示そう．タイプ I の場合，$n = \dfrac{N-1}{2}$ を軸として $h[n]$ は対称であり，式（9.16）に $z = e^{j\omega}$ を代入すれば周波数伝達関数は，

$$H(\omega) = \left(\sum_{k=1}^{\frac{N}{2}-1} h\left[\frac{N-1}{2}-k\right]e^{-j\left(\frac{N-1}{2}-k\right)\omega} \right) + h\left[\frac{N-1}{2}\right]e^{-j\frac{N-1}{2}\omega} + \left(\sum_{k=1}^{\frac{N}{2}-1} h\left[\frac{N-1}{2}+k\right]e^{-j\left(\frac{N}{2}+k-1\right)\omega} \right)$$

となる．$n = \dfrac{N}{2}$ を軸として対称なので，$h\left[\dfrac{N}{2}-k\right] = h\left[\dfrac{N}{2}+k\right]$, $k = 0, \cdots, \dfrac{N}{2}-1$, であり，それゆえ

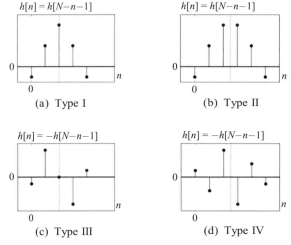

図 9.16 インパルス応答の 4 つのタイプごとの対称性

$$H(\omega) = h\left[\frac{N-1}{2}\right]e^{-j\frac{N-1}{2}\omega} + \sum_{k=0}^{\frac{N}{2}-1} h\left[\frac{N-1}{2}-k\right]e^{-j\frac{N-1}{2}\omega}\left(e^{-jk\omega}+e^{jk\omega}\right)$$

$$= h\left[\frac{N-1}{2}\right]e^{-j\frac{N-1}{2}\omega} + 2\sum_{k=0}^{\frac{N}{2}-1} h\left[\frac{N-1}{2}-k\right]e^{-j\frac{N-1}{2}\omega}\cos k\omega$$

$$= e^{-j\frac{N-1}{2}\omega}\left(h\left[\frac{N-1}{2}\right] + 2\sum_{k=0}^{\frac{N}{2}-1} h\left[\frac{N-1}{2}-k\right]\right).$$

この右辺の ( ) の中は実数であり $H(\omega)$ の位相とは無関係である．よって $\angle H(\omega) = -\dfrac{N-1}{2}\omega$ となり直線位相となる．そのほかのタイプについても同様に直線位相となることが示せる．また逆に，これらいずれかの対称性ももたないときには直線位相とはならないことも示せる．

したがって，直線位相フィルタを実現するためには，タイプ I からタイプ IV のいずれかの対称性をもつインパルス応答を考えればよい．

例題 9.6.

図 9.17 のインパルス応答をもつフィルタの位相特性を判別せよ．

［解答例］

(a) 個数 N は 4 で偶数であり偶対称である．よってタイプ I のフィルタであり，直線位相特性をもつ．
(b) 偶対称でも奇対称でもない．よって直線位相特性をもたない．
(c) 偶対称でも奇対称でもない．よって直線位相特性をもたない．
(d) 個数 N は 5 で奇数であり，奇対称である．よって直線位相特性をもつ．

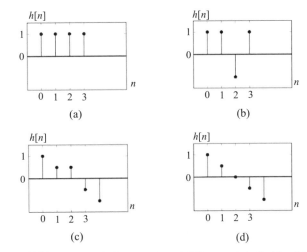

図9.17 例題9.6の(a)から(d)の4つのFIRフィルタのインパルス応答

B. 直線位相フィルタの周波数特性

式（9.16）の伝達関数をもつFIRフィルタが直線位相特性をもつとき，その周波数伝達関数

$$H(\omega) = |H(\omega)| e^{j\angle H(\omega)} \tag{9.17}$$

は表9.1に示すように整理される．ここで，$|H(\omega)|$はゲイン特性であり，$\theta(\omega) = \angle H(\omega)$は位相特性である．

表9.1より，$A(\omega)$の正負によりπだけずれることがあるが，位相特性は，インパルス応答の個数Nと対称性によりきまることがわかる．つぎに述べるように，ゲイン特性も，インパルス応答の対称性に依存する．

表9.1 直線位相フィルタのタイプごとの周波数特性

$h[n]$	軸対称性	N	ゲイン $|H(\omega)|$	位相 $\theta(\omega)$
タイプ I	偶対称	奇数	$\|A(\omega)\|,\ A(\omega) = \sum_{n=0}^{(N-1)/2} a_n \cos(\omega n)$	$-\omega(N-1)/2,\ A(\omega) \geq 0,$ $-\omega(N-1)/2 + \pi,\ A(\omega) < 0.$
タイプ II	偶対称	偶数	$\|A(\omega)\|,\ A(\omega) = \sum_{n=0}^{N/2} b_n \cos\left(\omega(n-1/2)\right)$	$-\omega(N-1)/2,\ A(\omega) \geq 0,$ $-\omega(N-1)/2 + \pi,\ A(\omega) < 0.$
タイプ III	奇対称	奇数	$\|A(\omega)\|,\ A(\omega) = \sum_{n=1}^{(N-1)/2} a_n \sin(\omega n)$	$-\omega(N-1)/2 + \pi/2,\ A(\omega) \geq 0,$ $-\omega(N-1)/2 - \pi/2,\ A(\omega) < 0.$
タイプ IV	奇対称	偶数	$\|A(\omega)\|,\ A(\omega) = \sum_{n=1}^{N/2} b_n \sin\left(\omega(n-1/2)\right)$	$-\omega(N-1)/2 + \pi/2,\ A(\omega) \geq 0,$ $-\omega(N-1)/2 - \pi/2,\ A(\omega) < 0.$

$a_0 = h[(N-1)/2],\quad a_n = 2h[(N-1)/2 - n]\ (n \neq 0),\quad b_n = 2h[N/2 - n].$

例題 9.7.

表 9.1 の $h[n]$ が偶対称で N が偶数のとき，直線位相フィルタ $H(z) = h[0] + h[1]z^{-1} + h[2]z^{-2} + h[3]z^{-3}$ のゲイン特性と位相特性を導け．

［解答例］

インパルス応答 $h[n]$ は偶対称でその個数 N は偶数であるから，$h[0] = h[3]$，$h[1] = h[2]$ が成立する．これをふまえて，$z = e^{j\omega}$ を $H(z)$ に代入すると

$$H(\omega) = h[0] + h[1]e^{-j\omega} + h[2]e^{-j2\omega} + h[3]e^{-j3\omega} = h[0]\left(1 + e^{-j3\omega}\right) + h[1]\left(e^{-j\omega} + e^{-j2\omega}\right)$$
$$= h[0]\left(e^{j3\omega/2} + e^{-j3\omega/2}\right)e^{-j3\omega/2} + h[1]\left(e^{j\omega/2} + e^{-j\omega/2}\right)e^{-j3\omega/2}$$
$$= \left(2h[0]\cos(3\omega/2) + 2h[1]\cos(\omega/2)\right)e^{-j3\omega/2} \tag{9.18}$$

を得る．ゆえに，ゲイン特性と位相特性は

$$|H(\omega)| = \left|2h[0]\cos(3\omega/2) + 2h[1]\cos(\omega/2)\right|,$$
$$\theta(\omega) = \begin{cases} -\dfrac{3}{2}\omega, & 2h[0]\cos\dfrac{3}{2}\omega + 2h[1]\cos\dfrac{\omega}{2} \geq 0, \\ -\dfrac{3}{2}\omega + \pi, & 2h[0]\cos\dfrac{3}{2}\omega + 2h[1]\cos\dfrac{\omega}{2} < 0 \end{cases} \tag{9.19}$$

となる．この例は，表 9.1 で，$h[n]$ が偶対称で N が偶数の場合にあたり，$N = 4$，$b_1 = 2h[N/2 - 1] = 2h[1]$，$b_2 = 2h[N/2 - 2] = 2h[0]$ とおいた場合に相当する．

C. インパルス応答のタイプごとのゲイン特性の制約

A項で示したインパルス応答のタイプごとに，ゲイン特性に関して制約があり，そのためタイプ

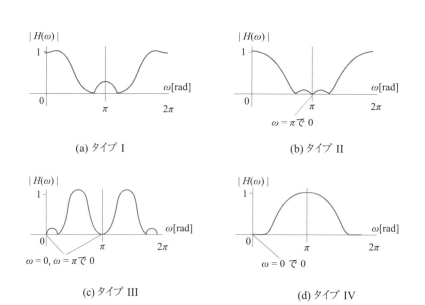

図 9.18 直線位相 FIR フィルタのインパルス応答のタイプごとのゲイン特性

によって実現しうるゲイン特性に制限が生じる．すなわち

タイプⅠ.　ゲイン特性（図9.18(a)）に特別な制約はなく，低域通過フィルタ（LPF）と帯域通過
フィルタ（BPF）・高域通過フィルタ（HPF）をすべて設計できる．

タイプⅡ.　$\left|H(\pi)\right| = 0$（図9.18(b)）であるため HPF を設計できない．

タイプⅢ.　$\left|H(0)\right| = 0$ かつ $\left|H(\pi)\right| = 0$（図9.18(c)）であるため LPF および HPF を設計できない．

タイプⅣ.　$\left|H(0)\right| = 0$（図9.18(d)）であるため LPF を設計できない．

　例題9.7を再び考えよう．これは，タイプⅡである．$\omega = \pi$ を代入すると，$\left|H(\omega)\right| = 0$ となる．
したがって，$\omega = \pi$ に通過域をもつことができず，HPF をつくることができない．

例題 9.8.

インパルス応答のタイプがⅢである直線位相フィルタ $H(z) = h[0] + h[1]z^{-1} + h[2]z^{-2}$ の周波
数伝達関数を導き，そのゲイン特性と位相特性を求めて，LPF と HPF・BPF・BRF のうち，ど
のフィルタが実現できないかを述べよ．

［解答例］

タイプⅢの条件から，$h[0] = -h[2]$，$h[1] = 0$ である．ゆえに，$z = e^{j\omega}$ を代入すると

$$H(\omega) = h[0] + h[1]e^{-j\omega} + h[2]e^{-j2\omega} = h[0](1 - e^{-j2\omega}) = h[0](e^{j\omega} - e^{-j\omega})e^{-j\omega}$$

$$= 2jh[0]\sin(\omega)e^{-j\omega} = 2h[0]\sin(\omega)e^{-j(\omega-\pi/2)}$$

を得る．ここで，$j = e^{j\pi/2}$ を用いた．よって，ゲイン特性と位相特性は

$$\left|H(\omega)\right| = \left|2h[0]\sin\omega\right|, \qquad \theta(\omega) = \begin{cases} -\left(\omega - \dfrac{\pi}{2}\right), & h[0]\sin\omega \geq 0, \\[3mm] -\omega - \dfrac{\pi}{2}, & h[0]\sin\omega < 0 \end{cases}$$

となる．これより，$\omega = 0$ と $\omega = \pi$ の場合に，$\left|H(\omega)\right| = 0$ となり，HPF と LPF が実現
できない．このインパルス応答は，表9.1の $h[n]$ が奇対称で N が奇数のときで $N = 3$，
$a_1 = 2h[N - 1/2 - 1] = 2h[0]$ とおいた場合に相当する．

演習 9.2.

　図9.19の(a)から(d)のインパルス応答をもつ4つの FIR フィルタを考える．これらのフィルタ
は直線位相フィルタかどうか．直線位相フィルタの場合にはインパルス応答のタイプを述べよ．

演習 9.3.

　図9.19(a)のインパルス応答をもつ FIR フィルタに対し，その周波数特性を計算し，ゲイン特性
と位相特性・群遅延量をそれぞれ求めよ．

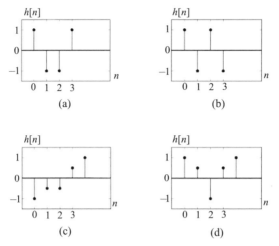

図 9.19 演習 9.2 および演習 9.3 の FIR フィルタ

9.3 デジタルフィルタの設計

たとえば，$\frac{\pi}{4}$ 以下の周波数をとおす低域通過特性をもつフィルタを実現したいとしよう．こういった場合，求めるフィルタは非因果的であったり，無限の応答をもつシステムとなる場合がほとんどである．そこで，所望の特性を近似するデジタルフィルタの設計を述べよう．フィルタの設計とは伝達関数の設計である．

9.3.1 窓関数法による FIR フィルタの設計

ここでは，**窓関数法**とよばれる直線位相特性をもつ FIR フィルタの伝達関数の設計法を簡単に紹介する．以下では，式（9.16）を用いて伝達関数をきめる．それには，インパルス応答 $h[n]$ をきめればよい．窓関数法とよばれる方法は以下の手順で実行される．フィルタの周波数特性，すなわち周波数伝達関数 $H(\omega)$ は，インパルス応答 $h[n]$ の離散時間フーリエ変換であることに着目する．

ステップ 1．振幅特性の決定

たとえば，図 9.20(a) の振幅特性を実現したいとしよう．

ステップ 2．インパルス応答

図 9.20(a) を離散時間逆フーリエ変換し，所望のゲイン特性に対応するインパルス応答 $h_d[n]$ を求める（図 9.20(b)）．しかし，$h_d[n]$ は一般に n が非常に大きいところでも値をもち，使用することはできない．

ステップ 3．信号の切り出し

直線位相特性をもつように，インパルス応答の対称性を考慮して，$h_d[n]$ に対して N 点の窓関数 $w(n)$ をかけ有限な範囲で切り出す．図 9.20(c) は，窓関数として窓長 13 の方形窓を $h_d[n]$ にかけたものである．しかし，このフィルタは，負の時間でインパルス応答をもつので因果的ではない．

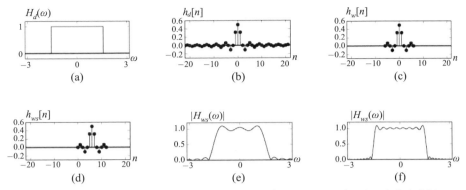

図 9.20 窓関数法による FIR フィルタの設計の各ステップ．詳しくは本文を参照

ステップ 4. 時間シフト

因果性を満たすようにインパルス応答を時間シフトする（図 9.20(d)）．このインパルス応答を伝達関数の係数 $h[n]$ として使用する．図 9.20(e) は，このインパルス応答をもつフィルタのゲイン特性をふたたび計算したものである．同図 (a) に近い特性が得られることがわかる．当然，使用する窓関数の種類や，窓関数の長さ N により，実現されるゲイン特性がことなる．図 9.20(f) は，窓長 33 の方形窓としたときのフィルタのゲイン特性である．なお，ここでの計算は，(1) 時間シフトしたインパルス応答（図 9.20(d)）の離散時間フーリエ変換が同図 (a) を時間シフト（性質 3）で表現した sinc 関数であること，(2) 方形窓が第 9.1 節で述べた表現をもつこと，(3) 2 つの信号をかけた信号のフーリエ変換は，性質 6'（積）によりもとの 2 つの信号のフーリエ変換どうしのたたみこみであること，により行なった．

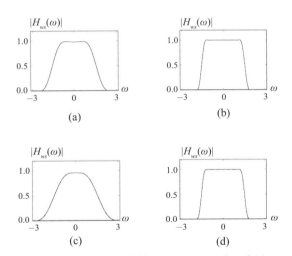

図 9.21 例題 9.9 の窓関数をかえたときのゲイン特性．(a) ハニング窓，窓長 13，(b) ハニング窓，窓長 33，(c) ハミング窓，窓長 13，(d) ハミング窓，窓長 33

例題 9.9.
図 9.20(b) のインパルス応答を，窓関数の長さを 13 と 33 としたとき，ハニング窓とハミング窓をそれぞれ用いて切り出し，実現されるゲイン特性を求めよ．

［解答例］
図 9.21(a) と (b) がハニング窓を用いたとき，同図 (c) と (d) がハミング窓を用いた場合である．同図 (a) と (c) が窓長 13 で (b) と (d) が 33 である．第 9.1 節で述べたように，窓関数はメインローブとサイドローブの特性が重要である．フィルタの設計において，メインローブの急峻さは遷移帯域の急峻さを，サイドローブが阻止域誤差をきめることがわかる．

9.3.2 インパルス応答不変変換による IIR フィルタの設計

所望の周波数特性をもつ IIR フィルタの設計法を 1 つ紹介しよう．まず，その所望の周波数特性をもつアナログフィルタをバターワースフィルタ（付録 9.A）などで表現する．そのアナログフィルタの伝達関数を $H_a(s)$ とし，インパルス応答 $h_a(t)$ のサンプル列 $h_a(nT)$ をインパルス応答とするデジタルフィルタの伝達関数を求める方法を**インパルス応答不変変換**という．そのステップを図 9.22 に示す．

この方法は，連続時間信号をサンプリングすることにあたるため，もとのアナログフィルタの振幅特性はある帯域に制限されている必要がある．すなわち，サンプリング周波数を ω_s とすると，サンプリング定理より，周波数伝達関数 $H_a(\omega)$ は

$$|H_a(\omega)| = 0, \quad |\omega| \geq \omega_s/2 \tag{9.20}$$

を満たす必要がある[1]．したがって実現できるフィルタ特性は，低域通過フィルタと帯域通過フィ

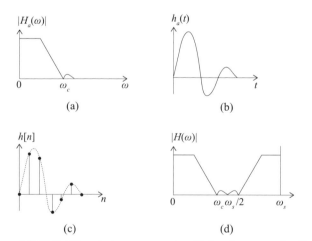

図 9.22 インパルス応答不変変換による IIR フィルタの設計の各ステップ．詳しくは本文を参照

---
[1] これまでは，連続時間信号の周波数は Ω で表現してきた．しかし，以降では，デジタルフィルタの記述とあわせるためそれを ω と表記する．

ルタにかぎられ，高域通過フィルタや帯域阻止フィルタには適用できない．一方，式（9.20）の条件が満たされている場合は，デジタルフィルタのインパルス応答は，アナログフィルタのそれをサンプリングしたものとなり，$|\omega| \le \omega_s/2$ における周波数特性もアナログフィルタとおなじになる．

さて，伝達関数が $H_a(s)$ のアナログフィルタ（図 9.22(a)）のインパルス応答を $h_a(t)$ とし，これをサンプリングして，デジタルフィルタのインパルス応答 $h[n]$ を求めることを考える．この $h[n]$ を z 変換すればデジタルフィルタの伝達関数 $H(z)$ が求まる．

ステップ 1. アナログフィルタの伝達関数の部分分数展開

アナログフィルタの伝達関数 $H_a(s)$ を部分分数に展開する．

$$H_a(s) = \sum_{k=1}^{N} \frac{a_k}{s - s_k}, \quad \mathrm{Re}(s_k) < 0.$$

ステップ 2. インパルス応答

$H_a(s)$ を逆ラプラス変換することにより $h_a(t)$ を求める（図 9.22(b)）．

$$h_a(t) = \sum_{k=1}^{N} a_k e^{s_k t}, \quad t \ge 0.$$

ステップ 3. サンプリング

この $h_a(t)$ を T 秒間隔でサンプリングして

$$h[n] = h_a(nT) = \sum_{k=1}^{N} a_k e^{s_k nT}, \quad n \ge 0$$

を得る（図 9.22(c)）．

ステップ 4. デジタルフィルタの伝達関数

デジタルフィルタのインパルス応答 $h[n]$ を z 変換して

$$H(z) = \sum_{n=0}^{\infty} h[n] z^{-n} = \sum_{n=0}^{\infty} \left(\sum_{k=1}^{N} a_k e^{s_k nT} \right) z^{-n}$$

$$= \sum_{k=1}^{N} a_k \left(\sum_{n=0}^{\infty} (e^{s_k T} z^{-1}) \right) = \sum_{k=1}^{N} \frac{a_k}{1 - e^{s_k T} z^{-1}}, \quad \left| e^{s_k T} z^{-1} \right| < 1.$$

したがって，伝達関数は部分分数に展開した形でつぎのようになる（図 9.22(d)）．

$$H(z) = \sum_{k=1}^{N} \frac{a_k}{1 - e^{s_k T} z^{-1}}.$$

$H_a(s)$ の極 s_k には $H(z)$ では $e^{s_k T}$ が対応する．$H_a(s)$ が安定[2]であれば $\mathrm{Re}(s_k) < 0$ であり，$\left| e^{s_k T} \right| < 1$，すなわち単位円内にあるので $H(z)$ も安定である．

---

[2] アナログフィルタの，あるいはより一般的に連続時間のシステムの安定性について本書では述べなかったが，BIBO 安定など多くの安定の定義がある．

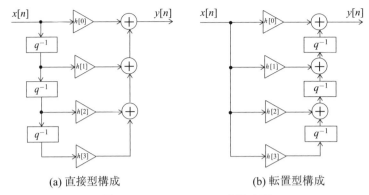

図9.23 FIRフィルタの回路実現

9.4 デジタルフィルタの回路実現

デジタルフィルタを回路実現しよう．本書であつかっているデジタルフィルタは，線形時不変システムであり，第3章で述べた回路実現の考え方を適用すればよい．ここでは，zの有理式，すなわち分母と分子がzの多項式である伝達関数をもつフィルタを考える．第6章でみたように，有理型の伝達関数からシステムの再帰方程式表現が求まり，それから第3章で述べた方法で回路実現が得られる．より簡単には，伝達関数におけるz^{-1}が遅延素子に対応し，和は加算器に，係数倍は係数倍器に対応することに注意すればよい．本節では，等価ではあるが，第3章で述べた構成法とは別の回路実現についても述べる．以下，FIRフィルタとIIRフィルタの回路実現を具体的にみていこう．

FIRフィルタの回路実現

FIRフィルタの回路実現はとくに簡単である．一般に，FIRフィルタの伝達関数は式（9.16）で表現される．

$$H(z) = \sum_{n=0}^{N-1} h[n] z^{-n} \tag{9.16 再掲}$$

この伝達関数をもつFIRフィルタは，$N = 4$のときを例にすると，図9.23(a)または(b)のように回路実現される．図9.23(a)の回路実現を**直接型構成**といい，同図(b)のそれを**転置型構成**という．これらのちがいは遅延素子q^{-1}の位置である．

また，FIRフィルタが直線位相特性をもつ場合，そのインパルス応答は対称性をもつ．したがって，約半分の乗算値はおなじ値となるので，実現の際に，例題9.10の回路実現のように，係数倍器を約半分に減らすことができる．

例題 9.10.

伝達関数 $H(z) = a + bz^{-1} - bz^{-2} - az^{-3}$ を2個の係数倍器を用いて構成せよ．ただし，aおよびbは任意の実数である．

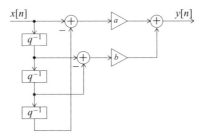

図 9.24 例題 9.10 の回路実現

［解答例］

この伝達関数をもつフィルタは，$h[n]$ が奇対称で N が偶数の場合で直線位相フィルタである．図 9.23(a) と，係数に等しいものがあることを考慮して図 9.24 の構成を得る．

IIR フィルタの回路実現

z の有理型伝達関数

$$H(z) = \frac{\sum_{k=0}^{M} a_k z^{-k}}{1 + \sum_{k=1}^{N} b_k z^{-k}} \tag{9.21}$$

をもつ IIR フィルタを考える．この伝達関数は，図 9.25 のいずれかの構成を用いて回路実現できる．ただしこれらの図は，$M = N = 3$ の場合を示している．同図 (a) の構成を IIR フィルタの**直接型構成 I** といい，同図 (b) を IIR フィルタの**直接型構成 II**，また，同図 (c) を IIR フィルタの**転置型構成**という．この伝達関数をもつシステムの再帰方程式表現では，分子が入力 $x[n]$ に「かけられ」，分母は出力 $y[n]$ に「かけられる」ことに注意すれば直接型構成 I は明らかであろう．図 9.25(a) から明らかなように，直接型構成 I は第 3 章で述べた回路実現である．

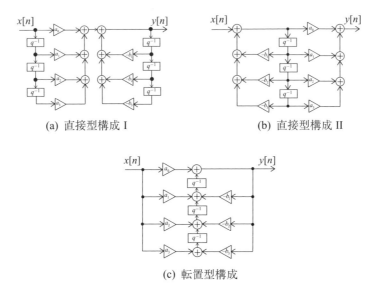

(a) 直接型構成 I   (b) 直接型構成 II

(c) 転置型構成

図 9.25 IIR フィルタの直接型構成と転置型構成

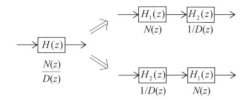

図 9.26 IIR フィルタの分子と分母の縦続分解表現

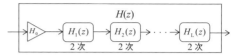

図 9.27 IIR フィルタの 2 次伝達関数による縦続型構成

直接型構成 I と直接型構成 II が，おなじ特性をもつフィルタとなることを説明しよう．式 (9.21) の伝達関数を，$H(z)$ を $H(z) = N(z)/D(z)$ と分母と分子ともに z の多項式にわけて表現する．すると，

$$H(z) = N(z)(1/D(z)) = (1/D(z))N(z) \tag{9.22}$$

となる．伝達関数の式 (9.22) による表現は，図 9.26 に示すように，$H(z)$ を $H_1(z) = N(z)$ と $H_2(z) = 1/D(z)$ の 2 つのフィルタの縦続型構成とみなすことができる．ここで $H_1(z)$ が，図 9.25(a) の直接型構成 I の左側部分で，$H_2(z)$ が右側部分である．式 (9.22) は，さらに $H_1(z)$ と $H_2(z)$ の順番をいれかえることができることを示しており，$H_2(z)$ をさきにした結果，2 つのフィルタは遅延素子を共通に使用でき，図 9.25(b) の直接型構成 II になる．遅延素子を減らすことができるので，直接型構成 II は，直接型構成 I にくらべより広く使用される．

図 9.25(c) の転置型構成は，FIR フィルタの転置型構成と同様に，遅延素子の位置を移動したものである．その結果，遅延素子を共通に使用することができ，遅延素子を減らすことができる．

IIR フィルタの縦続型構成

高次の IIR フィルタについては，つぎに述べる**縦続型構成**がもっとも広く用いられている．すなわち，式 (9.21) の伝達関数を z^{-1} の 2 次式に因数分解し，

$$H(z) = H_0 \prod_{k=1}^{L} \frac{a_{0k} + a_{1k}z^{-1} + a_{2k}z^{-2}}{1 + b_{1k}z^{-1} + b_{2k}z^{-2}} \tag{9.23}$$

と表現する．ただし，H_0 は定数であり，L は整数であり，たとえば式 (9.21) において，$M = N = 5$ ならば $L = (N+1)/2 = 3$ で，$M = N = 8$ ならば $L = N/2 = 4$ である．

式 (9.23) の表現は，図 9.27 に示すように，2 次の伝達関数の縦続型構成として高次の伝達関数を実現できることを意味する．したがって，つねに 2 次の伝達関数の組みあわせとしてフィルタを実現することができる．一般的に，多項式の因数分解では，1 次の因子まで因数分解すると複素数が必要となり，実係数で表わせる最低次数は 2 次である．そのため 2 次を最低次数として伝達関数の分母と分子を因数分解する．2 次の伝達関数は，直接型構成 I か II あるいは転置型構成を用いて実現することができる．

例題 9.11.

3 次の伝達関数

$$H(z) = \frac{(1 - z^{-1} + 3z^{-2})(1 - z^{-1})}{\{(1 + z^{-1} + z^{-2})(1 - 0.4z^{-1})\}}$$

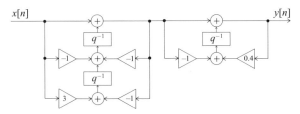

図9.28 例題9.11のIIRフィルタの縦続型構成による回路実現

をもつIIRフィルタを縦続型構成により回路実現せよ．ただし，おのおのの因子の実現には転置型構成を用いるとする．

[解答例]

因子を縦続し，各因子の実現を転置型構成とすると図9.28の回路実現を得る．この伝達関数は奇数次であるので1次の因数を含む．2次の因数をさらに1次に因数分解すると複素係数が必要になる．

演習 9.4.

伝達関数が $H(z) = 2 + 4z^{-1} - 3z^{-2} - z^{-3}$ であるFIRフィルタを直接型構成と転置型構成でそれぞれ回路実現せよ．

演習 9.5.

伝達関数が $H(z) = (6 + 8z^{-1})/(2 + 3z^{-1} - 2z^{-2})$ であるIIRフィルタを直接型構成IIと転置型構成でそれぞれ回路実現せよ．

演習 9.6.

線形時不変なフィルタ $y[n] = x[n] - 2x[n-1] - 0.4y[n-1]$ を考える．以下の問いに答えよ．

(a) このフィルタは，IIRフィルタか，それともFIRフィルタか．
(b) このフィルタの伝達関数を求めよ． (c) このフィルタの安定性を判定せよ．

付録9.A 代表的なアナログフィルタ

代表的なアナログフィルタとしてバターワースフィルタとチェビシェフフィルタについて簡単に解説する．

9.A.1 バターワースフィルタ

伝達関数 $H(s) = \dfrac{1}{1 + 2s + 2s^2 + s^3}$ をもつアナログフィルタは，3次のバターワースフィルタとよばれるもので低域通過フィルタである．このフィルタのゲイン特性は $\left|H(\omega)\right| = \dfrac{1}{\sqrt{1 + \omega^6}}$ である．

一般に，n次のバターワースフィルタは

$$H(s) = \frac{G_0}{\left(\dfrac{s-s_1}{\omega_c}\right) \cdot \left(\dfrac{s-s_2}{\omega_c}\right) \cdot \ldots \cdot \left(\dfrac{s-s_n}{\omega_c}\right)} = \frac{G_0}{\prod_{k=1}^{n}\left(\dfrac{s-s_k}{\omega_c}\right)}$$

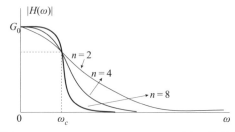

図 9A.1　バターワースフィルタのゲイン特性と次数 n の関係

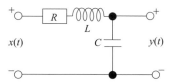

図 9A.2　2 次バターワースフィルタのハードウェアによる実現．R は抵抗器を，L はコイル，C はコンデンサを表わす

を伝達関数とする低域通過アナログフィルタで，そのゲイン特性は，

$$\left|H(\omega)\right| = \frac{G_0}{\sqrt{1+\left(\frac{\omega}{\omega_c}\right)^{2n}}}$$

となる．ただし，G_0 はゲイン（利得）とよばれる定数であり，また，ω_c は**カットオフ周波数**とよばれる定数で，$\left|H(\omega)\right|$ の値が，$\omega = 0$ における値の $1/\sqrt{2}$ 倍になる周波数である．また，

$$s_k = \omega_c e^{j\frac{(2k+n-1)\pi}{2n}}, \quad k = 1, \cdots, n$$

はフィルタの極である．

ゲイン特性の概略図を図 9A.1 に示す．$\omega = \omega_c$ で振幅の 2 乗は $G_0/2$ になる．$\left|H(\omega)\right|^2$ の $\omega = 0$ における導関数のうち $2n-1$ 次までが 0 になる．このような特性を $\omega = 0$ のまわりで**最大平坦**であるという．このフィルタの特性をきめるパラメータは**次数** n と**カットオフ周波数** ω_c である．このフィルタの設計では，通過域を ω_c できめ，阻止域における減衰量をフィルタ次数 n で調整する．

バターワースフィルタは，抵抗器やコイル・コンデンサを用いて簡単にハードウェアとして実装することができる．たとえば，2 次のバターワースフィルタであれば図 9A.2 に示した回路で実現される．図左のプラス極とマイナス極に，電位差として表現される信号 $x(t)$ を入力すると，図右のプラス極とマイナス極の電位差として，$x(t)$ から高周波成分をとりのぞいた出力 $y(t)$ が出力される．所望の通過域を定めるパラメータ ω_c の値は，抵抗値 R とコイルのインダクタンス L，さらにコンデンサの容量 C を調整することにより得られる．

9.A.2　チェビシェフフィルタ

チェビシェフフィルタは，通過域または阻止域におけるゲイン特性が，リップルの振幅がつねに一定である等リップル性をもつ低域通過アナログフィルタである．ゲイン特性の例を図 9A.3 に示す．そのゲイン特性は

$$\left|H(\omega)\right| = \frac{G_0}{\sqrt{1+\varepsilon^2 V_n^2\left(\frac{\omega}{\omega_c}\right)}}$$

であたえられる．ただし ω_c はカットオフ周波数で G_0 はゲイン，また

$$V_n(x) = \cos(n\cos^{-1}x)$$

は n 次のチェビシェフ多項式である．チェビシェフフィルタでは，通過域のリップル幅が ε で，通過域端が ω_c で，阻止域における減衰の速さが次数 n できまる．

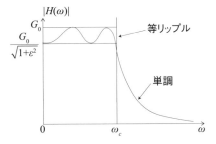

図 9A.3 チェビシェフフィルタのゲイン特性

演習解答例

演習 1.1.

(1) $|\alpha| = \sqrt{\left(\dfrac{1}{2}\right)^2 + \left(\dfrac{\sqrt{3}}{2}\right)^2} = \sqrt{\dfrac{1}{4} + \dfrac{3}{4}} = \sqrt{\dfrac{4}{4}} = 1.$　　(2) $\overline{\alpha} = \dfrac{1}{2} - i\dfrac{\sqrt{3}}{2}.$

(3) $\alpha\overline{\alpha} = \left(\dfrac{1}{2} + i\dfrac{\sqrt{3}}{2}\right)\left(\dfrac{1}{2} - i\dfrac{\sqrt{3}}{2}\right) = \left(\dfrac{1}{2}\right)^2 + \left(\dfrac{\sqrt{3}}{2}\right)^2 = 1.$　　(4) $\dfrac{\alpha}{\overline{\alpha}} = \dfrac{\alpha^2}{\alpha\overline{\alpha}} = \alpha^2 = -\dfrac{1}{2} + \dfrac{\sqrt{3}}{2}i.$

演習 1.2.

(1) $e^3 e^2 = e^{3+2} = e^5.$　　(2) $e^3/e^2 = e^{3-2} = e.$

演習 1.3.

(1) $1/2, \quad \sqrt{3}/2.$　　(2) $\dfrac{1}{2} + \dfrac{\sqrt{3}}{2}i.$

演習 1.4.

(1) $1 = e^{ix} \cdot e^{-ix} = (\cos x + i\sin x)(\cos x - i\sin x) = \sin^2 x + \cos^2 x.$

(2) $e^{i\theta} = \cos\theta + i\sin\theta.$　これの共役複素数は定義により $\overline{e^{i\theta}} = \cos\theta - i\sin\theta.$ 一方, $e^{-i\theta} = e^{i(-\theta)} = \cos(-\theta) + i\sin(-\theta) = \cos\theta - i\sin\theta.$ よって $\overline{e^{i\theta}} = e^{-i\theta}.$

(3) $\cos\theta + i\sin\theta = e^{i\theta}.$ $\cos\theta - i\sin\theta = e^{-i\theta}.$ この 2 つの式の辺々をたしあわせて $2\cos\theta = e^{i\theta} + e^{-i\theta}.$ ゆえに $\cos\theta = \dfrac{1}{2}(e^{i\theta} + e^{-i\theta}).$ 同様に前式から後式をひいて $2i\sin\theta = e^{i\theta} - e^{-i\theta}.$ よって $\sin\theta = \dfrac{1}{2i}(e^{i\theta} - e^{-i\theta}).$

演習 1.5.

(1) $z = \dfrac{1 - 3i}{1 + 2i} = \dfrac{(1 - 3i)(1 - 2i)}{(1 + 2i)(1 - 2i)} = \dfrac{-5i - 5}{5} = -1 - i = \sqrt{2}e^{i \cdot \tan^{-1}\left(\frac{-1}{-1}\right)} = \sqrt{2}e^{i\frac{5}{4}\pi}.$

(2) $z = \dfrac{e^{-i\pi/2}}{1 - i} = \dfrac{e^{-i\pi/2}(1 + i)}{(1 - i)(1 + i)} = \dfrac{-i(1 + 1)}{1 + 1} = \dfrac{1}{2} - \dfrac{1}{2}i = \sqrt{\left(\dfrac{1}{2}\right)^2 + \left(\dfrac{1}{2}\right)^2}\, e^{i \cdot \tan^{-1}\left(\frac{-1/2}{1/2}\right)} = \dfrac{1}{\sqrt{2}}e^{i\frac{7}{4}\pi}.$

(3) $z = i\dfrac{(1 + i)^2}{1 + i\sqrt{3}} = i\dfrac{2i \cdot \left(1 - i\sqrt{3}\right)}{\left(1 + i\sqrt{3}\right)\left(1 - i\sqrt{3}\right)} = \dfrac{-2\left(1 - i\sqrt{3}\right)}{4} = \dfrac{1}{2}\left(-1 + i\sqrt{3}\right)$

$\qquad = \sqrt{\left(\dfrac{1}{2}\right)^2(1 + 3)}\, e^{i \cdot \tan^{-1}\left(\frac{\sqrt{3}}{-1}\right)} = e^{i\frac{2}{3}\pi}.$

(4) $z = 2e^{i6\pi} + e^{i3\pi} = 2(\cos(6\pi) + i\sin(6\pi)) + \cos(3\pi) + i\sin(3\pi) = 2 - 1 = 1 = 1 \cdot e^{i \cdot 0}.$

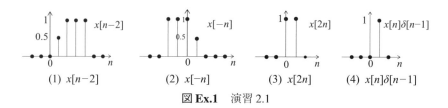

(1) $x[n-2]$　　(2) $x[-n]$　　(3) $x[2n]$　　(4) $x[n]\delta[n-1]$

図 **Ex.1**　演習 2.1

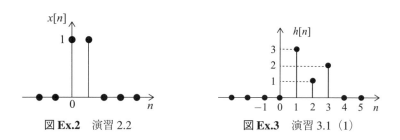

図 **Ex.2**　演習 2.2　　　　　　図 **Ex.3**　演習 3.1（1）

演習 2.1.
図 Ex.1 にそれぞれの信号 $x[n]$ を示す.

演習 2.2.
$x[n]$ を図 Ex.2 に示す.

演習 3.1.
（1）図 Ex.3 参照.
（2）$x[n] = \delta[n] + \delta[n-1] + \delta[n-2]$. これを図示すると Ex.4 となる.
（3）システムは線形時不変であるから，入力 $x[n]$ に対する出力 $y[n]$ は，$x[n]$ をインパルス信号分解した「成分」$\delta[n]$, $\delta[n-1]$, $\delta[n-2]$ のそれぞれに対するシステムの応答 $h[n]$, $h[n-1]$, $h[n-2]$ の和である．すなわち，

$$y[n] = h[n] + h[n-1] + h[n-2].$$

$$h[n] = \begin{cases} 0, & n \leq 0, \\ 3, & n = 1, \\ 1, & n = 2, \\ 2, & n = 3, \\ 0, & n > 3, \end{cases} \quad h[n-1] = \begin{cases} 0, & n \leq 1, \\ 3, & n = 2, \\ 1, & n = 3, \\ 2, & n = 4, \\ 0, & n > 4, \end{cases} \quad h[n-2] = \begin{cases} 0, & n \leq 2, \\ 3, & n = 3, \\ 1, & n = 4, \\ 2, & n = 5, \\ 0, & n > 5 \end{cases}$$

であることと，上の $y[n]$ の式より

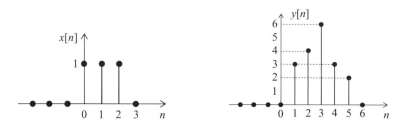

図 **Ex.4**　演習 3.1（2）　　　　　図 **Ex.5**　演習 3.1（3）

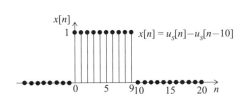
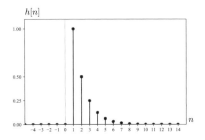

図 **Ex.6**　演習 3.4（1）　　　　　図 **Ex.7**　演習 3.4（1）

$$y[n] = \begin{cases} 0, & n \leq 0, \\ 3, & n = 1, \\ 4, & n = 2, \\ 6, & n = 3, \\ 3, & n = 4, \\ 2, & n = 5, \\ 0, & n > 5 \end{cases}$$

となる．これを図示すると図 Ex.5 となる．

演習 3.2.
$y[n] = x[n] * h[n]$.
$z[n] = y[n] * g[n] = (x[n] * h[n]) * g[n] = x[n] * (h[n] * g[n]) = x[n] * \delta[n] = x[n]$.

演習 3.3.
システム H の入出力関係は次式で記述できる．$y[n] = \sum_{k=-\infty}^{\infty} x[k] u_S[n-k] = \sum_{k=-\infty}^{n} x[k]$. すなわち，システム H は，現時刻までのすべての入力値の総和を計算する．信号の差分をとるシステムを考えよう．すなわち，$z[n] = y[n] - y[n-1]$ でシステム G を定義する．この $y[n]$ に入力 $x[n]$ に対するシステム H の出力 $\sum_{k=-\infty}^{n} x[k]$ を代入すると $z[n] = \sum_{k=-\infty}^{n} x[k] - \sum_{k=-\infty}^{n-1} x[k] = x[n]$ となり，G が H の逆システムであることがわかる．

演習 3.4.

(1) $u_S[n] = \begin{cases} 0, & n < 0, \\ 1, & n \geq 0, \end{cases}$ $\quad u_S[n-10] = \begin{cases} 0, & n < 10, \\ 1, & n \geq 10 \end{cases}$
だから
$$x[n] = u_S[n] - u_S[n-10]$$
を図示すると図 Ex.6 となる．また，$\alpha = 0.5$ のときの $h[n]$ は図 Ex.7 となる．

(2) $h[n] = \alpha^{n-1} u_S[n-1]$, $0 < \alpha < 1$, より
$$y[n] = h[n] * x[n] = \sum_{k=-\infty}^{\infty} h[k] \cdot x[n-k] = \sum_{k=-\infty}^{\infty} \alpha^{k-1} u_S[k-1] \cdot x[n-k]$$
$$= \sum_{k=1}^{\infty} \alpha^{k-1} x[n-k] \quad \begin{cases} k \leq 0 \text{ のとき，} u_S[k-1] = 0, \\ k > 0 \text{ のとき，} u_S[k-1] = 1. \end{cases}$$

任意の n について $y[n]$ の値を求めるためには n についての場合わけが必要となる．

(a) $n \leq 0$ のとき．$k = 1, 2, 3, \cdots$ については $n - k \leq 0$ なので $x[n-k] = 0$．よって $y[n] = 0$．

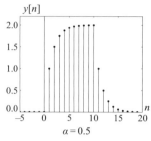

図 **Ex.8** 演習 3.4（2）

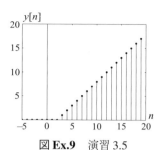

図 **Ex.9** 演習 3.5

(b) $1 \leq n \leq 10$ のとき．このとき，$k = 1, 2, 3, \cdots, n$ に対しては $x[n-k] = 1$．また，$k > n$ のときは $x[n-k] = 0$．よって

$$y[n] = \sum_{k=1}^{\infty} \alpha^{k-1} x[n-k] = \sum_{k=1}^{n} \alpha^{k-1} = \frac{1-\alpha^n}{1-\alpha}.$$

(c) $n \geq 11$ のとき．このとき，$k = 1, 2, \cdots, n-10$ に対しては $x[n-k] = 0$．なぜならこのとき $n-k \geq 10$．また，$k = n-10+1, n-10+2, \cdots, n$ のときは $x[n-k] = 1$．なぜならこのとき $0 \leq n-k \leq 9$．さらに，$k > n$ のときは $x[n-k] = 0$．なぜならこのとき $n-k < 0$．よって

$$y[n] = \sum_{k=1}^{\infty} \alpha^{k-1} x[n-k] = \sum_{k=n-10+1}^{n} \alpha^{k-1} = \sum_{k=n-9}^{n} \alpha^{k-1} = \alpha^{n-10} + \alpha^{n-9} + \cdots + \alpha^{n-1}$$

$$= \alpha^{n-10}(1 + \alpha + \alpha^2 + \cdots + \alpha^9) = \frac{1-\alpha^{10}}{1-\alpha} \alpha^{n-10}.$$

$\alpha = 0.5$ のときを図示すると図 Ex.8 となる．

演習 3.5.

$$y[n] = u_S[n] * u_S[n-3] = \sum_{k=-\infty}^{\infty} u_S[k] \cdot u_S[n-3-k].$$

$k < 0$ で $u_S[k] = 0$．また $n-3-k < 0$ すなわち $k > n-3$ で $u_S[n-3-k] = 0$．よって $y[n] = \sum_{k=0}^{n-3} 1 \cdot 1 = \sum_{k=0}^{n-3} 1$．

i) $n-3 < 0$ すなわち $n < 3$ のとき．$y[n] = 0$．
ii) $n \geq 3$ のとき．$y[n] = n - 3 + 1 = n - 2$．

これを図示すると図 Ex.9 となる．

演習 3.6.

(1) 動的，非因果的，安定システム．　(2) 静的，因果的，安定システム．（各 k，k は整数，で $h[k] = \sin(\pi k) = 0$．）　(3) 静的，因果的，安定システム．

演習 3.7.

$$y[n] = \sum_{k=-\infty}^{\infty} 0.5^k u_S[k] u_S[n-k].$$

i) $k < 0$ のとき $u_S[k] = 0$．また $n-k < 0$ のとき $u_S[n-k] = 0$．よって $k < 0$ または $k > n$ のとき $y[n] = 0$．
ii) $0 \leq k \leq n$ のとき．

$$y[n] = \sum_{k=0}^{n} 0.5^k = \begin{cases} 0, & n < 0, \\ 2 - \dfrac{1}{2^n}, & n \geq 0. \end{cases}$$

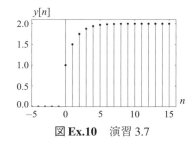

図 **Ex.10**　演習 3.7

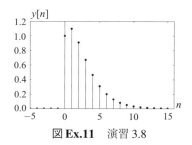

図 **Ex.11**　演習 3.8

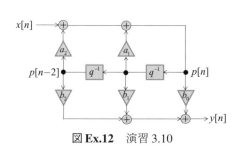

図 **Ex.12**　演習 3.10

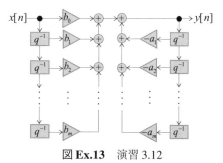

図 **Ex.13**　演習 3.12

これを図示すると図 Ex.10 になる.

演習 3.8.

$$y[n] = \sum_{k=-\infty}^{\infty} \alpha^k u_S[k]\beta^{n-k} u_S[n-k].$$

i) $k < 0$ または $n - k < 0$ のとき. $y[n] = 0$.

ii) $0 \leq k \leq n$ のとき. $y[n] = \sum_{k=0}^{n} \alpha^k \beta^{n-k} = \beta^n \sum_{k=0}^{n} \left(\frac{\alpha}{\beta}\right)^k$. よって

$$y[n] = \begin{cases} 0, & n < 0, \\ \dfrac{\beta^{n+1} - \alpha^{n+1}}{\beta - \alpha}, & n \geq 0. \end{cases}$$

$\alpha = 0.6$, $\beta = 0.5$ としてこれを図示すると図 Ex.11 となる.

演習 3.9.

解答は, 本文を参照のこと.

演習 3.10.

図 Ex.12 参照.

演習 3.11.

$y[n] = (a_0 x[n] + a_2 y[n-1] + a_1 y[n])q^{-1} = a_0 x[n-1] + a_2 y[n-2] + a_1 y[n-1]$.

演習 3.12.

$M = N = m$ の場合を図 Ex.13 に示す.

演習 4.1.

(1) $a_0 = \dfrac{2}{2\pi} \int_0^{2\pi} t\, dt = \dfrac{1}{\pi}\left[\dfrac{t^2}{2}\right]_0^{2\pi} = 2\pi$.

194 演習解答例

$k \neq 0$ のとき

$$\alpha_k = \frac{2}{2\pi}\int_0^{2\pi} t\cos\left(\frac{2\pi k}{2\pi}t\right)dt = \frac{1}{\pi}\int_0^{2\pi} t\cos(kt)dt$$

$$= \frac{1}{\pi}\left[\frac{t}{k}\sin(kt)\right]_0^{2\pi} - \frac{1}{k\pi}\int_0^{2\pi}\sin(kt)dt = \frac{1}{k^2\pi}\left[\cos(kt)\right]_0^{2\pi} = 0.$$

$$b_k = \frac{2}{2\pi}\int_0^{2\pi} t\sin\left(\frac{2\pi k}{2\pi}t\right)dt = \frac{1}{\pi}\int_0^{2\pi} t\sin(kt)dt$$

$$= \frac{1}{\pi}\left[-\frac{t}{k}\cos(kt)\right]_0^{2\pi} + \frac{1}{\pi k}\int_0^{2\pi}\cos(kt)dt = \frac{1}{k\pi}[-2\pi] + \frac{1}{\pi k^2}\left[\sin(kt)\right]_0^{2\pi}$$

$$= -\frac{2}{k}.$$

よって $x(t) = \pi - \displaystyle\sum_{k=1}^{\infty}\frac{2}{k}\sin(kt).$

(2) $a_0 = \dfrac{2}{T}\displaystyle\int_0^T t\,dt = \dfrac{2}{T}\left[\dfrac{t^2}{2}\right]_0^T = T.$

$k \neq 0$ のとき

$$a_k = \frac{2}{T}\int_0^T t\cos\left(\frac{2\pi k}{T}t\right)dt = \frac{2}{T}\left[\frac{t\cdot T}{2\pi k}\sin\left(\frac{2\pi k}{T}t\right)\right]_0^T - \frac{2T}{2\pi kT}\int_0^T\sin\left(\frac{2\pi k}{T}t\right)dt$$

$$= \frac{2T}{2\pi kT}\left[\cos\left(\frac{2\pi k}{T}t\right)\right]_0^T = 0.$$

$$b_k = \frac{2}{T}\int_0^T t\sin\left(\frac{2\pi k}{T}t\right)dt = \frac{2}{T}\left[-\frac{t\cdot T}{2\pi k}\cos\left(\frac{2\pi k}{T}t\right)\right]_0^T - \frac{2T}{2\pi kT}\int_0^T\cos\left(\frac{2\pi k}{T}t\right)dt$$

$$= \frac{1}{T}\left(-\frac{T^2}{\pi k}\right) + \frac{2\cdot T}{2\pi k^2T}\left[\sin\left(\frac{2\pi k}{T}t\right)\right]_0^T = -\frac{T}{k\pi}.$$

よって $x(t) = \dfrac{T}{2} - \dfrac{T}{\pi}\displaystyle\sum_{k=1}^{\infty}\frac{1}{k}\sin\left(\frac{2\pi k}{T}t\right).$

(3) $x(t)$ を図示すると図 Ex.14 となる．フーリエ係数 a_k と b_k を求めよう．

$$a_k = \frac{2}{T}\int_0^{\frac{T}{2}}\sin\left(\frac{2\pi}{T}t\right)\cos\left(\frac{2\pi k}{T}t\right)dt = \frac{1}{T}\int_0^{\frac{T}{2}}\left\{\sin\left((k+1)\frac{2\pi}{T}t\right) - \sin\left((k-1)\frac{2\pi}{T}t\right)\right\}dt$$

$$= \begin{cases} \dfrac{2}{\pi(1-4m^2)}, & k = 2m, \\ 0, & k = 2m+1, \end{cases}$$

ただし，$m = 0,\ 1,\ 2,\ \cdots$ である．

$$b_k = \frac{2}{T}\int_0^{\frac{T}{2}}\sin\left(\frac{2\pi}{T}t\right)\sin\left(\frac{2k\pi}{T}t\right)dt = \frac{1}{T}\int_0^{\frac{T}{2}}\left\{\cos\left(\frac{2\pi(1-k)}{T}t\right) - \cos\left(\frac{2\pi(1+k)}{T}t\right)\right\}dt$$

$$= \begin{cases} 0, & k \neq 1, \\ \dfrac{1}{2}, & k = 1. \end{cases}$$

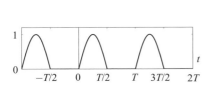
図 **Ex.14** 演習 4.1 (3).

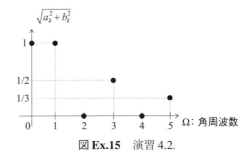
図 **Ex.15** 演習 4.2.

したがって $x(t) = \dfrac{1}{\pi} + \dfrac{1}{2}\sin\left(\dfrac{2\pi}{T}t\right) - \dfrac{2}{\pi}\sum_{m=1}^{\infty}\dfrac{1}{4m^2-1}\cos\left(\dfrac{4m\pi}{T}t\right)$.

演習 4.2.
図 Ex.15 を参照.

演習 4.3.

i) $k \neq 0$ のとき. 複素フーリエ係数を C_k とすると

$$C_k = \frac{1}{T}\int_0^T t e^{-j\frac{2\pi k}{T}t}dt = \left[\frac{jt}{2\pi k}e^{-j\frac{2\pi k}{T}t}\right]_0^T - \frac{j}{2\pi k}\int_0^T e^{-j\frac{2\pi k}{T}t}dt = \frac{jT}{2\pi k}.$$

ii) $k = 0$ のとき. $C_0 = \dfrac{1}{T}\int_0^T t\,dt = \dfrac{T}{2}$. よって $x(t) = \dfrac{T}{2} + \dfrac{jT}{2\pi}\sum_{k=1}^{\infty}\left(\dfrac{1}{k}e^{j\frac{2\pi k}{T}t} - \dfrac{1}{k}e^{-j\frac{2\pi k}{T}t}\right)$.

演習 4.4.
オイラーの公式 $e^{jx} = \cos x + j\sin x$ により, $e^{jk\Omega_0 t} = \cos(k\Omega_0 t) + j\sin(k\Omega_0 t)$ なので,

$$x(t) = \sum_{k=-\infty}^{\infty} c_k e^{jk\Omega_0 t} = \sum_{k=-\infty}^{\infty} c_k\bigl(\cos(k\Omega_0 t) + j\sin(k\Omega_0 t)\bigr)$$

$$= c_0 + \sum_{k=1}^{\infty}\bigl\{(c_k + c_{-k})\cos(k\Omega_0 t) + j(c_k - c_{-k})\sin(k\Omega_0 t)\bigr\}.$$

最右辺の c_0, $c_k + c_{-k}$, $c_k - c_{-k}$ を計算して

$$c_0 = \frac{1}{T}\int_{-\frac{T}{2}}^{\frac{T}{2}} x(t)dt,$$

$$c_k + c_{-k} = \frac{1}{T}\int_{-\frac{T}{2}}^{\frac{T}{2}} x(t)\bigl(e^{-jk\Omega_0 t} + e^{jk\Omega_0 t}\bigr)dt = \frac{2}{T}\int_{-\frac{T}{2}}^{\frac{T}{2}} x(t)\cos(k\Omega_0 t)\,dt,$$

$$c_k - c_{-k} = \frac{1}{T}\int_{-\frac{T}{2}}^{\frac{T}{2}} x(t)\bigl(e^{-jk\Omega_0 t} - e^{jk\Omega_0 t}\bigr)dt = -\frac{2j}{T}\int_{-\frac{T}{2}}^{\frac{T}{2}} x(t)\sin(k\Omega_0 t).$$

ゆえに $x(t) = \dfrac{a_0}{2} + \displaystyle\sum_{k=1}^{\infty}\bigl(a_k\cos(k\Omega_0 t) + b_k\sin(k\Omega_0 t)\bigr)$ が得られ,

$$a_k = \frac{2}{T}\int_{-\frac{T}{2}}^{\frac{T}{2}} x(t)\cos(k\Omega_0 t)dt, \quad b_k = \frac{2}{T}\int_{-\frac{T}{2}}^{\frac{T}{2}} x(t)\sin(k\Omega_0 t)dt$$

である.

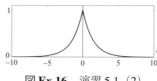

図 **Ex.16**　演習 5.1（2）

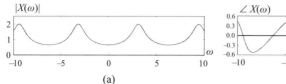
(a)

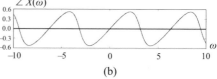
(b)

図 **Ex.17**　演習 5.2

演習 **4.5**.

$x[n]$ の基本周期は $N = 16$ なので，基本角周波数は $\omega_0 = 2\pi/16 = \pi/8$ である．オイラーの公式により，

$$x[n] = \frac{1}{2}\left(e^{j\left(\frac{\pi}{8}n+\phi\right)} + e^{-j\left(\frac{\pi}{8}n+\phi\right)}\right)$$

であるから，

$$x[n] = \sum_{k=-7}^{8} a_k e^{jk(\pi/8)n},$$

ただし，

$$a_k = \begin{cases} \frac{1}{2}e^{-j\phi}, & k = -1, \\ \frac{1}{2}e^{j\phi}, & k = 1, \\ 0, & -7 \leq k \leq 8, \ k \neq \pm 1. \end{cases}$$

演習 **4.6**.

拡張してできる信号は演習 4.1（2）あるいは演習 4.3 ののこぎり波であるから，それらに記した解答例で示した級数表現を $0 \leq t < T$ に制限したものがこの演習の解答例となる．

演習 **5.1**.

（1）$X(\omega) = \int_{-\infty}^{\infty} x(t)e^{-j\omega t}dt = \int_{0}^{\infty} e^{-\lambda t}e^{-j\omega t}dt = \dfrac{1}{\lambda + j\omega}$.

（2）「両側」指数関数の図を図 Ex.16 に示す．

$$X(\omega) = \int_{-\infty}^{\infty} x(t)e^{-j\omega t}dt = \int_{-\infty}^{0} e^{\lambda t}e^{-j\omega t}dt + \int_{0}^{\infty} e^{-\lambda t}e^{-j\omega t}dt$$

$$= \frac{1}{\lambda - j\omega} + \frac{1}{\lambda + j\omega} = \frac{2\lambda}{\lambda^2 + \omega^2}.$$

（3）$X(\omega) = \int_{-\infty}^{\infty} e^{-\lambda t^2}e^{-j\omega t}dt = \sqrt{\dfrac{\pi}{\lambda}}e^{-\frac{\omega^2}{4\lambda}}$.

演習 **5.2**.

振幅スペクトルと位相スペクトルの計算は本文第 5 章例題 5.6 とおなじである．結果を図示すると図 Ex.17 となる．$0 < \omega < \pi$ では，振幅スペクトルは単調増加している．したがって，振動的な減衰指数信号

演習解答例　197

は高域が支配的な信号であることがわかる．また，振幅スペクトルの最大値と最小値はそれぞれ，

$$\max \left| X(\omega) \right| = \frac{1}{1+a}, \quad \min \left| X(\omega) \right| = \frac{1}{1-a}$$

となり，位相スペクトルの最大値と最小値はそれぞれ，

$$\max \angle X(\omega) = \tan^{-1} \frac{|a|}{\sqrt{1-a^2}}, \quad \min \angle X(\omega) = -\tan^{-1} \frac{|a|}{\sqrt{1-a^2}}$$

となる．

演習 5.3.

離散時間フーリエ変換の定義式から直接計算すると，本文第 4 章例題 4.3 と同様な計算の結果，

$$X(\omega) = \sum_{n=-N_1}^{N_1} e^{-j\omega n} = \frac{\sin\left(\omega(N_1 + 1/2)\right)}{\sin(\omega/2)}$$

となる．

演習 5.4.

$$X(\omega) = \sum_{k=-\infty}^{\infty} x[k] e^{-j\omega k} = \sum_{k=-\infty}^{0} 5 \cdot 2^k \cdot e^{-j\omega k} = \sum_{k=0}^{\infty} 5 \cdot 2^{-k} e^{j\omega k} = 5 \cdot \sum_{k=0}^{\infty} \left(\frac{e^{j\omega}}{2} \right)^k = \frac{5}{1 - \frac{1}{2} e^{j\omega}}.$$

よって $X(\omega) = \dfrac{5}{1 - 0.5 e^{j\omega}}$．

演習 5.5.

$$x[n] = \frac{1}{2\pi} \int_{-\pi}^{\pi} X(\omega) e^{j\omega n} d\omega = \frac{1}{2\pi} \int_{-\pi}^{\pi} 2 \cdot \cos(\omega) e^{j\omega n} d\omega$$

$$= \frac{1}{2\pi} \int_{-\pi}^{\pi} \left(e^{j\omega} + e^{-j\omega} \right) e^{j\omega n} d\omega = \frac{1}{2\pi} \int_{-\pi}^{\pi} \left(e^{j\omega(n+1)} + e^{j\omega(n-1)} \right) d\omega.$$

ⅰ) $m \neq 0$ のとき

$$\int_{-\pi}^{\pi} e^{j\omega m} d\omega = \frac{1}{jm} \left[e^{j\omega m} \right]_{-\pi}^{\pi} = 0.$$

ⅱ) $m = 0$ のとき

$$\int_{-\pi}^{\pi} e^{j\omega m} d\omega = \int_{-\pi}^{\pi} e^0 d\omega = \int_{-\pi}^{\pi} 1 d\omega = 2\pi.$$

よって

$$x[n] = \begin{cases} 1, & n = \pm 1, \\ 0, & \text{そのほか}. \end{cases}$$

演習 5.6.

単位インパルス信号 $\delta[n]$ の離散時間フーリエ変換は $\mathcal{F}\{\delta[n]\} = \displaystyle\sum_{n=-\infty}^{\infty} \delta[n] e^{-j\omega n} = e^0 = 1$.

よってフーリエ変換の性質 3（時間シフト）により $\mathcal{F}\{\delta[n - n_0]\} = e^{-j\omega n_0} \mathcal{F}\{\delta[n]\} = e^{-j\omega n_0}$.

演習 5.7.

$$\mathcal{F}\{x(t) * y(t)\} = \int_{-\infty}^{\infty} \int_{-\infty}^{\infty} x(\tau) y(t - \tau) e^{-j\omega t} d\tau \, dt$$

$$= \int_{-\infty}^{\infty} x(\tau) \left(\int_{-\infty}^{\infty} y(t - \tau) e^{-j\omega t} dt \right) d\tau = \int_{-\infty}^{\infty} x(\tau) \left(\int_{-\infty}^{\infty} y(t') e^{-j\omega(t' + \tau)} dt' \right) d\tau$$

$$= \int_{-\infty}^{\infty} x(\tau) e^{-j\omega \tau} d\tau \cdot \int_{-\infty}^{\infty} y(t') e^{-j\omega t'} dt' = \mathcal{F}\{x(t)\} \cdot \mathcal{F}\{y(t)\}.$$

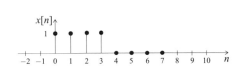

図 **Ex.18**　演習 5.8

図 **Ex.19**　演習 5.9

演習 5.8.
$x[n]$ を図 Ex.18 に示す．長さ 8 の有限長なので 8 点 DFT を求めることになる．DFT の定義により，

$$\tilde{X}(0) = \sum_{n=0}^{7} x[n]e^0 = 1 + 1 + 1 + 1 = 4.$$

$$\tilde{X}(1) = \sum_{n=0}^{7} x[n]e^{-j\frac{\pi}{4}n} = e^0 + e^{-j\frac{\pi}{4}} + e^{-j\frac{\pi}{2}} + e^{-j\frac{3\pi}{4}} = 1 - \sqrt{2}j - j = 1 - \left(1 + \sqrt{2}\right)j.$$

$$\tilde{X}(2) = \sum_{n=0}^{7} x[n]e^{-j\frac{\pi}{2}n} = e^0 + e^{-j\frac{\pi}{2}} + e^{-j\pi} + e^{-j\frac{3\pi}{2}} = 1 - j - 1 + j = 0.$$

$$\tilde{X}(3) = \sum_{n=0}^{7} x[n]e^{-j\frac{3\pi}{4}n} = e^0 + e^{-j\frac{3\pi}{4}} + e^{-j\frac{3\pi}{2}} + e^{-j\frac{9\pi}{4}} = 1 + \left(1 - \sqrt{2}\right)j.$$

$$\tilde{X}(4) = \sum_{n=0}^{7} x[n]e^{-j\pi n} = e^0 + e^{-j\pi} + e^{-j2\pi} + e^{-j3\pi} = 1 - 1 + 1 - 1 = 0.$$

$$\tilde{X}(5) = \sum_{n=0}^{7} x[n]e^{-j\frac{5\pi}{4}n} = e^0 + e^{-j\frac{5\pi}{4}} + e^{-j\frac{5\pi}{2}} + e^{-j\frac{15\pi}{4}} = 1 + \left(\sqrt{2} - 1\right)j.$$

$$\tilde{X}(6) = \sum_{n=0}^{7} x[n]e^{-j\frac{3\pi}{2}n} = e^0 + e^{-j\frac{3\pi}{2}} + e^{-j3\pi} + e^{-j\frac{9\pi}{2}} = 1 + j - 1 - j = 0.$$

$$\tilde{X}(7) = \sum_{n=0}^{7} x[n]e^{-j\frac{7\pi}{4}n} = e^0 + e^{-j\frac{7\pi}{4}} + e^{-j\frac{7\pi}{2}} + e^{-j\frac{21\pi}{4}} = 1 + \left(1 + \sqrt{2}\right)j.$$

演習 5.9.
$x[n]$ を図 Ex.19 に示す．$x[n]$ は長さ 8 なので 8 点 DFT を求めることになる．

$$\tilde{X}(0) = \sum_{n=0}^{7} x[n]e^0 = 1 + \frac{1}{\sqrt{2}} + 0 - \frac{1}{\sqrt{2}} - 1 - \frac{1}{\sqrt{2}} + 0 + \frac{1}{\sqrt{2}} = 0.$$

$$\tilde{X}(1) = \sum_{n=0}^{7} x[n]e^{-j\frac{\pi}{4}n} = 1 + \frac{1}{\sqrt{2}}e^{-j\frac{\pi}{4}} + 0 - \frac{1}{\sqrt{2}}e^{-j\frac{3\pi}{4}} - e^{-j\pi} - \frac{1}{\sqrt{2}}e^{-j\frac{5\pi}{4}} + 0 + \frac{1}{\sqrt{2}}e^{-j\frac{7\pi}{4}}$$

$$= 1 - e^{-j\pi} + \frac{1}{\sqrt{2}}\left(e^{-j\frac{\pi}{4}} + e^{-j\frac{7\pi}{4}}\right) - \frac{1}{\sqrt{2}}\left(e^{-j\frac{3\pi}{4}} + e^{-j\frac{5\pi}{4}}\right)$$

$$= 2 + \frac{1}{\sqrt{2}} \cdot \frac{2}{\sqrt{2}} - \frac{1}{\sqrt{2}} \cdot \left(-\frac{2}{\sqrt{2}}\right) = 4.$$

$$\tilde{X}(2) = \sum_{n=0}^{7} x[n]e^{-j\frac{\pi}{2}n} = 1 + \frac{1}{\sqrt{2}}e^{-j\frac{\pi}{2}} + 0 - \frac{1}{\sqrt{2}}e^{-j\frac{3\pi}{2}} - e^{-j2\pi} - \frac{1}{\sqrt{2}}e^{-j\frac{5\pi}{2}} + 0 + \frac{1}{\sqrt{2}}e^{-j\frac{7\pi}{2}}$$

$$= 1 - e^{-j2\pi} + \frac{1}{\sqrt{2}}\left(e^{-j\frac{\pi}{2}} + e^{-j\frac{7\pi}{2}}\right) - \frac{1}{\sqrt{2}}\left(e^{-j\frac{3\pi}{2}} + e^{-j\frac{5\pi}{2}}\right)$$

$$= 1 - 1 + \frac{1}{\sqrt{2}}(-j+j) - \frac{1}{\sqrt{2}}(j-j) = 0.$$

$$\tilde{X}(3) = \sum_{n=0}^{7} x[n]^{-j\frac{3\pi}{4}n} = 1 + \frac{1}{\sqrt{2}}e^{-j\frac{3\pi}{4}} + 0 - \frac{1}{\sqrt{2}}e^{-j\frac{9\pi}{4}} - e^{-j3\pi} - \frac{1}{\sqrt{2}}e^{-j\frac{15\pi}{4}} + 0 + \frac{1}{\sqrt{2}}e^{-j\frac{21\pi}{4}}$$

$$= 1 - e^{-j3\pi} + \frac{1}{\sqrt{2}}\left(e^{-j\frac{3\pi}{4}} + e^{-j\frac{21\pi}{4}}\right) - \frac{1}{\sqrt{2}}\left(e^{-j\frac{9\pi}{4}} + e^{-j\frac{15\pi}{4}}\right)$$

$$= 2 + \frac{1}{\sqrt{2}}\left(-\frac{2}{\sqrt{2}}\right) - \frac{1}{\sqrt{2}}\left(\frac{2}{\sqrt{2}}\right) = 0.$$

$$\tilde{X}(4) = \sum_{n=0}^{7} x[n]e^{-j\pi n} = 1 + \frac{1}{\sqrt{2}}e^{-j\pi} + 0 - \frac{1}{\sqrt{2}}e^{-j3\pi} - e^{-j4\pi} - \frac{1}{\sqrt{2}}e^{-j5\pi} + 0 + \frac{1}{\sqrt{2}}e^{-j7\pi}$$

$$= 1 - e^{-j4\pi} + \frac{1}{\sqrt{2}}\left(e^{-j\pi} + e^{-7j\pi}\right) - \frac{1}{\sqrt{2}}\left(e^{-j3\pi} + e^{-j5\pi}\right)$$

$$= 1 - 1 + \frac{1}{\sqrt{2}}(-2) - \frac{1}{\sqrt{2}}(-2) = 0.$$

$$\tilde{X}(5) = \sum_{n=0}^{7} x[n]e^{-j\frac{5\pi}{4}n} = 1 + \frac{1}{\sqrt{2}}e^{-j\frac{5\pi}{4}} + 0 - \frac{1}{\sqrt{2}}e^{-j\frac{5\pi}{2}} - e^{-j5\pi} - \frac{1}{\sqrt{2}}e^{-j\frac{25\pi}{4}} + 0 + \frac{1}{\sqrt{2}}e^{-j\frac{35\pi}{4}}$$

$$= 1 - e^{-j5\pi} + \frac{1}{\sqrt{2}}\left(e^{-j\frac{5\pi}{4}} + e^{-j\frac{35\pi}{4}}\right) - \frac{1}{\sqrt{2}}\left(e^{-j\frac{5\pi}{2}} + e^{-j\frac{25\pi}{4}}\right)$$

$$= 1 - (-1) + \frac{1}{\sqrt{2}}\left(-\frac{2}{\sqrt{2}}\right) - \frac{1}{\sqrt{2}}\left(\frac{2}{\sqrt{2}}\right) = 0.$$

$$\tilde{X}(6) = \sum_{n=0}^{7} x[n]e^{-j\frac{3\pi}{2}n} = 1 + \frac{1}{\sqrt{2}}e^{-j\frac{3\pi}{2}} + 0 - \frac{1}{\sqrt{2}}e^{-j\frac{9\pi}{2}} - e^{-j6\pi} - \frac{1}{\sqrt{2}}e^{-j\frac{15\pi}{2}} + 0 + \frac{1}{\sqrt{2}}e^{-j\frac{21\pi}{2}}$$

$$= 1 - 1 + \frac{1}{\sqrt{2}}(j-j) - \frac{1}{\sqrt{2}}(-j+j) = 0.$$

$$\tilde{X}(7) = \sum_{n=0}^{7} x[n]e^{-j\frac{7\pi}{4}n} = 1 + \frac{1}{\sqrt{2}}e^{-j\frac{7\pi}{4}} + 0 - \frac{1}{\sqrt{2}}e^{-j\frac{21\pi}{4}} - e^{-j7\pi} - \frac{1}{\sqrt{2}}e^{-j\frac{35\pi}{4}} + 0 + \frac{1}{\sqrt{2}}e^{-j\frac{49\pi}{4}}$$

$$= 1 - e^{-j7\pi} + \frac{1}{\sqrt{2}}\left(e^{-j\frac{7\pi}{4}} + e^{-j\frac{49\pi}{4}}\right) - \frac{1}{\sqrt{2}}\left(e^{-j\frac{21\pi}{4}} + e^{-j\frac{35\pi}{4}}\right)$$

$$= 1 - (-1) + \frac{1}{\sqrt{2}}\left(\frac{2}{\sqrt{2}}\right) - \frac{1}{\sqrt{2}}\left(-\frac{2}{\sqrt{2}}\right) = 4.$$

$N = 8$ で $e^{-j\frac{\pi}{4}n} = e^{j\frac{7\pi}{4}n}$ であることに注意して

$$\cos\left(\frac{2\pi}{8}n\right) = \frac{1}{2}e^{j\frac{\pi}{4}n} + \frac{1}{2}e^{-j\frac{\pi}{4}n} = \frac{4}{8}e^{j\frac{\pi}{4}n} + \frac{4}{8}e^{j\frac{7\pi}{4}n} = \frac{\tilde{X}(1)}{N}e^{j\cdot1\cdot\frac{\pi}{4}n} + \frac{\tilde{X}(7)}{N}e^{j\cdot7\cdot\frac{\pi}{4}n}.$$

演習 6.1.

(1) オイラーの公式により $\cos(\omega_0 n) = \dfrac{e^{j\omega_0 n} + e^{-j\omega_0 n}}{2}$.

200 演習解答例

$$X(z) = \sum_{n=0}^{\infty} \cos(\omega_0 n) \cdot z^{-1} = \frac{1}{2} \sum_{n=0}^{\infty} \left(e^{j\omega_0 n} + e^{-j\omega_0 n} \right) \cdot z^{-n} = \frac{1}{2} \sum_{n=0}^{\infty} \left\{ \left(e^{j\omega_0} \cdot z^{-1} \right)^n + \left(e^{-j\omega_0} \cdot z^{-1} \right)^n \right\}.$$

$|z| > 1$ であれば2つの無限級数は収束する.

$$X(z) = \frac{1}{2} \left[\frac{1}{1 - e^{j\omega_0} z^{-1}} + \frac{1}{1 - e^{-j\omega_0} z^{-1}} \right] = \frac{1}{2} \frac{2 - \left(e^{j\omega_0} + e^{-j\omega_0} \right) \cdot z^{-1}}{1 - \left(e^{j\omega_0} + e^{-j\omega_0} \right) \cdot z^{-1} + z^{-2}}$$

$$= \frac{1 - (\cos\omega_0) \cdot z^{-1}}{1 - 2(\cos\omega_0) \cdot z^{-1} + z^{-2}}, \quad |z| > 1.$$

(2) $X(z) = \displaystyle\sum_{n=0}^{\infty} n^2 z^{-n} = z^{-1} + 4z^{-2} + 9z^{-3} + 16z^{-4} + \cdots.$

$X(z) - z^{-1} X(z) = z^{-1} + 3z^{-2} + 5z^{-3} + 7z^{-4} + \cdots.$
よって $\left(X(z) - z^{-1} X(z) \right) - z^{-1} \left(X(z) - z^{-1} X(z) \right) = z^{-1} + 2z^{-2} + 2z^{-3} + 2z^{-4} + \cdots.$ これより $(1 - z^{-1})^2 X(z) = z^{-1} + 2z^{-2} + 2z^{-3} + 2z^{-4} + \cdots.$ 右辺の級数は $\left| z^{-1} \right| < 1$ のとき収束して $z^{-1} + 2z^{-2} \dfrac{1}{1 - z^{-1}}$. よって

$$X(z) = \frac{z^{-1}(1 + z^{-1})}{(1 - z^{-1})^3}, \quad |z| > 1.$$

(3) $X(z) = z + 2 + z^{-1}, \quad |z| > 0.$

演習6.2.

(1) z 変換の定義により,

$$X(z) = \sum_{n=0}^{\infty} 0.5^n z^{-n} - \sum_{n=1}^{\infty} z^{-n} = \sum_{n=0}^{\infty} (0.5 z^{-1})^n - \sum_{n=0}^{\infty} (z^{-1})^n + 1.$$

この2つの等比級数が収束するためには $\left| z^{-1} \right| < 1$. このとき

$$X(z) = \frac{1}{1 - 0.5 z^{-1}} - \frac{1}{1 - z^{-1}} + 1 = \frac{1}{1 - 0.5 z^{-1}} - \frac{z^{-1}}{1 - z^{-1}} = \frac{1 - 2z^{-1} + 0.5 z^{-2}}{(1 - 0.5 z^{-1})(1 - z^{-1})}.$$

あるいはより簡単には, z 変換の線形性（性質1）と時間シフト（性質2），それと本文第6章表6.1より

$$X(z) = \frac{1}{1 - 0.5 z^{-1}} - \frac{z^{-1}}{1 - z^{-1}} = \frac{1 - 2z^{-1} + 0.5 z^{-2}}{(1 - 0.5 z^{-1})(1 - z^{-1})}, \quad |z| > 1.$$

(2) z 変換の定義により,

$$X(z) = \sum_{n=0}^{\infty} (0.5 z^{-1})^n + \sum_{n=0}^{\infty} \left(\frac{z^{-1}}{3} \right)^n.$$

$\left| z^{-1} \right| < 0.5$ であれば2つの無限級数は収束する. このとき,

$$X(z) = \frac{1}{1 - 0.5 z^{-1}} + \frac{1}{1 - \frac{1}{3} z^{-1}} = \frac{2\left(1 - \frac{5}{12} z^{-1}\right)}{\left(1 - 0.5 z^{-1}\right)\left(1 - \frac{1}{3} z^{-1}\right)}.$$

あるいはより簡単に, z 変換の性質1（線形性）と本文第6章表6.1より

$$X(z) = \frac{1}{1 - 0.5 z^{-1}} + \frac{1}{1 - \frac{1}{3} z^{-1}} = \frac{2\left(1 - \frac{5}{12} z^{-1}\right)}{\left(1 - 0.5 z^{-1}\right)\left(1 - \frac{1}{3} z^{-1}\right)}, \quad |z| > 0.5.$$

（3）まず

$$x[n] = \alpha^{|n|} = \alpha^{-n}u_S[-n-1] + \alpha^n u_S[n] = \frac{1}{\alpha^n}u_S[-n-1] + \alpha^n u_S[n]$$

であるので，z 変換の定義（あるいは z 変換の性質 1（線形性）と本文第 6 章表 6.1）より，

$$|\alpha| < 1 \text{ のとき，} \quad X(z) = \frac{1}{1 - \alpha z^{-1}} - \frac{1}{1 - \frac{1}{\alpha}z^{-1}}, \quad |\alpha| < |z| < \frac{1}{|\alpha|}.$$

$$|\alpha| > 1 \text{ のとき，} \quad \text{ROC は空集合.}$$

演習 6.3.

（1） $X(z) = \dfrac{1 + 3z^{-1}}{(1 - z^{-1})(1 - 2z^{-1})} = -\dfrac{4}{1 - z^{-1}} + \dfrac{5}{1 - 2z^{-1}}.$

　　$x[n]$ は因果であることに注意すると本文第 6 章表 6.1 より

$$x[n] = -4u_S[n-1] + 5 \cdot 2^n u_S[n-1].$$

（2） $X(z) = \dfrac{1}{1 - 0.5z^{-1}} - \dfrac{2}{1 - 2z^{-1}} - \dfrac{1}{1 - z^{-1}}.$

　　$1 < |z| < 2$ に注意すると本文第 6 章表 6.1 より

$$x[n] = 0.5^n u_S[n] - 2^{n+1}u_S[-n-1] - 2u_S[n].$$

（3） $x[n]$ は因果であることに注意すると本文第 6 章表 6.1 より

$$x[n] = 0.5^n u_S[n] + 2^{n+1}u_S[n].$$

（4）本文で述べたように，$x[n]$ の離散時間フーリエ変換が存在することから，$x[n]$ は絶対総和可能，すなわち $\displaystyle\sum_{n=-\infty}^{\infty}\big|x[n]\big| < \infty$ である．これより

$$\sum_{n=-\infty}^{\infty}\Big|x[n]e^{-j\omega n}\Big| = \sum_{-\infty}^{\infty}\big|x[n]\big|\big|e^{-j\omega n}\big| = \sum_{n=-\infty}^{\infty}\big|x[n]\big| < \infty$$

となり，単位円 $z = e^{-i\omega n}$ は $x[n]$ の z 変換の収束円の中にある．よって z 変換の収束半径は 1 よりも大きい．このことに注意すると本文第 6 章表 6.1 より

$$x[n] = 0.5^n u_S[n] - 2^{n+1}u_S[-n-1].$$

演習 6.4.

$$\frac{z^{-1} + 0.5z^{-2}}{1 - 1.5z^{-1} + 0.7z^{-2}} = \frac{z + 0.5}{z^2 - 1.5z + 0.7}.$$

$z^2 - 1.5z + 0.7 = 0$ の解は $z = \dfrac{1.5 \pm \sqrt{-0.55}}{2} = \dfrac{1.5 \pm 0.7416j}{2} = 0.75 \pm 0.37j.$

$z + 0.5 = 0$ の解は $z = -0.5$．よって，極：$z = 0.75 \pm j0.37$，零点：$z = -0.5$.

演習 6.5.

本文第 6 章表 6.1 より，$h[n] = na^n u_S[n]$ の z 変換は

$$H(z) = \frac{az^{-1}}{(1 - az^{-1})^2}, \quad |z| > |a|.$$

よって，これがこのシステムの伝達関数である．

202　演習解答例

演習 6.6.

本文第 6 章表 6.1 より，$H(z)$ の逆 z 変換は，$h[n] = na^n u_S[n]$ である．伝達関数の定義により，これが単位インパルス信号を入力としたときの出力である．

演習 6.7.

両辺を z 変換し，z 変換の性質 1（線形性）と性質 2（時間シフト）を用いると，

$$Y(z) - \frac{1}{2}z^{-1}Y(z) = X(z) + \frac{1}{3}z^{-1}X(z).$$

このシステムの伝達関数は，$Y(z)$ と $X(z)$ との比であるから

$$H(z) = \frac{Y(z)}{X(z)} = \frac{1 + \frac{1}{3}z^{-1}}{1 - \frac{1}{2}z^{-1}} = -\frac{2}{3} + \frac{5}{3}\frac{1}{1 - \frac{1}{2}z^{-1}}.$$

システムは因果であるから収束領域は $|z| > \frac{1}{2}$．

演習 6.8.

（1）単位円 $|z| = 1$ は収束領域に含まれるので，$H(z)$ に $z = e^{j\omega}$ を代入して

$$H(\omega) = \frac{az^{-j\omega}}{\left(1 - ae^{-j\omega}\right)^2}.$$

（2）$H(z)$ に，$z = e^{j\omega}$ を代入して

$$H(\omega) = \frac{1}{1 - \frac{1}{2}e^{-j\omega}} = \frac{1}{\left(1 - \frac{1}{2}\cos\omega\right) + \frac{j}{2}\sin\omega} = \frac{\left(1 - \frac{1}{2}\cos\omega\right) - \frac{j}{2}\sin\omega}{\left(1 - \frac{1}{2}\cos\omega\right)^2 + \frac{1}{4}\sin^2\omega}.$$

これを極座標表現すると

$$H(\omega) = \frac{1}{\sqrt{\left(1 - \frac{1}{2}\cos\omega\right)^2 + \frac{1}{4}\sin^2\omega}}e^{j\theta(\omega)},$$

ただし，$\theta(\omega) = \tan^{-1}\left(\dfrac{\frac{1}{2}\sin\omega}{1 - \frac{1}{2}\cos\omega}\right)$．よって，このシステムに $e^{j\omega n}$ を入力したときの出力は

$$\frac{1}{\sqrt{\left(1 - \frac{1}{2}\cos\omega\right)^2 + \frac{1}{4}\sin^2\omega}}e^{j(\omega n + \theta(\omega))}$$ である．実部をとれば

$$\frac{1}{\sqrt{\left(1 - \frac{1}{2}\cos\omega\right)^2 + \frac{1}{4}\sin^2\omega}}\cos(\omega n + \theta(\omega)).$$

これが $\cos(\omega n)$ を入力したときの出力である．

演習 6.9.

単位インパルス信号 $\delta[n]$ を入力したときの出力 $h[n]$ は

$$h[n] = \frac{1}{2}\left(\delta[n] + \delta[n-1]\right)$$

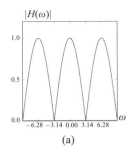
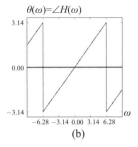

図 **Ex.20** 演習 6.9．(a) ゲイン特性，(b) 位相特性

である．よってこれがインパルス応答である．この $h[n]$ を z 変換すると本文第6章表6.1と z 変換の性質1（線形性）より

$$H(z) = \frac{1}{2}(1 + z^{-1}).$$

これが伝達関数である．周波数伝達関数は，上式に $z = e^{j\omega}$ を代入して $H(\omega) = \frac{1}{2}(1 + e^{-j\omega})$. オイラーの公式と，半角の公式 $\cos^2\left(\frac{\omega}{2}\right) = \frac{1 + \cos\omega}{2}$ と，2倍角の公式 $\sin\omega = 2\sin\left(\frac{\omega}{2}\right)\cos\left(\frac{\omega}{2}\right)$ より，

$$H(\omega) = \frac{1}{2}\left\{1 + (\cos\omega - j\sin\omega)\right\} = \frac{1}{2}\left\{(1 + \cos\omega) - j\sin\omega\right\}$$

$$= \sqrt{\frac{1 + \cos\omega}{2}} e^{-j\theta(\omega)} = \left|\cos\left(\frac{\omega}{2}\right)\right| e^{-j\theta(\omega)}.$$

$$\theta(\omega) = -\tan^{-1}\left(\frac{\sin\omega}{1 + \cos\omega}\right)$$

$$= -\tan^{-1}\left(\frac{2\sin\left(\frac{\omega}{2}\right)\cos\left(\frac{\omega}{2}\right)}{2\cos^2\left(\frac{\omega}{2}\right)}\right) = -\tan^{-1}\left(\tan\left(\frac{\omega}{2}\right)\right) = -\frac{\omega}{2}.$$

よって，ゲイン特性は $|H(\omega)| = \left|\cos\left(\frac{\omega}{2}\right)\right|$，位相特性は $\theta(\omega) = -\frac{\omega}{2}$．第6章例題6.17において，$N = 2$ としてもおなじゲイン特性と位相特性が求まる．図 Ex.20 にこれらを図示する．

演習 7.1.

(1) 任意の連続関数 $\varphi(t)$ に対して $\int_{-\infty}^{\infty}\delta(t)\varphi(t)dt = \varphi(0)$ である．また

$$\int_{-\infty}^{\infty}\delta(-t)\varphi(t)dt = \int_{\infty}^{-\infty}\delta(\tau)\varphi(-\tau)(-d\tau) = \int_{-\infty}^{\infty}\delta(\tau)\varphi(-\tau)d\tau = \varphi(-0) = \varphi(0).$$

よって

$$\int_{-\infty}^{\infty}\delta(t)\varphi(t)dt = \int_{-\infty}^{\infty}\delta(-t)\varphi(t)dt.$$

これは $\delta(t) = \delta(-t)$ を示している．

(2) 任意の連続関数 $\varphi(t)$ に対して，

$$\int_{-\infty}^{\infty}\left\{t\delta(t)\right\}\varphi(t)dt = \int_{-\infty}^{\infty}\delta(t)\left\{t\varphi(t)\right\}dt = [t\varphi(t)]_{t=0} = 0.$$

$\varphi(t)$ は任意の連続関数であるのでこれは $t\delta(t) = 0$ を示す．

204 演習解答例

(3) 任意の連続関数 $\varphi(t)$ に対して

$$\int_{-\infty}^{\infty} h(t)\delta(t-\tau)\varphi(t)dt = \int_{-\infty}^{\infty} \delta(t-\tau)\{h(t)\varphi(t)\}dt$$

$$=h(\tau)\varphi(\tau) = h(\tau)\int_{-\infty}^{\infty} \delta(t-\tau)\varphi(t)dt = \int_{-\infty}^{\infty} h(\tau)\delta(t-\tau)\varphi(t)dt.$$

よって

$$\int_{-\infty}^{\infty} h(t)\delta(t-\tau)\varphi(t)dt = \int_{-\infty}^{\infty} h(\tau)\delta(t-\tau)\varphi(t)dt.$$

これは $h(t)\delta(t-\tau) = h(\tau)\delta(t-\tau)$ を示す.

(4) i) $a > 0$ のとき.

$\tau = at$ とおくと,$d\tau = adt$ であり,$t \to \infty$ のとき $\tau \to \infty$ で,$t \to -\infty$ のとき $\tau \to -\infty$ である.それゆえ,

$$\int_{-\infty}^{\infty} \delta(at)\varphi(t)dt = \int_{-\infty}^{\infty} \delta(\tau)\varphi\left(\frac{\tau}{a}\right)\frac{dt}{a} = \frac{1}{a}\int_{-\infty}^{\infty} \delta(\tau)\varphi\left(\frac{\tau}{a}\right)d\tau$$

$$= \frac{1}{a}\varphi(0) = \frac{1}{a}\int_{-\infty}^{\infty} \delta(t)\varphi(t)dt = \int_{-\infty}^{\infty} a^{-1}\delta(t)\varphi(t)dt.$$

ii) $a < 0$ のとき.

$\hat{a} = -a$ とおく.本演習(1)より $\delta(t)$ は偶関数だから,

$$\int_{-\infty}^{\infty} \delta(at)\varphi(t)dt = \int_{-\infty}^{\infty} \delta(-\hat{a}t)\varphi(t)dt = \int_{-\infty}^{\infty} \delta(\hat{a}t)\varphi(t)dt$$

$$= \frac{1}{\hat{a}}\varphi(0) = \frac{1}{\hat{a}}\int_{-\infty}^{\infty} \delta(t)\varphi(t)dt = \int_{-\infty}^{\infty} \hat{a}^{-1}\delta(t)\varphi(t)dt.$$

演習 7.2.

(1) 出力を $y(t)$ とすると,まず,$\tau < 0$ では $u_S(\tau) = 0$ だから $x(\tau) = e^{-a\tau}u_S(\tau) = 0$ である.また,$\tau \geq 0$ では $x(\tau) = e^{-a\tau}$ だから

$$y(t) = \int_{-\infty}^{\infty} x(\tau)h(t-\tau)d\tau = \int_{0}^{\infty} e^{-a\tau}h(t-\tau)d\tau$$

である.最後の積分の積分範囲は 0 以上なので $\tau \geq 0$ として考えればよい.

i) $t \geq 0$ のとき.$t \geq \tau$ なる τ では,$t - \tau \geq 0$ より $h(t-\tau) \neq 0$.$t < \tau$ では $h(t-\tau) = 0$.よって

$$x(\tau)h(t-\tau) = \begin{cases} e^{-a\tau}, & 0 < \tau \leq t, \\ 0, & \text{そのほか} \end{cases}$$

であるから

$$y(t) = \int_{0}^{t} e^{-a\tau}d\tau = \frac{1}{a}(1 - e^{-at}).$$

ii) $t < 0$ のとき.$t - \tau < 0$ なので $h(t-\tau) = 0$ である.よって $y(t) = 0$.

i) と ii) より

$$y(t) = \frac{1}{a}(1 - e^{-at})u_S(t).$$

(2) $\tau < 0$ で $x(\tau) = 0$ だから

$$y(t) = \int_{-\infty}^{\infty} x(\tau)h(t-\tau)d\tau = \int_{0}^{\infty} e^{-a\tau}e^{-b(t-\tau)}u_S(t-\tau)d\tau = e^{-bt}\int_{0}^{\infty} e^{(b-a)\tau}u_S(t-\tau)d\tau.$$

積分範囲は 0 以上なので $\tau \geq 0$ と考えればよい.

i) $t \leq 0$ のとき.$t - \tau \leq 0$.よって $u_S(t-\tau) = 0$.ゆえに $y(t) = 0$.

ii) $t > 0$ のとき. $0 < \tau \le t$ ならば $t - \tau \ge 0$. よって $u_S(t-\tau) = 1$. $\tau > t$ ならば $t - \tau < 0$. よって $u_S(t-\tau) = 0$. ゆえに

$$y(t) = e^{-bt}\int_0^t e^{(b-a)\tau}d\tau = \begin{cases} \dfrac{1}{b-a}(e^{-at} - e^{-bt}), & a \ne b, \\[2mm] t \cdot e^{-bt}, & a = b. \end{cases}$$

よって

$$y(t) = \begin{cases} \dfrac{1}{b-a}(e^{-at} - e^{-bt})u_S(t), & a \ne b, \\[2mm] te^{-bt}u_S(t), & a = b. \end{cases}$$

(3) $\tau < 0$ で $x(\tau) = 0$ だから

$$y(t) = \int_{-\infty}^{\infty} x(\tau)h(t-\tau)d\tau = \int_0^{\infty} e^{-3t}u_S(t-\tau-1)d\tau.$$

積分範囲は 0 以上なので $\tau \ge 0$ として考えればよい.

i) $t-1 \le 0$ のとき. $\tau > 0$ では $t - \tau - 1 < 0$. よって $u_S(t-\tau-1) = 0$. ゆえに $y(t) = 0$.

ii) $t-1 > 0$ のとき. $\tau > 0$ では $\tau \le t-1$ のときは $u_S(t-\tau-1) = 1$. $\tau > t-1$ のときは $u_S(t-\tau-1) = 0$. ゆえに $y(t) = \displaystyle\int_0^{t-1} e^{-3\tau}d\tau = \dfrac{1}{3}\big(1 - e^{-3(t-1)}\big)$.

よって $y(t) = \dfrac{1}{3}\big(1 - e^{-3(t-1)}\big)u_S(t-1)$.

(4) $\tau < 2$ で $x(\tau) = 0$ だから

$$y(t) = \int_{-\infty}^{\infty} x(\tau)h(t-\tau)d\tau = \int_2^{\infty} e^{2(t-\tau)}u_S(1-(t-\tau))d\tau$$

$$= e^{2t}\int_2^{\infty} e^{-2\tau}u_S(1-t+\tau)d\tau.$$

積分範囲は 2 以上なので $\tau \ge 2$ として考えればよい.

i) $1-t \le 2$, すなわち $t \ge 3$ のとき. $2 \le \tau < 1-t$ なる t では, $1-t+\tau \le 0$ より $u_S(1-t+\tau) = 0$. $\tau \ge 1-t$ なる τ では $1-t+\tau \ge 0$ より $u_S(1-t+\tau) = 1$. よって

$$y(t) = e^{2t}\int_{1-t}^{\infty} e^{-2\tau}d\tau = \frac{1}{2}(e^2 - e^{2t}).$$

ii) $t < 3$ のとき. $1-t < 2$ なので $\tau \ge 2$ なる τ では $1-t+\tau \ge 0$. ゆえに $u_S(1-t+\tau) = 1$. よって

$$y(t) = e^{2t}\int_2^{\infty} e^{-2\tau}d\tau = \frac{1}{2}e^{2t}(e^{-4} - 1).$$

よって

$$y(t) = \begin{cases} \dfrac{1}{2}(e^2 - 2^{2t}), & t \ge 3, \\[2mm] \dfrac{1}{2}e^{2t}(e^{-4} - 1), & t < 3. \end{cases}$$

演習 7.3.

(1) $\quad \mathcal{L}\{e^{at}\} = \displaystyle\int_0^{\infty} e^{at}e^{-st}dt = \left[\dfrac{1}{s-a}e^{(a-s)t}\right]_0^{\infty}.$

$\mathrm{Re}(a) < \mathrm{Re}(s)$ であれば $\lim_{t\to\infty} e^{(a-s)t} = 0$. よってこのとき

$$\mathcal{L}\{e^{at}\} = \frac{1}{s-a}, \quad \mathrm{Re}(a) < \mathrm{Re}(s).$$

206 演習解答例

(2) $\quad \mathcal{L}\{x(t)\} = \int_0^\infty e^{-st}\cos(\omega t)dt = \int_0^\infty e^{-st}\left(\frac{e^{j\omega t}+e^{-j\omega t}}{2}\right)dt$

$$= \frac{1}{2}\int_0^\infty \{e^{-(s-j\omega)t}+e^{-(s+j\omega)t}\}dt = -\frac{1}{2}\left[\frac{e^{-(s-j\omega)t}}{s-j\omega}+\frac{e^{-(s+j\omega)t}}{s+j\omega}\right]_0^\infty.$$

$\mathrm{Re}(s) > 0$ なら $t \to \infty$ で $e^{-(s\pm j\omega)t} \to 0$ である. よって

$$\mathcal{L}\{x(t)\} = \frac{1}{2}\left\{\frac{1}{s-j\omega}+\frac{1}{s+j\omega}\right\} = \frac{s}{s^2+\omega^2}, \qquad \mathrm{Re}(s) > 0.$$

(3) $\quad \mathcal{L}\{x(t)\} = \int_0^\infty e^{-st}e^{-at}\sin(\omega t)dt = \frac{1}{2j}\int_0^\infty \{e^{-(s+a-j\omega)t}-e^{-(s+a+j\omega)t}\}dt$

$$= -\frac{1}{2j}\left[\frac{e^{-(s+a-j\omega)t}}{s+a-j\omega}-\frac{e^{-(s+a+j\omega)t}}{s+a+j\omega}\right]_0^\infty.$$

$\mathrm{Re}(s) > \mathrm{Re}(a)$ ならば収束して,

$$\mathcal{L}\{x(t)\} = \frac{1}{2j}\left(\frac{1}{s+a-j\omega}-\frac{1}{s+a+j\omega}\right) = \frac{\omega}{(s+a)^2+\omega^2}, \qquad \mathrm{Re}(s) > \mathrm{Re}(a).$$

(4) $\quad \mathcal{L}\{x(t)\} = \mathcal{L}\{t^n\} = \int_0^\infty t^n e^{-st}dt = \left[-t^n\frac{e^{-st}}{s}\right]_0^\infty + \frac{n}{s}\int_0^\infty t^{n-1}e^{-st}dt.$

$\mathrm{Re}(s) > 0$ であれば $t \to \infty$ で $e^{-st} \to \infty$. よってこのとき $\mathcal{L}\{t^n\} = \frac{n}{s}\mathcal{L}\{t^{n-1}\}$. これをくりかえし, また, 本文第7章例題7.3より $\mathcal{L}\{u_S(t)\} = \frac{1}{s}$ であることを考慮して

$$\mathcal{L}\{t^n\} = \frac{n}{s}\mathcal{L}\{t^{n-1}\} = \cdots = \frac{n!}{s^n}\mathcal{L}\{u_S(t)\} = \frac{n!}{s^{n+1}}, \qquad \mathrm{Re}(s) > 0.$$

演習 8.1.

$x(t)$ のフーリエ変換は本文第5章例題5.4で求めたように

$$X(\omega) = \mathcal{F}\{x(t)\} = \begin{cases} 1, & |\omega| \le 10\pi, \\ 0, & |\omega| > 10\pi \end{cases}$$

である. よって最大角周波数 ω_m は $\omega_m = 10\pi$ なので, サンプリング定理により必要なサンプリング周期 T は

$$T \le \frac{1}{2\times\dfrac{\omega_m}{2\pi}} = \frac{\pi}{\omega_m} = \frac{\pi}{10\pi} = \frac{1}{10}.$$

演習 9.1.

周波数 F の信号成分のサンプリング後の離散時間信号の角周波数(正規化角周波数)は, $\omega = 2\pi F/F_s$ である. これと, あたえられた周波数特性, すなわち(1) $\delta_p = \delta_s = 0$ より通過域と阻止域での出力が一定であること, (2) 過渡域の出力はなめらかに増大または減少すること, (3) 通過域のゲインが1であることと, フィルタの種別を考慮すると図Ex.21(a)~(d)を得る.

演習 9.2.

(a) 個数は $N = 4$ で偶数. さらに偶対称 $h[n] = h[4-n-1]$ なので直線位相である. タイプは II.

(b) 個数は $N = 4$ で偶数. さらに奇対称 $h[n] = -h[4-n-1]$ なので直線位相である. タイプは IV.

(c) 偶対称でも奇対称でもないので直線位相ではない.

(d) 個数は $N = 5$ で奇数. さらに偶対称 $h[n] = h[5-n-1]$ なので直線位相である. タイプは I.

演習 9.3.

まず周波数伝達関数は, インパルス応答を $h[n]$ として,

$$H(\omega) = h[0] + h[1]e^{-j\omega} + h[2]e^{-2j\omega} + h[3]e^{-3j\omega}.$$

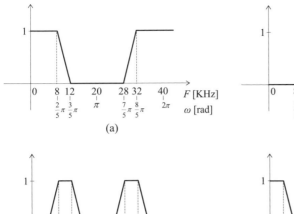

図 **Ex.21** 演習 9.1

ここで $h[0] = h[3] = 1$ で, $h[1] = h[2] = -1$ であるから

$$H(\omega) = 1 - e^{-j\omega} - e^{-2j\omega} + e^{-3j\omega} = 1 - e^{-2j\omega} - e^{-j\omega}(1 - e^{-2j\omega}) = (1 - e^{-2j\omega})(1 - e^{-j\omega})$$

$$= e^{-j\omega}(e^{j\omega} - e^{-j\omega})e^{-j\frac{\omega}{2}}(e^{j\frac{\omega}{2}} - e^{-j\frac{\omega}{2}}) = 2je^{-j\omega}\sin(\omega) \cdot 2je^{-j\frac{\omega}{2}}\sin\left(\frac{\omega}{2}\right)$$

$$= -4\sin(\omega)\sin\left(\frac{\omega}{2}\right)e^{-\frac{3}{2}\omega j} = 4\sin(\omega)\sin\left(\frac{\omega}{2}\right)e^{-j(\frac{3}{2}\omega - \pi)}.$$

よってゲイン特性と位相特性は,

$$\left|H(\omega)\right| = \left|4\sin(\omega)\sin\left(\frac{\omega}{2}\right)\right|, \qquad \theta(\omega) = \begin{cases} -\dfrac{3}{2}\omega + \pi, & \left|\sin(\omega)\sin\left(\dfrac{\omega}{2}\right)\right| \geq 0, \\ -\dfrac{3}{2}\omega, & \left|\sin(\omega)\sin\left(\dfrac{\omega}{2}\right)\right| < 0. \end{cases}$$

また群遅延量は

$$-\frac{d\theta}{d\omega} = \frac{3}{2}.$$

演習 **9.4**.

本文式 (9.16) と本文図 9.23 から, 直接型構成は図 Ex.22(a), 転置型構成は図 Ex.22(b).

演習 **9.5**.

本文式 (9.21) の表記とあわせるために, $H(z)$ の分母の定数項である 2 で分母と分子をわると

$$H(z) = \frac{3 + 4z^{-1}}{1 + 1.5z^{-1} - z^{-2}}.$$

これより, 本文式 (9.21) における係数として $a_0 = 3$, $a_1 = 4$, $b_1 = 1.5$, $b_2 = -1$ となる. よって, 本文図 9.25(b) より直接型構成 II では図 Ex.23(a), また転置型構成では本文図 9.25(c) より図 Ex.23(b) となる.

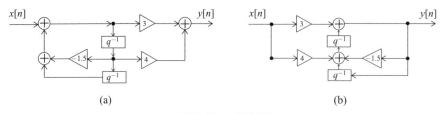

図 **Ex.22** 演習 9.4

図 **Ex.23** 演習 9.5

演習 9.6.
(a) 再帰方程式表現において，$y[n-1]$ の項があるのでこのフィルタは IIR フィルタである．
(b) $X(z)$ を $x[n]$ の変換とし，$Y(z)$ を $y[n]$ の変換とする．$y[n] = x[n] - 2x[n-1] - 0.4y[n-1]$ の両辺を z 変換して $Y(z) = X(z) - 2X(z)\cdot z^{-1} - 0.4Y(z)\cdot z^{-1}$．これより
$$H(z) = \frac{Y(z)}{X(z)} = \frac{1 - 2z^{-1}}{1 + 0.4z^{-1}}.$$
(c) $H(z)$ の極は $1 + 0.4z^{-1} = 0$ の根，すなわち $z = -0.4$．これは単位円内にあるので本文第 6 章定理 6.1 より安定である．

参考文献

本書の執筆においては，以下の書物を参考にさせていただいた．これ以外にも，いくつかの Web サイトを参考にさせていただいた．

1. 足立修一（2002）．**MATLAB によるディジタル信号とシステム**．東京電機大学出版局．
   Matlab によるプログラムが掲載されている．また，本書ではまったく述べることができなかった時系列解析の初歩についての記述がある．本書の第 2 章と第 8 章で参考にさせていただいた．

2. 木村英紀（2007）．**フーリエ・ラプラス解析**．岩波書店．
   フーリエ解析とラプラス解析に関してよくまとまっている．本書の第 4 章と第 5 章・第 7 章で参考にさせていただいた．

3. 貴家仁志（1997）．**ディジタル信号処理**．昭晃堂．
   初学者にとってたいへんわかりやすい記述がなされている．本書の第 3 章と第 6 章・第 9 章でおもに参考にさせていただいた．とりわけ 9 章は，あつかう題材や構成を含めてこの本にならった．本書ではふれることのできなかった画像処理についての記述もある．

4. 小平邦彦（1997）．**解析入門**．岩波書店．
   解析学の基本的教科書．有名な高木（2010）より記述が現代的である．本書第 1 章で参考にさせていただいた．

5. コルモゴロフ・フォミーン（1979）．**函数解析の基礎，原書第 4 版**．岩波書店．
   関数解析に関する有名な入門書である．本書の第 4 章と第 5 章で参考にさせていただいた．

6. 萩原将文（2014）．**ディジタル信号処理，第 2 版**．森北出版．
   ひじょうにコンパクトであるが内容が豊富である驚異的な本．わずか 140 ページあまりの中で，本書では述べることができなかった線形予測や適応信号処理の記述もある．本書の第 6 章と第 7 章で参考にさせていただいた．

7. Oppenheim, A. V. and R. W. Schafer（1989）．*Discrere-Time Signal Processing*．Prentice-Hall.
   英語でかかれたデジタル信号処理の有名な教科書．本書第 6 章で参考にさせていただいた．

8. Oppenheim, A. V. and A. S. Willsky with S. H. Nawab（1997）．*Signals and Systems,* 2nd Ed．Prentice-Hall.
   英語でかかれた信号処理全般に関する代表的な教科書である．本書はその影響を随所で受けている．

9. Phillips, C. L. and H. T. Nagle, Jr.（1984）．*Digital Control System Analysis and Design*．Prentice-Hall.
   （日刊工業新聞社から「ディジタル制御システム－解析と設計－」として翻訳あり．1990 年出版）よりすすんだデジタルシステムについての教科書である．本書の 8 章の付録で参考にさせていただいた．

10. 杉山久佳（2005）．**ディジタル信号処理－解析と設計の基礎－**．森北出版．
    本書の第 3 章や第 9 章で参考にさせていただいた．

11. 篠崎寿夫・松森徳衛・松浦武信（1983）．**現代工学のためのデルタ関数入門**．現代工学社．

本書第7章のディラックのデルタ関数に関して参考にさせていただいた.

12. 高木貞治（2010）. **定本 解析概論**. 岩波書店.
   解析学の有名な書物である. 本書第1章で参考にさせていただいた.

13. 吉田耕作・加藤敏夫（1961）. **大学演習応用数学 I**. 裳華房.
   フーリエ解析や超関数・微分方程式などの重要事項がよくまとめられている. 本書の第4章と第5章・第7章で参考にさせていただいた.

索 引

【英 数】

1次系	117
1次システム	117
2次系	117
2次システム	117
AD変換	154
BIBO安定	27, 140
δ関数を使った分解表現	131
DA変換	154
dB	163
s平面	136
sinc関数	70
zの有理関数	103
z平面	99
z変換	99
z変換対	99

【ア 行】

アナログ信号	15
安定（システムが）	27
位相	17, 18
位相スペクトル	58, 61, 73, 75
位相特性	120
位相ひずみ	172
1次フィルタ	166
移動平均	40
因果系列	38
因果システム	27
因果信号	38
インパルス応答	25, 133
インパルス応答の個数	173
インパルス応答不変変換	180
インパルス列関数	143

エリアシング	154
オイラーの関係式	11
オイラーの公式	11
応答	24

【カ 行】

可逆	30
角周波数	17, 18
拡張された複素平面	7
かさねあわせの理	26
加算器	43
片側ラプラス変換	136
カットオフ周波数	186
過渡域	169
記憶システム	29
ギブズの現象	170
基本演算素子	43
基本角周波数	20
基本周期	20, 53
基本周波数	20
基本波成分	54
逆z変換	110
逆システム	30
逆フーリエ変換	69
逆ラプラス変換	136
逆離散フーリエ変換	83
共役複素数	3
極	103, 140
極・零点・ゲインによる表現	140
極形式表現	12
極座標表現	12
虚数	2
虚部	2
距離	3
切り出された信号	159

矩形波	17
矩形パルス信号	75
群遅延量	168
係数倍器	43
系列	16
ゲイン	140, 186
ゲイン特性	120
原始N乗根	87
高域通過フィルタ	167
高速フーリエ変換	87
恒等システム	29
項のまびき	92

【サ 行】

差（複素数の）	2
再帰方程式	40
最大平坦	186
サイドローブ	161
三角関数	9
サンプリング	23
サンプリング角周波数	148
サンプリング関数	143
サンプリング周期	23, 148
サンプリング周波数	23, 148
サンプル＆ホールド	156
サンプル＆ホールドシステム	156
サンプル値信号	15
サンプル列	24, 149
サンプル列関数	149
時間シフト	22, 135
時間遅延	81
時間領域	31
次数	166, 173, 186
指数関数	8

212　索　引

実数 7
実部 2
シフトオペレータ 42
時不変 26
周期 20, 52
周期信号 20, 52
収束 4, 5
収束円 6
縦続型構成 184
収束半径 6
収束領域 99, 138
周波数 18, 19
周波数応答関数 119, 141
周波数シフト 135
周波数帯域 167
周波数伝達関数 119, 141
周波数特性 120
周波数表現 54
周波数表示 54
周波数領域 31
出力 24
出力信号 24
純虚数 2
商（複素数の） 2
初期休止条件 41
初期条件 41
初期値 41
信号の分解表現 32
振幅 17, 18
振幅スペクトル 58, 61, 73, 75

ステップ応答 39
スペクトル 58, 73, 75

正規化角周波数 24
正規化周波数 24
正規化表現 24
正弦波信号 17, 18
静的システム 29
積（複素数の） 2
絶対収束 5
絶対値 3
ゼロ次ホールダ 157
遷移域 169
線形 26
線形システム 26
線形時不変（LTI）システム 26, 31
線形定数差分方程式 42
線スペクトル 146

双2次フィルタ 166
阻止域 167
阻止域誤差 169

阻止域端周波数 169
阻止域リップル 170

【タ 行】

第 k 次高調波成分 54
帯域 167
帯域制限信号 147
帯域制限補間 152
帯域阻止フィルタ 167
帯域通過フィルタ 167
たたみこみ 34, 134
たたみこみ和 34
多値信号 15
タップ数 173
単位ステップ信号 134
単位遅延素子 43

チェビシェフフィルタ 186
遅延素子 43
調和解析 55
直接型構成 182
直接型構成 I 183
直接型構成 II 183
直線 7
直線位相特性 168
直線位相フィルタ 168
直流成分 54, 73, 75

通過域 167
通過域誤差 169
通過域端周波数 169
通過域のゲイン 170
通過域リップル 170

低域通過フィルタ 167
定係数差分方程式 40
ディラックのデルタ関数 132
ディリクレ関数 70
デジタル信号 15
デシベル 163
伝達関数 114, 140
転置型構成 182, 183

動的システム 29
特性根 119
特性方程式 119
閉じた形 102

【ナ 行】

ナイキスト周波数 151
ナイキスト速度 151
長さ（信号の） 83, 160

2次フィルタ 166
入出力安定 27

入力 24
入力信号 24
のこぎり波 17

【ハ 行】

ハイパスフィルタ 167
箱型関数 70
箱型信号 70, 75
バターワースフィルタ 185
バタフライ計算 93
ハニング窓 163
ハミング窓 164
パワースペクトル 58, 61, 73, 75
反転（信号の） 21
バンド帯 167
バンドパスフィルタ 167
バンドリジェクトフィルタ 167

非因果システム 27
非周期 67
ひずみ 172
左側系列 103
左側系列信号 103
微分方程式による表現 142

不安定 27
フーリエ解析 49
フーリエ逆変換 69
フーリエ級数 52, 57
フーリエ係数 53, 57
フーリエの公式 53, 57, 61
フーリエ変換 69
フーリエ変換の反転公式 69
複素数 2
複素フーリエ級数 57
複素フーリエ係数 57
複素フーリエの公式 57
複素平面 7

べき級数 6
ヘビサイドの階段関数 134
偏角 12

方形波 17
方形パルス信号 75
方形窓 163

【マ 行】

窓関数 160
窓関数法 178

右側系列 103
右側系列信号 103

無記憶システム 29

索　引　213

無限インパルス応答システム 29
無限遠点 7

メインローブ 161

【ヤ　行】

有界 27
有限インパルス応答システム 28
有限項 64
有限長 83
有限長系列 107

【ラ　行】

ラプラス逆変換 136

ラプラス変換 135
ラプラス変換の反転公式 136

離散時間逆フーリエ変換 75
離散時間システム 24
離散時間信号 15
離散時間単位インパルス信号 16
離散時間単位ステップ信号 17
離散時間フーリエ逆変換 75
離散時間フーリエ級数 60
離散時間フーリエ変換 75
離散フーリエ係数 61
離散フーリエ変換 83
理想的な低域通過フィルタ 153

理想フィルタ 169
リップル 170
利得 186
両側系列 107

零点 103, 140
零点・極・ゲインによるシステ
　ムの表現 117
連続時間システム 24
連続時間信号 15

ローパスフィルタ 167

【ワ　行】

和（複素数の） 2

著者紹介

岡留　剛（おかどめ　たけし）

1988年　東京大学大学院理学系研究科情報科学専攻博士後期課程修了
同　　年　日本電信電話株式会社入社 NTT 基礎研究所
2001年　国際電気通信基礎技術研究所 経営企画部
2003年　日本電信電話株式会社 NTT コミュニケーション科学基礎研究所
2009年　関西学院大学理工学部人間システム工学科 教授
現　　在　関西学院大学 人工知能研究センター長（理工学部 教授・兼任）
　　　　　理学博士
専　　門　情報科学
主　　著　『例解図説　オートマトンと形式言語入門』, 森北出版 (2015)

デジタル信号処理の基礎 ―例題と Python による図で説く― *Foundation of Digital Signal Processing* *—Example and Figure based* *Explanation—* 2018 年 9 月 20 日　初版 1 刷発行 2020 年 9 月 25 日　初版 2 刷発行	著　者　岡留　剛　© 2018 発行者　南條光章 発行所　**共立出版株式会社** 東京都文京区小日向 4-6-19（〒112-0006） 電話　03-3947-2511（代表） 振替口座　00110-2-57035 www.kyoritsu-pub.co.jp 印　刷　啓文堂 製　本　協栄製本

検印廃止
NDC 547.1
ISBN 978-4-320-08648-7

一般社団法人
自然科学書協会
会員

Printed in Japan

JCOPY <出版者著作権管理機構委託出版物>
本書の無断複製は著作権法上での例外を除き禁じられています。複製される場合は、そのつど事前に、出版者著作権管理機構（ＴＥＬ：03-5244-5088，ＦＡＸ：03-5244-5089，e-mail：info@jcopy.or.jp）の許諾を得てください。

■電気・電子工学関連書

http://www.kyoritsu-pub.co.jp/ 　**共立出版**

電気・電子・情報通信のための工学英語···奈倉理一著

電気数学 ベクトルと複素数···············安部　實著

テキスト 電気回路···················庄　善之著

演習 電気回路·····················庄　善之著

電気回路·····················山本弘明他著

詳解 電気回路演習 上・下··········大下眞二郎著

大学生のためのエッセンス 電磁気学·····沼居貴陽著

大学生のための電磁気学演習·······沼居貴陽著

基礎と演習 理工系の電磁気学·······高橋正雄著

入門 工系の電磁気学·············西浦宏幸他著

詳解 電磁気学演習·············後藤憲一他共編

ナノ構造磁性体 物性・機能・設計··········電気学会編

わかりやすい電気機器··········天野耀鴻他著

エッセンス 電気・電子回路········佐々木浩一他著

電子回路 基礎から応用まで···········坂本康正著

学生のための基礎電子回路·········亀井且有著

基礎電子回路入門 アナログ電子回路の変遷 村岡輝雄著

本質を学ぶためのアナログ電子回路入門 宮入圭一監修

例解 アナログ電子回路············田中賢一著

マイクロ波回路とスミスチャート·····谷口慶治他著

マイクロ波電子回路 設計の基礎·········谷口慶治著

線形回路解析入門················鈴木五郎著

論理回路 基礎と演習······················房岡　璋他共著

大学生のためのエッセンス 量子力学······沼居貴陽著

Verilog HDLによるシステム開発と設計··高橋隆一著

C/C++によるVLSI設計················大村正之他著

HDLによるVLSI設計 第2版··········深山正幸他著

非同期式回路の設計···············米田友洋訳

実践 センサ工学·····················谷口慶治他著

PWM電力変換システム················谷口勝則著

情報通信工学····························岩下　基著

新編 図解情報通信ネットワークの基礎 田村武志著

小型アンテナハンドブック··········藤本京平他編著

入門 電波応用 第2版·······················藤本京平著

基礎 情報伝送工学·····················古賀正文他著

IPv6ネットワーク構築実習············前野譲二他著

ディジタル通信 第2版·············大下眞二郎他著

画像伝送工学·························奈倉理一著

画像認識システム学·················大﨑紘一他著

デジタル信号処理の基礎 例題とPython による図で説く····岡留　剛著

ディジタル信号処理 (S知能機械工学 6)····毛利哲也著

ベイズ信号処理·······················関原謙介著

統計的信号処理 信号・ノイズ・推定を理解する 関原謙介著

医用工学 医療技術者のための 電気・電子工学 第2版···········若松秀俊他著